宇宙開発の思想史

——ロシア宇宙主義からイーロン・マスクまで

『宇宙開発の思想史——ロシア宇宙主義からイーロン・マスクまで』目次

凡例

- 本書は、Fred Scharmen 著、*Space Forces: A Critical History of Life in Outer Space*（Verso、2021）の翻訳である。
- （ ）は著者による補足を、〔 〕は日本語版での補足を示す。
- ▼は原注の番号を示す。

はじめに——宇宙で生きる能力

人類は宇宙で生きることを考えるべきだと提唱する人たちがいる。その理由はなんだろう。そして生きるとしたら、宇宙のどこで？　宇宙は広大無辺だ。これを書いている時点の推定によると、観測可能な範囲の宇宙は直径九三〇億光年の球体で、そのなかに二兆個の銀河が存在するといわれている。われわれのいる天の川銀河にも、四〇〇〇億個もの恒星がある。厳密にいえば、惑星地球はすでに宇宙にいて、あまたある恒星のうち一個のまわりをまわっているわけだが、それはふつう「人類の宇宙進出」には含めない。地球を離れて宇宙へ向かうのには困難がともなうし、太陽系をあとにしてさらに広大な宇宙へ向かうのはいっそう困難だ。

実際、「人類の宇宙進出」というとき、宇宙探査や宇宙定住の提唱者はたいてい、地球の軌道上や太陽系内の惑星、もしくは衛星を探査して、いずれはそこで暮らすべきだという話をする。けれど、それだって、実に広大な範囲を指している。太陽が直径四五センチの球体だと仮定しよう。すると地球はそこから半ブロックほど南へ離れたところにあるひと粒の小石ということになる。おなじ縮尺（一：二八億）で考えると、冥王星はさらに二・五キロ離れたところに存在している。この太陽系の模型を、わたしが本項を執筆しているボルティモアに置くと、太陽系に最も近い恒星プロキシマ・ケンタウリは、南極を数百キロ通りすぎたところで輝くテニスボールということになる。

　月より遠くへ行った人間は、まだひとりもいない。月は、地球という小さな玉砂利から一四センチ離れたところをまわる砂粒だ。そして国際宇宙ステーションは、小石から髪の毛一本へだてたくらいのところを周回している[▼1]。そんなわけで、この縮尺でいうと半径二・五キロの「ご近所」にあたる太陽系のなかにもおとずれる場所は数多くあるし、このあと触れるとおり、そのなかには惑星以外の場所も含まれる。

　では、宇宙で「生きる」とはどういうことだろう？　人間は少なくとも短期間、宇宙に――地球を離れてその軌道上に――滞在することはできている。最初に実現したのは一九六一年。ソビエト連邦の宇宙飛行士ユーリ・ガガーリンが、ボストーク1号で一〇八分間、大気圏外を飛行した。現在、宇宙滞在期間の最長記録は四三七日で、やはりロシアの宇宙飛行士であるワレリー・ポリャコフが樹立したものだ。しかし暗黙の目標となっているのは長期滞在すること、そしていずれは永住することだろう。本項を執筆している時点で、軌道上をめぐる国際宇宙ステーション（ISS）には、通常六人の宇宙飛行士が交代で居住しており、この体制が一〇年以上にわたってつづいている。国際宇宙ステーションは、少なくとも二〇三〇年までは周回をつづける予定だ。中国も宇宙ステーションを運用している。それが天宮2号で、二〇一六年にふたりの中国人宇宙飛行士が一か月にわたって滞在した〔天宮2号は二〇一九年七月に使命を終え、南太平洋上空に落下して燃えつきた〕。中国の宇宙計画が予定どおりに拡大をつづけ、アメリカ、ロシア、日本、ヨーロッパの宇宙開発機構もまた事業をつづけていくならば、人間の宇宙への永住、あるいはきわめて長期にわたる居住は、すでに端緒をひらいているのかもしれない。

だが「生きる」というのは、単に他人とおなじ目的を持って一時的に共同生活をすることではない。生まれて、大人になり、人間関係を築いて結婚をし、子を育て、文化や食べ物や芸術を生みだす。生きることは、死ぬことすらも内包している。宇宙は危険な場所だと考えられている。そのわりに（あるいはそれだからこそ）宇宙飛行と宇宙開発の歴史上、実際に宇宙空間で死んだ人はこれまでに三人しかいない。一九七一年、ソ連の宇宙船ソユーズ11号に乗り組んだゲオルギー・ドブロボルスキー、ウラディスラフ・ボルコフ、ビクトル・パツァーエフの三人だ。軌道を離れる前に、故障で帰還モジュールの気密が失われたための窒息死だった。三人は世界初の有人宇宙ステーション、サリュート1号に滞在した初めての人間として帰還する予定だった。

そんなに危険なら、なぜわざわざ宇宙に出ていって暮らそうと思うのか？　宇宙ステーションで四〇年間の実績を積んだ今、先にあげた「生きる」ための活動のなかには、宇宙でおこなうときわめて危険なものがあるとわかってきた。まず、軌道を周回する「自由落下」の状態に長期間身を置くと、人間の体が無重量状態に適応しようとして、慢性的な目の疾患や骨密度の低下を起こす可能性があり、恒久的な障害につながりかねない。もしも人間や動物、植物がそうした環境で育つとしたら、その過程で生じる変化は未知だし、不可逆である可能性もある。また、宇宙は放射線に満ちていて、地球から遠ざかるにつれて放射線量が上がる。放射線は生き物の発がんリスクを高めると考えられている。月齢の低い胎児や、生育途中の生物にとっては、とりわけ危険な要因だ。しかも宇宙線や太陽フレアの影響から身を守るには、重くて、面倒で、高価な装備が必要だ。地球上では、多かれ少なかれつねに重力と光と空気があり、わたしたちは、分厚い大気圏と強力な磁場によって守られている。磁場は、きわめて危険な宇宙放射線と太陽放射線の進路を曲げて、われわれや地球からそらす働きをしているのだ。なのになぜわざわざそこから離れて、有害で居住に適さない環境に身を置き、多大な費用と努力を投入して、身を守るものを一から作ろうなどと思うのか？

それでも人類は宇宙に進出すべきだと論じる人は多く、論拠も多岐にわたっている。その多くは、現在の地球が人間には不十分だというものだ。曰く、地球は小さすぎる。資源が足りないし、廃棄物や汚染物質の置き場もない。そして何より、人間が心地よく暮らせるだけの場所もない。これらの論が拠って立つのは、本項の最初に述べたこととおなじ、「宇宙は広大である」という前提だ。広大な宇宙には、豊富な資源やエネルギー源が眠っているように見えるし、ゴミを捨てる場所もたくさんある。宇宙には人間が暮らす余地がある。宇宙《スペース》にはスペースがある。また、人間が地上を探検し、発見する余地がないことを理由に、宇宙進出を提唱する人たちもいる。彼らによれば、地球はせますぎるというよりも、むしろ「閉ざされている」。地図上にはもはや探検し残した空白地帯はなく、人間が新たな生活様式を生み出す余地もなくなってしまった。宇宙に出て新たな世界を見つければ、新しい経験を積み、試みをする機会が生まれるだろう。この論を展開する人々によれば、人間は、宇宙というひらかれた未知の世界に身を置けば、新たな社会的、政治的、経済的システムを見つけ出すという。

だが、これらふたつの論拠にはそれぞれ欠陥がある。最初の主張は、地球上の資源と場所の枯渇につながった現在のライフスタイルを、いつまでも修正することなくつづける必要があるという前提に立っている。ふたつめの主張は、人間には新たなライフスタイルが必要で、それは、どういうわけか地上ではもう実現不可能だという前提にもとづいている。これらの欠陥からは、つぎのような疑問が浮かびあがる。地球はすでに宇宙の一部なのに、なぜ新規まき直しのためにわざわざ別のところへ行かなくてはならないのか？

一方で、人間は宇宙に長期滞在を試みるべきではないという論者もいる。ＳＦ研究者で評論家のゲーリー・ウェストファールはＳＦ小説に登場した宇宙ステーションの歴史をたどる本を二冊著している。一九九七年には、ＳＦの研究誌『サイエンスフィクション・スタディズ』に、「宇宙への反論」というエッセイを寄稿した。このエッセイで彼は、宇宙進出は基本的に無益であると論じている。[2] 宇宙で得られるものはすべて、地球上でもっと楽に、もっと安く手に入るものばかりだというのだ。また、宇宙開発が人道にもとると非難する者もいる。詩人でミュージシャンのギル・スコット・ヘロンは、アメリカ政府はよくも「白いやつを月へ送った」ものだと同名の曲で嘆いた。奴隷制が遺した問題や、人種差別、黒人の受けている不当な扱いには向きあいもせずに、と。

実際、一九六〇年代を通じて、世論調査では、アメリカ人の過半数が、アポロの月面着陸計画にこれほどの公費を投入すべきではないと回答している。この論点を奉じた人々の、「逃避反対主義」とでもいうべき運動も盛りあがりを見せた。ほかにもっとすべきことがあるのではないか？　どの時代においても、技術的な努力や物的資源は有限だ。ならばそれを宇宙ではなく、困窮者が社会正義や、居場所、住みか、教育、食べ物、医療などを得やすくするために活用できないのか？　現在、気候変動とパンデミックが全世界に広がるなか、そうした必要性や欠乏が世界中で注目されるようになった。それだけでも、現在、世界にまん延する難題に立ちむかう理由になるだろう。新しい世界を作ったりおとずれたりしている場合ではないのでは？[3]

宇宙進出を語るときには、終末が迫っているという話もさかんに語られる。歴史や地質学には、地殻の大変動や文明崩壊、生物の絶滅などが数多く記録されている。実のところ過去の地球は、多くの異なる世界からできていて、それらはみな終焉をむかえたのだ。だから宇宙進出の話も、賛成にせよ反対にせよ、終末論が呼びさます想像や不安と分かちがたく結びついている。心配の種はあまたあり、しかも多くは互いに矛盾している。もしもすべてのエネルギーを宇宙進出に振りむけたら、地球の生態系をないがしろにして、崩壊させることにつながらないか？　一方、宇宙進出にまったく目を向けず、努力もしなければ、小惑星の衝突や超巨大火山の噴火に一発でやられてしまうのではないか？新たな技術の開発と宇宙での領土開拓をつづければ、やがてはその能力が平和ではなく、戦争に利用されるようになると心配する人もいる。そうかと思えば、宇宙進出を果たしておかないと、地球上で起こるどんな戦争でも人類が一掃される可能性があると説く者もいる。自然災害、人間が引きおこす気候変動、そして核戦争は、どれもまったく異なる終末のシナリオだが、それを緩和しようとして、逆に災害を引きおこすこともありうる。終末の概念は、刻々と変わる。しかも絶対的な響きを持つ言葉だから、それを避けるためなら、一度は捨てたものも含めて、あらゆる行動や計画が正当化されるだろう。

ではここでもう一度問おう。われわれはなぜ宇宙で生きることを考えるべきなのか？　この問いで、最も重要かつあいまいな単語は「われわれ」だろう。宇宙で生きることを望む「われわれ」とはいったいだれなのか？　そして地球に残る「われわれ」はだれなのか？　宇宙進出に賛同する理由が、場所や資源が豊富だからという実利的なものなら、そうした資源や、エネルギーや、場所を手に入れる「われわれ」とはいったいだれか？　また、新たな経験や、社会モデルや、知識を得られる可能性が理由なら、その知識を身につけて恩恵に浴する「われわれ」はだれなのか？

そして進出の理由が、人類の終焉につながる大変動を避けて生きのびる機会を得るためだとしたら、人類の未来を受けつぐのはだれか？　将来が閉ざされるのはだれなのか？　空間には、主体がいる。ある空間を構想して作ることは、そこにまねかれる人を想定し、作りあげることでもある。モダニズムの建築家で都市計画の立案者でもあったル・コルビュジェは、空間をデザインする際、彼の考える理想的な人間の体格をもとに、寸法と比率を決める体系を作った。そして世界中の建築にこのシステムを用いて、カウンターの奥行きから、建物の高さ、道路の幅に至るまで、あらゆる寸法を決めた。

基準となる人間の身長を六フィート〔約一八三センチ〕に設定したことについて、彼はこう書いている。「ご存じないだろうか。イギリスの探偵小説では、警察官のような見ばえのいい男は、おしなべて身長が六フィートだ」。[4] つまりル・コルビュジェは権威的なヨーロッパ男性の体格にもとづいて世界の建築に用いる定数を作り出したのだ。特定の空間を構想することは、その空間にまねかれる特定の「われわれ」を想定することでもある。時には、その主体を想定することによって、新たな生活様式を提供するどころか、現存する権力構造を強化してしまう場合もある。

設計や都市計画や地理学にたずさわる人々が地上で空間を作るとき、この世界で前提と受けとめられている条件を精査することによって、限界を押しひろげられる場合がある。地上ではどこへ行こうと、たいてい呼吸できる空気と、一Gの重力、そして服装で調節可能な気温をあてにできる。実験的ミュージシャンでアーティストでもあるブライアン・イーノは、「今、ここ」だけにとらわれない物の見方を提唱する「ビッグ・ヒア」や「ロング・ナウ」という概念についてエッセイを書いている。[5] これにつけ足すなら、地球上では多くの人が、「ワイド・ウィー」〔幅広いわれわれ〕を当たり前のものとして受けとめているだろう。宇宙開発のような事業に集団で参加し、気候変動のような危機に一様に苦悩する「われわれ」。しかしこれは幻想で、責任や手柄や影響が不平等に配分されている現状をおおいかくす概念だ。

「ワイド・ウィー」はまた、設計が人々を空間にむかえいれたり、閉め出したりしている現状を糊塗することにもつながる。たとえばオフィスの標準室温は、たいてい性差にもとづく先入観によって決められているし、物の重さは仕事に適格な能力を定めてしまう。また、床の傾斜や表面の素材によって、そこを歩ける人と歩けない人が出てくる。ましてや宇宙に作りあげた環境のなかでは、地上で前提となっていた定数がすべて変数になってしまう。重力、光量、大気の組成と温度、環境音と雑音。

それらすべてが微調整され、偶然に、あるいは意図的に、人をむかえいれたり閉め出したりする。宇宙では、世界がどう構成されているか、その構成がどう表現されるかという暗黙の問いが、さばききれないほどの具体的条件として前面に出てくる。

本書は、人類は地球を離れて、無期限に、事実上永遠に宇宙で生きられるし、そうすべきだという思想の、およそ一五〇〇年間に及ぶ歴史を大まかにたどるものだ。とはいえ、けっして宇宙進出論のあらゆる展開、あらゆる層を包括的に論じたわけではなく、完全に掘りおこして一か所にまとめるにはあまりに込み入った歴史のなかから、核となる事例をひとそろい取り出したものだ。取り扱っているのは、宇宙進出の七つのパラダイムだ。それぞれが、人がなぜ宇宙に出て生きるべきかという問いに対して独自の答えを持ち、また地球上の暮らしについても独自の考えを抱いている。これらの物語を語るために、わたしはさまざまな学問分野の空間論の概念を用いた。建築学、造景学、都市計画、地理学などだ。さらに文化を語るほかの分野からも力を得た。

本書の目的に照らして、宇宙科学と空想科学小説（SF）のあいだには明確な境界線を設けていない。どちらも別の世界について思索する場だからだ。七つのパラダイムは、いずれも科学とフィクションのあいだのあいまいな境界線を踏みこえているし、それらを取りまく文脈のなかからは、現状への批判や、別の物語も浮かびあがってくる。未来の人間に新たな空間を創造する計画はどれも、直接、間接に「われわれ」とはだれか、「人間」とはだれを想定しているのかという問いをはらんでいる。いずれ人間が宇宙に定住するにせよしないにせよ、世界の創造及び制御と、そのなかに生きる人々の主体性との関係は、よりいっそう複雑化し、またあらわになっていくことだろう。気候危機に関して、歴史学者でポストコロニアル理論の研究者でもあるディペシュ・チャクラバルティは、二〇一六年の本『気候——建築と地球的想像力（*Climates: Architecture and the Planetary Imaginary* 未訳）』のなかで、インタビュアーのジェームズ・グレアムにつぎのように語っている。

「『われわれはどうすればいいのだろう?』と問うた瞬間に、『われわれ』というものを構築する必要があると気がつきます」[6]。人間の、意図せぬ活動によって引きおこされた地球の破滅的な気候変動に対処するには、たまたま引きおこされたと考えられていた結果に対して、意図的な努力を結集する必要がある。いずれにせよ新たな世界を構築しなくてはならないし、その過程でチャクラバルティのいう新たな「われわれ」も作りあげる必要がある。世界的な炭素排出量の削減、気温上昇の歯止めか逆転。それができれば、社会学者のサスキア・サッセンが『領土・権威・諸権利——グローバリゼーション・スタディーズの現在(*Territory, Authority, Rights: From Medieval to Global Assemblages*)』(伊豫谷登士翁監修、伊藤茂訳、明石書店、二〇一一年)で「能力《ケイパビリティ》」と呼んだものの存在が証明できる。すなわち、以前は手に入らなかった新技術で、その意味や能力が、ただちには明らかでなかったもののことだ[7]。

サッセンは、ある目的を果たすために生み出された能力が、やがてはそれ以外の、未知の目標を達成するために使われることがあると指摘する。考えてみれば、史上初めて宇宙空間を飛んだロケットも、恐ろしい弾頭をのせて飛ぶミサイルとして開発されたものだった。宇宙で、環境のあらゆる側面をデザインし、作りあげる能力などは、未知の可能性をいっそう高めるだろう——そうした能力は、将来さまざまな用途に利用できる。おもしろいことに、制御力と安定性を高めようと努力することで、逆に未知の可能性が生じる場合もある。世界を作りあげ、制御するための環境パラメーターをくわしく指定することは、宇宙での長期定住にも気候危機緩和策にも通じる主要な課題を明らかにするからだ。しかし具体的な指定というのは、きわめてむずかしいものだ。未来世界のパラメーターをどう指定するかは、「われわれ」とはだれかという問題と深くかかわりあっているのだから。

文化人類学者のリサ・メッセリは世界の構成と経験を表現するための用語を持っている。「惑星的《プラネタリー》」

想像力《イマジネーション》」だ。▼8 メッセリは宇宙飛行士や研究者や惑星科学者が、研究対象である宇宙の天体を、データ上の抽象概念ではなく、「場所」として認識しはじめる様子を描いている。そのような着想や「惑星的想像力」の発露には、テクノロジーや、比喩、絵画、そして時には物語の力も必要だ。「惑星的想像力」は、人間が世界認識や、世界との関連性を構築するうえでのあらゆる方法にかかわってくる。その意味で、気候危機を緩和するための能力も、「地球的想像力《プラネタリー・イマジネーション》」を応用することで身につけられるだろうし、宇宙で暮らすための計画を練ることもそれにあたるだろう。本書の七つの物語が、それぞれ世界の主体をどう認識しているかを明らかにするとすれば、それは、おのおのの物語に独自の世界認識があるからだ。どの物語も惑星について、あるいはそれ以外のことについて、独自の構想を持っている。地球から離れて暮らすことは、世界を創造することだ。そのためには、世界とは何か、何のためにあるのかという基本的な概念が必要になる。しつこいようだが、現在の気候危機は、吟味されていない特定の「地球的想像力」を行使した結果にほかならない――この世界はある特定の集団が、特定の目的を持って利用するためのものという考え方だ。

　植民地化も、またきわめて特殊な惑星的想像力の発露である。「宇宙植民地《スペースコロニー》」という用語は、往々にして「植民地」という語に含まれる大きな意味を考慮せず、無批判に使われる。たまに地球の植民地化の悲惨な歴史に言及する人があっても、つぎの瞬間にはもう忘れられていることがほとんどだ。「宇宙植民地」という語を擁護する人たちは、だれも住んでいない宇宙の話だから、「植民地化」される先住民はいないのだといいつのる。しかしそれは植民地の歴史をきわめてせまくとらえた見方だろう。植民地化には、先住民を居住地から追いやって隷属させることだけでなく、社会生活、生物相、政治、物質基盤のすべてを強制的に転換させることが含まれるのだ。

　だから「空っぽ」と思われる空間であっても、植民地にするとなれば、大量の強制移住と強制労働がおこなわれる。武装した男たちが船でやってきて、だれかの領土をうばいとったところでおしまいというわけではない。植民地化は、社会階層を生産し、維持しつづける行為だ。場所を中央と周縁に分け、一方が他方を食い物にするという経済構造を作りだす。資源の管理も生態系や地理の見方も、利用価値というただ一点にもとづいている。そして何より、植民地化は世界がなんのためにあるかという見方であって、そのために、今、地球は痛手を負っているのだ。しかも、これまでも見てきたし、この先も繰りかえし述べるように、環境をまるまるひとつ作るとなれば――宇宙ではそうせざるを得ないだろう――そこに住む人間の主体《サブジェクト》も作り出すことになる。もしもその居住地のパラダイムが植民地なら、人々は文字どおり植民地の臣民《サブジェクト》になる。そして宇宙に出られない、あるいは出ることを許されない者は、必然的に地球に取り残されることになり、事実上、宇宙定住という未来からは疎外されてしまう。しかし宇宙での居住モデルは、なにも植民地ばかりではない。本書で取りあげる物語のなかでは、「宇宙植民地」という言葉は、引用以外ではほとんど使っておらず、使うのは、熟慮した場合にかぎられる。物語のシナリオが明らかに植民地的なもので、主人公がそう明言するような場合には、はっきりとそう述べるようにする。

　地球物理学者で研究者のミカ・マッキノンがいうように、人間にとって「地球はイージーモード」だ。[9] 地球には、だれもが当たり前のように享受している条件がたくさんあるし、宇宙には未知の難関がたくさんある。だから宇宙科学者やジャーナリストは、うまくいかないことがあると「やっぱり宇宙はきびしい」とよく口にする。しかし宇宙飛行士で作家のルシアン・ウォルコウィッツがいうように、「宇宙で起こることは地球でも起こる」のだ。[10] 宇宙へ出て、そこに滞在するのは簡単なことではなく、急速な技術革新が必要だ。だから宇宙開発がもとになって地球でも使われはじめた製品がたくさんある。ダストバスター〔小型コードレス掃除機〕、フリーズドライ食品、浄水器、太陽電池などは、各種の宇宙開発計画から生まれた品々だ。しかし宇宙はまた、新技術が地球の社会、政治体制にどのような影響を与えるかを実験する場にもなる。公的部門に加え、私企業の宇宙開拓が広まるにつれ、技術革新や社会変化の可能性も広がるだろう。だが宇宙で技術的・社会的実験が広くおこなわれるようになればなるほど、失敗したときの影響も大きくなる。ぜい弱な人工世界は、大規模でリスクの大きい実験をするには不向きだ。成功したらしたで、それが地球に逆輸入されると、大きな問題になりかねない。その新技術が、社会的、政治的な統制の手段になる場合もあるからだ。

1
コンスタンティン・ツィオルコフスキーとレンガの月

モスクワの北部にチタニウム製のモニュメントがある。公園の真ん中に屹立するこのモニュメントは、三〇階建ての建物以上の高さを誇る。裾の部分は広がっているが、前部はななめ上へ向かってそそり立ち、背の部分はゆるやかな弧を描きながらしだいに前部に近づいて、両者は頂点でひとつになる。公園で実際にこのラインを目で追えば、ロケット打ち上げの軌跡をたどっているような気分になるだろう。そしててっぺんには、ほんとうに宇宙船の姿がある。記念碑が完成したのは一九六四年だが、この宇宙船は、もっと古い時代のものに見える。現代人の目から見ると、一九二〇年代、三〇年代のバック・ロジャースかフラッシュ・ゴードンの漫画にでも出てきそうな雰囲気だ。記念碑は「宇宙征服者のオベリスク」と呼ばれ、一九五八年に製作が開始された。前年に打ち上げられた世界初の人工衛星スプートニク1号の成功を祝ってのことだ。記念碑はまた、ソビエト連邦の宇宙開発の父とみなされ、おそらく世界最初のロケット科学者であったコンスタンティン・ツィオルコフスキーにもささげられている。

ツィオルコフスキーは、ロケット燃料の質量とガスの噴射速度、そして惑星表面から飛び立って加速する能力という、刻々と変わる数値の関連性をまとめた公式を初めて作りあげた人物だ。彼が『ロケットによる宇宙探検（*Exploration of Outer Space by Means of Rocket Devices* 未訳）』や、小説『地球をとびだす（*Beyond the Planet Earth*）』〔飯田規和訳、岩崎書店、一九七〇年など〕で描写し、絵も描いたロケットは、モニュメントのてっぺんに取りつけられたロケットとよく似ている。葉巻型で、下部はロケットエンジン搭載のためまっすぐな底辺を持ち、上部は人が乗りこむカプセルで先端が細くなっている。全体の形は流線型で、地球の大気のなかをできるだけ効率よく飛ぶためのフィンがついている。目ざすは、かなたにある資源と、富と、広大な空間だ。

ツィオルコフスキーは宇宙科学者の先駆けだが、科学を信奉し探求する延長で、独自の神秘主義的唯物論も唱えていた。実のところ、宇宙と科学に対するツィオルコフスキーの考え方は、あの記念碑の「宇宙征服者」という呼び名とはだいぶ異なっている。ツィオルコフスキーもまた彼の師も、記録によれば、宇宙は生きていて不滅であり、それに敬意をささげるには、どんな犠牲を払ってでも、無限の宇宙に英知を広めるしかないと考えていた。

ツィオルコフスキーの人生は、三分の二を過ぎた一九一七年になって、二度のロシア革命に大きな影響を受けた。三月に起きた最初の革命で皇帝が廃位に追いこまれるまで、ロシアはロシア正教の国であった。一一月に起きた二度めの革命のあとボリシェビキが政権をにぎると、ロシアは、実態はともかく政策上は無神論国家になった。ロシア皇帝のもとでは、ツィオルコフスキーは、合理的神秘主義に寄りすぎて教会になじまないとみなされていた。実際、キリスト教に対して異端的な態度を取ったとして、教師の仕事がたびたび危険にさらされた。ボリシェビキ革命のあと、こんどはソビエトの指導者からも査問を受けた。そして自分の宇宙航行学と宇宙の運命に関する研究や論文は、実現可能な計画と考えており、国家が新たに制定した新憲法とも足並みをそろえるものだと説明するはめになった。実をいうと、宇宙の運命に対する彼の信念は、宗教に根ざしたものでもマルクス主義に根ざしたものでもなかった。自身の経験と、一六歳のときに出会った市井の人、図書館司書であり哲学者でもあったニコライ・フョードロフの教えにもとづいたものだった。

粒子と惑星

一九世紀中盤から終盤にかけて活動したフョードロフは、基本的な原理からはじめて、それを極端なところまで引きのばして論じる人だった。フョードロフの考えでは、人間の前に立ちはだかる最大の悪は、死そのものだった。彼の死後、弟子の手で草稿が集められて出版された『共同事業の哲学』[1]のなかでフョードロフは、「死は悪である」という所見から、極小の世界へまた極大の世界へと広がる影響をこまやかに論じている。『共同事業の哲学』は、神学かと思えば文芸批評のようであり、唯物論のテキストかと思えば自然科学のようであり、史料集のようでもあり、修辞学のテキストのようでもある。人間は、共通の大義に向かって努力するときに最も力を発揮するとフョードロフはいう。科学の進歩がその証だ。科学は物理学に収斂し、物理学の働きを最も歴然と目の当たりにできるのは天空においてである。だからすべての政治は天文学に還元できる。では科学的かつ理念上世界に広がる政治集団を構成し、活性化させるにはどうすればいいのだろうか？　それには死をなくすことが一番だ。ほかの問題はすべて、死の撲滅を達成すれば、あるいは達成する途上で、必然的に解決されるだろう。飢えと病は死につながるから、なくさなくてはならない。犯罪や欲望もだ。国家間の戦争は死につながるだけでなく、大義を達成するために必要な団結を阻害する。これらの障害はすべて、科学的な合意がなされれば排除できるだろう。

では、いずれ死をなくそうと考えると、どのような影響が生じるだろう。ひとつの作用は極小の粒子レベルに及ぶことになる。死をなくすには、粒子になんらかの操作をしなくてはならないとフョードロフは考えていた。進歩は段階を踏んで起こる。まずは現行の医療だ。傷の治療は現在でも可能だし、溺れるなどして短時間仮死状態になった人を蘇生させることもできる。やがて、もっとさまざまな傷や組織の損傷を修復するきめ細かな技術が進歩し、それと足並みをそろえて、死の淵に至った肉体を引きもどすまでの時間も延びていくことだろう。フョードロフはさらに考察する。もしも体の粒子を操作することで不死が可能になるなら、かつては肉体だったがすでにそうではなくなってしまったものの粒子はどうなのか？　そのうち治療技術と蘇生までの時間の線は交わり、互いに強化しあうとフョードロフは考えた。より腐敗の進んだ死体が蘇生できるようになれば、死はいよいよ絶対的なものではなくなる。やがて、粒子操作の科学と、修復医療が交わるところまでくれば、朽ちはてて土にかえった遺骸すらもふたたびよみがえらせる能力が生まれる。フョードロフの医学的、技術的、道徳的野望はそこにとどまらない。人類の「共同事業」は、これまでに死んだすべての人間をよみがえらせることにほかならないと彼は熱をこめて語る。

　ではそうやってよみがえった何千億という人間はどこへ行けばいいのか？　ここで不死の影響は極大の世界、すなわち宇宙へと及ぶ。一九世紀の天文学に関心を持っていたフョードロフは、当時流布していた「太陽が少しずつ輝きを失っている」という説を信じていた。これはフョードロフにとって、人間がいずれは地球を離れなければならないというしるしのようなものだった。どういう形にせよ、地球が今のまま永久につづくことはあてにできない。そして、地球を離れる前にまずなすべき「共同事業」は、この惑星のすべての側面を管理し、統御することだ。まずは地面にケーブルを埋めこみ、それを空へ向かってのばす。電磁力を用いて天気と気候をこまかく調整し、じゅうぶんな食料供給を確保する。地球の自転や、光がうすれゆく太陽からの距離も微調整したうえで、太陽エネルギーを直接利用できるようにする。そうすれば石炭を掘っていた炭鉱労働者は解放されることになるだろう。フョードロフの遠大な計画はここでとどまらない。地球を完全に管理し、地球の住人にエネルギーと資源と安寧を供給したとしても、不死の人々が増えつづければ不足が生じてしまう。

　フョードロフは一八世紀の経済哲学者トーマス・マルサスの著作を読んでいた。マルサスは、人口と食料は違う増え方をすると主張した。食料の増加は等差級数的で、グラフにすると、「宇宙征服者のオベリスク」の前部のように直線的に上昇していく。一方人口は指数関数的に増えるので、オベリスクの後部のようにカーブを描いてどんどん傾斜が急になっていく。そのふたつの線が交差することで生じる問題の解決策に宇宙進出を提案したのは、フョードロフが最初であった。

『共同事業の哲学』のなかでフョードロフは、「無学な者」になりかわって「教養ある者」に呼びかけている。そしてこの「共同事業」のために、ありとあらゆる根拠を持ちだす。道徳的にも、技術的にも、果ては美的にも、あらゆる観点から、この事業は実行しなければならないと。ある意味、ここでフョードロフが敵視しているのは、死よりもむしろ、死につながる世界の無秩序だ。『共同事業の哲学』でフョードロフはしばしば「蒙昧な力」と「意識的な存在」を比較対照している。[2] なぜ「蒙昧な力」が「意識的な存在」に対してそんなにも強大な力を発揮するのか？　この力関係を逆転させるために、人間はいかにして努力を結集させればいいのか？　宇宙旅行と宇宙定住は、意識的な存在たる人間が責任を果たすために実行しなくてはならないことだとフョードロフは考える。文字に残された彼の世界観によれば、ほかの惑星は、自然な無秩序の状態で存在している。だから人間がそれらを制御し、利用しなければならない。

ツィオルコフスキーは一八七四年ごろフョードロフに出会った。父親のすすめで、育った村からモスクワの学校に行ったのだが、子どものとき病気で難聴になった彼には、高等教育を受けることがむずかしかった。そこで一年ほどで学校に行くのをやめてしまい、代わりに独学で勉強をはじめた。父親の仕送りを物理や化学の実験機材についやし、フョードロフが司書を務めていたチェルトコーフ図書館に通いつめた。そこではフョードロフが学生たちを集めて教育をほどこしており、ツィオルコフスキーもすぐその仲間に加わった。それからの二年間、図書館と司書のフョードロフが、ツィオルコフスキーにとっての大学になった。

ひとつ目立つのは、フョードロフの著作では、事業を成しとげるのに必要な技術について、実現方法がほとんど具体的に記されていないことだ。ある意味で、フョードロフの影響力の歴史は、教え子たちが「共同事業」の技術面を解明してきたことの歴史でもある。宇宙旅行に関していえば、フョードロフが一番具体的に語ったのは、惑星地球そのものを操縦可能にできるのではないかという話だった。まさしく「宇宙船地球号」だ。この概念については、のちの時代にアメリカの政治経済学者ヘンリー・ジョージや、イギリスの経済学者バーバラ・ウォード、そして最も有名なところではアメリカの建築家バックミンスター・フラーらがくわしく語ることになるが、フョードロフは、やはりここでも「蒙昧な力」と「意識的な存在」の対比について語っている。

だから人類は、この宇宙船に乗客としてのんびりと乗っているのではなく、乗組員にならなくてはならない。この船の動力が何であるかはわからない。光子か、熱か、はたまた電気か？　その正体が判明するのは、船を制御できるようになってからだろう。だが、もしも地球船の目的地が不自然、かつ異質で無用なものだとわかったなら、何もできることはなく、故郷であり墓場である地球がゆっくりと破壊されていくことに思いをいたしながら、ただ化石になっていくのみである。[3]

ツィオルコフスキーは、後年の科学や哲学の著作のなかで、粒子振動と不死の性質の関係や、人間が無限の宇宙のあらゆる惑星へ進出する可能性に触れている。フョードロフの影響を見てとることはそうむずかしくはないだろう。宇宙旅行についてフョードロフと語りあったことがあるかという問いに関しては、答えがまちまちで、ツィオルコフスキーは、インタビューごとに違う答えをしている。また宇宙への興味の原点は、ジュール・ヴェルヌの著作に出会ったことだとも語っている。しかし、具体的に宇宙について語りあったかどうかは別として、ツィオルコフスキーの仕事がフョードロフの「共同事業」の一環であることは論を待たない。永遠の生命、全世界的な死者の復活、宇宙進出がどれも「共同事業」の欠かせない一部であるというフョードロフの信念は、やがて宇宙主義《コスミズム》という幅広い用語で知られるようになる。そして、師の断片的なアイディアをつなぎあわせて、人間が地表を離れるにはどんな力が必要かを見出し、公式の形で説明したのは、ツィオルコフスキーであった。マルサスの食料供給の直線と人口増加の曲線の頂点にロケットを置くことになるのも、まさしくツィオルコフスキーだったのだ。

ガラスの月とレンガの月

学校の教師をつづけるかたわら、ツィオルコフスキーは生涯にわたってロケット科学の実験と理論構築をつづけた。ロシアや外国の物理学者から支持されることもありはしたが、見過ごしにされていると感じることも多かった。そこでツィオルコフスキーはSF小説も書くようになった。子どものころジュール・ヴェルヌを読んで影響を受けたことを忘れていなかったからだ。一般の文化のなかでは、科学者の査読を受けた論文よりSF小説のほうが、訴求力、影響力が強いことを彼は知っていた。

一八九六年には長編小説[▼4]『地球をとびだす』に着手し、一九一七年のロシア革命を経て、一九二〇年にようやく出版に至った。まるで革命の成就を記念するかのように、物語では一〇〇年後の二〇一七年に起こる出来事が語られている。裕福な科学者の一団が、秘密裏にロケットを設計して組み立てる。例のモニュメントのてっぺんにあるものとよく似た紡錘型のロケットだ。

科学者の半分と選りすぐりのクルーは、短い宇宙探検に出るつもりで、たいして注目もされないまま宇宙船を打ち上げる。旅の途上、探検隊は、つぎつぎと起こる問題を解決したり、あらかじめ予測して対処したりすることで、技術のたしかさを披露する。たとえば打ち上げ時には、加速による巨大な重力をしのぐため、乗組員は水槽の水にもぐってチューブで呼吸し、船は自動操縦にしておく。また船内の温度を調節するため、彼らは、船体のうち、熱エネルギーを吸収させたい箇所は黒く塗り、反射させたいところは光沢のあるクロームを塗る。探検隊は少しずつ旅程を延ばしていき、やがて食料と空気の供給が問題になる。しかしさいわいなことに彼らは温室を作る材料を持参していた。ガラス板と金属のフレームで温室を作って宙に浮かべると、たくわえてあった種をまいて、排泄物の肥料をほどこす。人間の呼気の二酸化炭素も温室へ送り、植物の光合成でできた酸素を船に還元する。

ツィオルコフスキーの物語は教育的で、また、あこがれの作家だったヴェルヌや、同時代の作家であるアーサー・コナン・ドイルの作品のように、登場人物がすぐさま知識を行動に移す。登場人物は物の量をつねに明確にし、自分が何をしようとしているか、なぜそれをするかを、時間をかけて説明する。ある箇所では、船内の空間から湿気を取りのぞく方法を、乗組員の生活よりもくわしく描写している。語りを用いて問題をとことん考えぬき、このような宇宙旅行が果たして可能かといった読者の疑問に、先まわりして答えていくのだ。ツィオルコフスキーにとってこの小説は、コスミストの「共同事業」の一部をになうための道路地図だった。意識的な存在である人間が力を合わせれば、宇宙の蒙昧な力が作りだす苦境に太刀打ちできるという証だった。一九世紀から二〇世紀への転換期に、技術的なリアリズムを盛りこんだSF小説を書いただけでなく、さらに一歩進んで、人間が惑星を離れても安全かつ幸せに生きていけるという可能性を示そうとしたのだ。

物語では、地球の人々が探検隊の成功を知って、さらなる打ち上げがおこなわれる。主人公たちが建てた最初の温室は、植物にとっての理想的な環境を目ざしたものだ。二四時間太陽光が降りそそぎ、熱帯なみの温度を保ち、空気は薄くて二酸化炭素がたっぷり供給されている。この温室に入るとき、人は宇宙服を着なくてはならない。一方、新たな打ち上げでやってきた人々は、軌道を周回する大きなガラスの家をこしらえて住みはじめる。人間と植物のそれぞれにとって快適な温度と湿度をさぐり、そのあいだを取った居住空間だ。このようにツィオルコフスキーは登場人物を使って、サスキア・サッセンが「能力《ケイパビリティ》」と呼んだものを示そうとする。彼らは技術的な装置を使って、世界の変数を作りあげ、微調整するのだ。物語のなかで、ガラスの家のひとつひとつには何百という人たちが暮らしている。彼らは軽装で、手につけたオール型のつばさを動かしながら、無重量のなかを自由に飛びまわる。新しい住人たちはまもなくさらなる居住区づくりを計画し、そのために小惑星から採掘した鉱物を使おうと考える。そうすれば地球から重たい建築資材を持ってくるために、莫大な費用をかけてロケットを打ち上げる必要もなくなる。こうして膨大な数の人々が、いくつもの新しいガラスの月に移住してくる。フィクションに描かれた最も古い宇宙ステーションである。

　しかし宇宙で暮らす物語を書いたのは、ツィオルコフスキーだけではなかった。一八六九年にはアメリカで、ユニテリアン派の牧師で批評家のエドワード・エヴァレット・ヘイルが、宇宙ステーションの登場する小説を書いた。その作品『レンガの月（*The Brick Moon* 未訳）』は、月刊『アトランティック』に掲載され、翌年には続編の『レンガの月で暮らす（*Life on the Brick Moon* 未訳）』も登場した。▼5 作中に登場する「レンガの月」は若いころ友人同士だった企業家三人のグループが設計し、作りあげたものだ。学生のころ彼らは、英国政府が「経度の問題を解いた者に進呈する」と発表した賞金を目ざそうと考えた。何世紀ものあいだ、船乗りは星座を頼りに航海していた。緯度を測定して船の位置を割り出す手順は、一九世紀ごろまでにはすっかり確立していた。アストロラーブと呼ばれる機器を用いて、水平線から恒星までの高度を測定するのだ。しかし経度のほうは、地球の自転のせいで、正確に測定するのが困難だった。その経度でどの星が見えるはずかを予測しようと思えば、正確な時間を知るか、動かないものを見つけるしかない。当時は、どちらも海上でおこなうのがむずかしかった。航路の拡大と貿易がさかんになった植民地時代には、経度が正確に測定できなかったせいで危険が生じたり、事故や遅延が起きて損失につながることがめずらしくなかった。そこで大英帝国は、経度を正確に測定する方法を募集し、優秀なアイディアには、今日《こんにち》の価値にして三五〇万ドルにあたる賞金を出すと発表したのだ。

ヘイルの小説の主人公であるアメリカ人たちは、グリニッジ上空の軌道上に静止衛星を打ち上げることを思いついた。じゅうぶんな大きさの衛星を打ち上げれば、大西洋航路から確認できて、安定した目印になり、衛星までの仰角を測定すれば、観測者の経度を割り出すことができる。学生時代にこんなアイディアを思いついたあと、メンバーはそれぞれビジネスや鉄道事業で財を成し、南北戦争の直前に再会して、人工衛星の計画に具体的に着手することになる。

しかし英国の経度委員会は、クロノメーターの進歩に満足して一八二八年に解散していた。それでも船の難破はまだひんぱんに起こる。賞金をもらうあてがなくなったので、なんとか計画に賛同してくれる出資者をつのらなくてはならない。彼らはまず、レンガで人工の月を作りあげるための費用を詳細に見つもった。月は直径六〇メートル。内部には球形の小部屋をいくつも設け、使用する原材料と重量を減らす。レンガの月を打ち上げるのは水力だ。高速回転するふたつの巨大なはずみ車で月をはさみ、ちょうどいい角度で天高くほうりあげる。

資金をつのるため、メンバーは演説会をおこなうことにし、そこにさまざまな観客が集まってきた。船舶業界の大物、銀行家、何かおもしろい話はないかと集まってきた人たち。主人公の三人は、それぞれ弁舌を振るう。ツィオルコフスキーの科学者たちの語りにくらべてはるかに洗練された演説ばかりだ。ひとりめは無秩序な世界に意図的な秩序をもたらすことの有用性を語る。フョードロフがきいたら喜んだかもしれない。レンガの月の打ち上げは、基本的に彼の「共同事業」に通じるところがある。

「実行する資金さえあれば、わたしたちにはれっきとした手段があります。それが実現すれば、しがない漁師たちも日が昇り日が沈むのとおなじくらいたしかに、自分の居場所をはじき出せるようになりましょう。人は、世界で自分のいる場所をたしかめられれば、すべてがうまくいくものです」。これだけいうと、わたしは腰をおろした。

ふたりめは「人類のため」を強調した。「というのも彼は、この企図が成功すれば、ほかのどんな計画よりも世のためになると心から信じていたからだ。彼は言葉少なにこう語った。『わたしは人類のためにに人生をささげます』。それだけいうと席に着いた」。三人めは観客の虚栄心と、聡明さに訴えた。

彼は、まるで賢い一〇歳の子どもに語りかけるような口調で話した。観客をおなじ立場の人間として尊重しながらも、一語一語を選びぬき、何も知らない相手に対する要領で話す。当たり前のことだから知っているでしょうではなく、一から説明したほうがずっと簡単ですねという態度である。しかも、もし観客のほうが話し手だったらこんなふうに説明するだろうという口調で話すのだ。彼は要点から要点へと人々を導いていった——その語り口ときたら、わたしが今こうしてみなさんに説明しているよりはるかにわかりやすい。しまいには、聞き手がみんな興味津々で口をぽかんとあけ、話し手の顔を凝視してまばたきを忘れ、驚きのあまり眉がはねあがる始末だった。やがてみな、自分自身が発明家になって困難につぐ困難を克服したように感じ、この計画全体が簡明そのもので、むずかしいとか複雑だなどという言葉はふさわしくないと思うようになっていた。唯一解せないのは、経度委員会か、皇帝ナポレオンか、スミソニアンかだれかが、もっと以前にこの小さな惑星をすばらしき航海に送り出していないことぐらいだった。▼6

しかし乗りこえなければならない困難はまだあった。このとき集まった投資家からの資金だけでは、まだじゅうぶんではなかったのだ。「レンガの月」推進チームは、さらなる資金集めに四苦八苦するはめになったが、そんな矢先に南北戦争がはじまった。語り手は、一八六一年の南軍によるサムター要塞への攻撃〔南北戦争の口火を切った戦闘〕を指して、事実上これがレンガの月の打ち上げにつながったと書く。南北戦争によってレンガの月は、ロシアのモニュメントが表象する軌跡をたどることになったのだ。「そのときはまだわからなかったが、あの爆破によって、レンガの月も打ち上がることになった！」。戦争景気によって金利が急上昇し、レンガの月チームの銀行口座に眠っていた資金が恩恵をこうむることになったのだ。南北戦争が終結するころには金額がふくれあがり、月の建設をはじめられるようになっていた。建設には時間がかかる。集まってきた移民労働者たちは、レンガの月建設の終盤にさしかかると、月の内部に作った球形の小部屋に、自分たちの家族や家畜を住まわせることにした。早春のある晩、雪どけ水で川の流れが勢いを増していた。川のわきには、レンガの月の建設現場がある。そんななか増水で土手がくずれ、レンガの月が人を乗せたまま転がりだした。そして回転するはずみ車にころがりこみ、予定よりずっと早く打ち上げられてしまったのだ。しかし、のちにいい知らせがとどいた。月に乗りこんでいた労働者たちと企業家トリオのひとりは無事だった。空洞に持ちこんでいた食料と、雪どけ水のたくわえもじゅうぶんなので、当分暮らしていける。こうしてヘイルの『レンガの月』は、思いがけないアクシデントで初の有人宇宙ステーションが誕生する小説になった。

ツィオルコフスキーのガラスの月の物語には、世界を変えた一九一七年の二度のロシア革命期――その最中と革命後――の熱が浸透している。進歩は段階を追って起こり、それは理性と科学に対する人間の信念によって可能になる。ロシア皇帝を廃位に追いこんだ三月革命のあと、ペトログラードで人々が「旧世界」と大書した棺を持って行進したという逸話が残っている。[▼7]『地球をとびだす』では、困難な出来事は単にそのつど乗りこえるのではなく、あらかじめ予測して対策を立てている。この新しい世界は、フョードロフのいうように「意識的な存在」が「蒙昧な力」に打ち勝ったからこそ成立しているのだ。

対照的に、ヘイルの『レンガの月』は、偶然の連続で話が進む。南北戦争景気で資金が集まるのも、労働者の家族が月に乗りこんでいたときに打ち上げられてしまうのも、そのあと彼らが元気に暮らしていくのも、すべては「たまたま」だ。

どちらの作者も、宇宙ステーション構想を支える科学は、かなり自由に扱っている。たとえばツィオルコフスキーは高濃度のロケット燃料をでっちあげている。物語に描かれた大きさと質量のロケットをあれほど効率よく打ち上げられる液体燃料は、一九一七年にも、これを書いている二〇一九年にも存在しない。またヘイルのほうは、レンガの月をはずみ車で打ち上げている。周回軌道に即座に乗せられるほどのスピードにまで一気に加速したら、乗っている人は慣性力で全員死亡するだろう。少なくともツィオルコフスキーのほうは、打ち上げ時の強烈な加速度を見こして、乗組員を水槽に待避させるという先見性を持ちあわせていた。しかしツィオルコフスキーは、人間が閉ざされた環境のなかで、食料と酸素の供給を得ながら生きつづけるために必要な植物の量は低く見つもっていた。農業に関していえば、ヘイルの見つもりはさらに非現実的だ。ヘイルは、ツィオルコフスキーのガラスの温室のような密閉空間を作らなくても、小さな「レンガの月」に、空気をつなぎとめておけるだけの重力があるという想定で話を進める。また、たまたま宇宙に送り出されてしまった人たちがたくわえていたわずかな農作物は、宇宙環境のなかで、なぜかより複雑な作物へと進化する。「ダーウィンに、きみのいうとおりだったよと伝えてくれ」[8]と、ひとりの登場人物は地球にメッセージを送る。

　地球に残されたふたりのメンバーは、レンガの月が空に浮かんでいるのを発見して安堵し、月とともに飛ばされたメンバーと労働者の一団から、モールス信号で全員元気だというメッセージを受けとって大喜びする。しかし「蒙昧な力」に翻弄された人々に、地上の人たちが意識的に力を貸そうとすると、さらに思いがけないことが起こる。地上の人たちは、「レンガの月」の住人が、彼らの住む新しい世界の統治や文化の指針を求めているに違いないと考えて、法律書や歴史書を送ろうとするが、打ち上げられた荷物はレンガの月に到達できず、そのまわりをまわりはじめた。レンガの月の住人からはちょうど手がとどかないところだ。しかし上空にいるメンバーは少しも気に留めていない様子で、こんなメッセージをよこす。「古くさい法律書なんぞくそくらえだ。こっちへ来てから集会も裁判もひらいていないし、よほどのことがなければ、ひらく予定はない」[9]。作者のエドワード・エヴァレット・ヘイルは奴隷制廃止論者で、南北戦争の際は北軍を支持していた。この物語も、革命をめぐる問題を深く考えぬくために使っている。レンガの月の住人たちは、合衆国からの脱退をかかげ、南北戦争を仕掛けて破れた南部連合のように、地球社会から脱退したわけだ。

　どちらの物語も革命や大きな社会変革の直後に発表されている。ロシアでは成功した革命のあとに、アメリカでは失敗に終わった南部諸州の脱退のあとに。そしてどちらにも、国家観や世界構想《プラネタリー・イマジネーション》がはっきりと描かれている。ツィオルコフスキーは、宇宙で暮らすようになると、地球で暮らしていたときに当たり前と受けとめていた事柄が、急に不可思議に感じられるようになると想像している。何もかも意図的に定めることになるので、昼夜の長さから、裸で暮らすことに至るまで、あらゆることの必要性や道徳性の議論が、宇宙でも地球でも展開されるだろうと。新しい世界を一から作る能力は、ほかへも影響を及ぼしやすい。登場人物のひとりが語るように、作中では多くの人たちが宇宙で暮らすことを選ぶようになるが「地球も前とおなじように、いや、前以上に手入れしてやらなくてはならない。さもないと地球は地獄と化すだろう」[10]。『地球をとびだす』の八年後である一九二八年に出版された別の本では、地球をきちんと「手入れする」ための技術を提案している。宇宙ステーション構想をそのまま地球に逆輸入したものだ。

みずからの構想を語った論説「地球と人類の未来（*The Future of Earth and Mankind*）」のなかで、ツィオルコフスキーは「宇宙空間の居住施設」――『地球をとびだす』に登場したようなガラス張りの温室を居住空間にしたもの――に簡単に触れている。しかしこの論説の中心はあくまでも地球だ。ツィオルコフスキーは、宇宙旅行が可能になったあと、地球がほったらかしにされて「苦しみの巣窟」になるのではないかと心配している。そこで段階を踏み、意識的な努力によって、地球の「蒙昧な力」を変容させようと提案する。目標は、地表を改造してふたつのシンプルな必需品の生産能力を最大化することだ。すなわちできるだけ多くの人間に「食料」と「住居」を提供することだ。

まずは熱帯地方からはじめる。ツィオルコフスキーによれば、熱帯の住人は「天与の楽園を活用する力がなく、惨めで貧しい生活を送っている」からだ。彼の計画どおりに進めば、熱帯の人たちは計画に感銘を受けて、整地に乗り出す。整地はまず、人を等間隔にならべ、列を作っておこなう。一列にならんだ人々は、前進しながら途中にある植物や生き物をすべて取りのぞいていく。うしろからはつぎの列が進んできて、金網を張った格子の枠組みを設置していく。こうすることで、虫などの不要な生物がもどってくることをふせぐのだ。三列めの人々は種をまく。「人間にとって最も有益で清浄な作物」[11]の種である。

そのあとには、上部構造の建設がつづく。格子の枠組みが赤道から北極、南極へと広がるにつれ、その上にガラス板を張って、なかの気候を一定に保つのだ。これによって地球は一個の巨大な温室になり、人工衛星のガラスの月とおなじく施設内の温度は一定で、人間にとっても植物にとっても快適な気温が保たれる。気温のきめ細かい調節は、宇宙船にほどこしたのとおなじ技術によって実現される。暑すぎるところでは熱を反射させ、熱が必要なところでは吸収させ、太陽エネルギーをとことん利用する。しかし全体の温度調節が達成されるまで、内部の作業はまたしても熱帯地方の人々にやらせる。「気候に慣れていて、苦労が少ない」からだ。[12]

ツィオルコフスキーは『地球と人類の未来』のなかでニコライ・フョードロフの名前をあげてはいないが、その影響は明らかだ。人類の必要性のために地球を最適化するという野望は、「共同事業」の考え方だし、そのための手段もフョードロフを想起させる。ツィオルコフスキーの計画では、熱帯地方の人々は土地から引きはなして強制労働させなくてはならない。しかし彼らも最終的には「何百万人もの義勇軍」の一員になって、人類共通の目的のために、「あらゆる技術の動員」をして地球全体の環境を統御するために働くだろうという。

ツィオルコフスキーの提案は、最終的に、いかだに格子をかぶせ、植物を植えたもので海をおおいつくすところまでいく。人間はみな、暮らしていくにじゅうぶんなだけの場所を与えられ、その世話をして、自分に必要なものをすべてまかなう。環境の設計がその主体の構想と切りはなせないとしたら、ツィオルコフスキーのこの計画は、空間とその住人をひとつに統一しようとする計画にほかならない。地球上と宇宙で、すなわちガラスでおおわれた地表とガラスの月での唯一の違いは、重力があるかどうかだけだろう。最後には、北極から南極までを埋めつくすガラスの温室はぴたりと閉ざされる。内部の空気の状態はつねにモニターされ、外の空気は植物を育てるためにポンプで室内に取りこまれるか、宇宙に排出される。地球は文字どおり宇宙ステーションになり、思うがままに宇宙を航行するようになる。

テクトニクス

建築学に「テクトニクス」という用語がある。さまざまな力が材料や空間にどう生かされ、部分ごとの、あるいは部分と全体との関係をどう創造し表現するかを表す用語だ。テクトニクスについて語るということは、実態（actuality）――建築によって部品がどう組み合わされ、建物のような複雑なまとまりを持つ物体を形づくるのか――と、構想（idea）――その物体が抽象や概念としてどのように構成されているか――のあいだの空間を語るということだ。多くの場合、構想では部品同士が関連しあって全体を形づくる際のシステマティックな方法が語られていても、その構想を表現する段階になると、必ずしも現実の建築と一対一で呼応するわけではない。

たとえば、現存するギリシアの古典的神殿建築は、たいてい大理石づくりだ。しかし古代ギリシアでは木造の神殿のほうが大理石のものより何百倍も多かったはずだ。木造のほうが建設が簡単で費用も安くつく。だから木造神殿のほうが石づくりの神殿より先に作られていたと考えられる。しかし長持ちはしない。神殿を大理石で作るようになると、石を積みかさねて組み立てる作業は、木造の大工仕事とはまったく違うにもかかわらず、人々は木造時代の神殿を模して石を彫り、木造の指物師《さしものし》の仕事を表現してみせた。構想と表現が現実の材料を超越したのだ。

建築と同様、世界にもテクトニクスがある。地球は固形の球体に見えるが、実際にはその表面は一連の硬いプレートでおおわれており、それらが流動性のあるマントルに乗って動いている。これらのプレートは互いに関連しあいながら、さまざまな方法で移動している。一方のプレートが他方の下に沈みこむ形もあれば、ぶつかりあって圧縮される形、あるいは互いに離れて引きのばされる形もある。この性質と自転運動のせいで、地球はわずかに扁平な回転楕円体をしている。しかも大陸は移動して互いに離れていく。こうして大陸が移動した結果、海洋や山脈が生まれ、それに呼応して、さまざまな民族、政治、経済、社会状況を扱う人文地理学が生じる。

「レンガの月」の実際の建築法は足し算だ。レンガをひとつひとつ積みかさねていく。しかし、その構想においては引き算が用いられた。当初の計画は中身のつまった球体だったが、その内部に球形の空洞をいくつも設けることにしたのだ。一方、ツィオルコフスキーのガラスの月とガラスの地球は、構想も建築法も足し算だ。「義勇軍」の一団が列になって通りすぎていくたびに、地表を管理するための層がひとつずつ追加されてゆく。部品をひとつずつ組み立て、枠組みにガラスを取りつける。こうして徐々に全体ができあがっていき、完成したら密閉される。

足し算で作られるツィオルコフスキーの格子つき温室は、現代建築を支える鋼鉄製の格子の枠組みとどこか似ている。実際、二〇世紀中盤になると金属製の構造フレームや窓サッシが大量生産されるようになり、化石燃料の安いエネルギーが豊富に使えたこととあいまって、ツィオルコフスキーの提唱する全地球的建築に近いものが、「近代建築の国際様式」といった形で実現するようになった。二〇世紀半ばを過ぎると、ガラスと鋼鉄の高層建築が、ボストンから北京までいたるところの大都市で見られるようになった。

一九七一年、オイルショック（一九七三年）を目前にひかえ、また近代建築というものがある意味終焉をむかえるころ、イタリアの批評的建築家集団〈スーパースタジオ〉が「12の理想都市（Twelve Cautionary

Tales for Christmas）」▼13を発表した。一二の短い物語に描かれる架空の都市は、鋼鉄の格子にガラスをはめた近代建築の全体主義性を、ばかばかしさや不吉さが際立つ極端な形で表現している。ツィオルコフスキーの構想とおなじく、変容と都市化の最前線は風景をおおいつくしながら前進してゆき（七「途切れなく生産するベルトコンベヤー都市」）、碁盤の目状に配された建物や工場が建ちならび（一「二〇〇〇トンの都市」）、宇宙を航行するものもある（四「宇宙船都市」）。ある物語にはJ・D・バナール（第2章参照）を彷彿とさせる、ポスト・コスミズムのサイボーグのような存在も登場する（三「ニューヨークの脳たち」）。

　これらの物語に描かれる都市（ユートピアであれディストピアであれ）の構築法《テクトニクス》が目ざしているのは、分割ではなく統御だ。足し算の方式が政治にも反映されている。格子状《グリッド》の都市計画というものは、現実の近代建築であれ、スーパースタジオが暗く批判的に描く都市であれ、ツィオルコフスキーの惑星改造計画であれ、共通の特徴を持っている。差異をならして、規則正しく、統一の取れたものにすることだ。ツィオルコフスキーの構想は、乱暴な超植民地主義からはじまる。先住民を彼らの土地から引きはがしてすぐさま強制労働に駆り出し、その土地を新たな世界市民、というか統御された人間たちのためのものに変容させようというのだ。それでもツィオルコフスキーは、近代建築の信奉者たちと同様の希望を抱いている。それは、土地から引きはがされた人たちも、ゆくゆくは大きな人間集団との「共同事業」に同化し、なじむだろうというものだ。

　スペイン南部の都市アルメリアは、ツィオルコフスキーの温室都市を地でいくような町だ。かつてブドウ園だった広大な土地に無数の温室（ビニールハウス）が建設され、それによってトマトの栽培時期が延びたのだ。建築家のケラー・イースタリングは、この変化の鍵はビニールハウスの構築法にあると述べる。農家の人たちは、かつてのブドウ棚に安価なビニールシートを張ってビニールハウスに改造する手順を編みだした。この簡単な手順によって、アルメリア地方全体にビニールハウスが広まることになった。しかしビニールハウスは、人々を統一するよりむしろ、それにかかわる主体のあいだに溝があることを露呈させた。農園主は多くの場合スペイン国民で、ジブラルタル海峡の対岸である北アフリカから来た移民労働者を雇用していた。右翼のネオナチグループがそれに目をつけ、労働者への襲撃事件が起きた。農園主は労働者たちを守るために、トマト用の温室とおなじビニールハウスを建て、それを労働者のシェルターにした。しかしツィオルコフスキーの構想とは違って、労働者と農園主が同化することはなかったし、また人間の過ごしやすさと作物にとっての快適な環境に折りあいをつけようという努力もなかった。イースタリングが記すように「このビニールハウス農業の主体はハウスの労働者でも農園の住民でもなく、トマトだった」からだ。[14] 労働者もその空間に居住していたかもしれないが、基本的にはあくまでもトマトのために作られたものだった。

その点、『レンガの月』は、構築法についても政治的な側面についても別種の物語を語っている。ヘイルは、月の中身が引き算方式でくりぬかれ、空洞になっているのは、「できるだけ重量を軽くして、そこに最大限の力を集約するため」の理念であることを強調する。と同時に、レンガの月が地球の生活から切りはなされたことの意味も考察する。続編の『レンガの月で暮らす』で、語り手である企業家のひとりは、社会的に溝がある地球の一部が、レンガの月のように、物理的にも切りはなされていたら、どんなにか人生が楽だろうとこぼす。ヘイルがこの小説を書いていた時代には、電信技術や蒸気機関車、それに安定性が増した船舶(経度委員会の事業の成果もあった)などのおかげで、かつては遠かった地が、すぐそばにあってそこから逃れられないと感じられるようになっていた。

ヘイルとほぼ同時代に活動していたコスミスト、フョードロフにとって、電信や交通手段の発達で距離が縮まるこの傾向は、「共同事業」へ向かう無意識の世界的な動きだった。フョードロフにいわせれば「統一されていないことへの嘆き」は「世界的な悲嘆」だった。一方ヘイルも、一一月革命を目の当たりにしたツィオルコフスキーのように、南北戦争でおこなわれた反乱を目の当たりにして考えこんだ。ただしこちらは統一ではなく分離・脱退について。そしてその結果起こりうる、宇宙規模とはいわないまでも、世界規模の大変動について。『レンガの月』の語り手はつぎのように空想する。

ちょっと思いついたのだが、もしも――もしも万が一――世界がバリバリと割れて六つなり八つなりのかけらに分かれ、それぞれが別の軌道をまわりはじめたら、みんな、どのかけらに乗っかっているにしても、生きるのが今よりずっと楽になるんじゃないかと思うんだ。だんだん人が集まり、打電されたニュースもとどきはじめて、どうやら自分たちはほかの島や大陸と、たもとを分かったらしいということがわかってくる。するとそれぞれのかけらに乗っかっている人たちは、重力が低下して体がうんと軽くなるだけでなく、背負っていた責任も小さくなって、心がずっと軽くなるのではないか。

想像してごらん。学校で、「これからは地理の時間に、ミシシッピ川と大西洋にはさまれた地域のことだけ勉強することになりました。ミシシッピ川のところで地球が割れてしまったのです」と先生が発表したら、生徒がどれだけ喜ぶか。もうイタリア語だのドイツ語だのフランス語だのスラブ語だのを学ばなくてもいい。それらの言葉を話す人々は今や別の軌道をまわっていて、別世界の住人になってしまったのだから。アメリカ伝道評議会のような団体も、伝道の範囲がうんとせばまるので、事務から教化、教育、伝道全般に至るまで、さぞかし仕事が楽になることだろう。われわれだって、イギリスのグラッドストン首相がアイルランドの土地所有権に関してどういう政策をとるべきかなんて、さっぱり判断がつかないし、仲間内で政治の話になってもさんざん悩んでしまうのだから、大英帝国が別の軌道に飛びさって、アイルランドもマン島もそれぞれ別の軌道をめぐるようになって、もう二度と顔を合わせる可能性がない――ホイストで昨夜と今夜、まったくおなじ一二枚の手札を配られる可能性がないのと同様――ときかされたら、どんなにかほっとすることだろう。きっとヴィクトリア女王だってぐっすり眠れるようになるだろうし、グラッドストン氏も安眠できるだろう。▼15

ツィオルコフスキーとヘイルの物語は、前提に共通点がある。いずれの作者も、地球は資源の貯蔵庫で、人間が活用するのを待ちかまえていると考えているのだ。ヘイルの小説に登場する企業家たちは、粘土質の土が豊富で、川と森をそなえた土地を見つけたとき、文字どおりよだれを流さんばかりに興奮する。一刻も早く地面をほじくりかえしてレンガ用の土をこね、川を工事して水車を設置し、木を切りたおして窯にくべ、レンガを焼こうとはやり立つ。▼16「ああ、あの川の流れの小さな一滴が、世界を変えるかもしれないのに、無駄に流れていくとは！」。彼らはこの土地を手に入れるために嘘をついたり人をだましたりすることもいとわない。

宇宙の植民地化の前にはまず地球の植民地化があり、その進行とともに宇宙の植民地化も進んでいく。ふたつの物語の共通点と相違点は、実に興味深い。密閉されたツィオルコフスキーの温室が象徴するのは統御を進める体制で、それが温室を生み出し、維持していく。一方、ヘイルの描くレンガの月は、形態上も政治上もひらかれている。レンガの月の住人たちは法律の本などいらないと拒否し、当初の目的だった「経度測定の目安」としての役割が象徴するはずの「制御」や「正確さ」もしりぞけてしまう。

だが皮肉にもふたつの月の暮らしは、それぞれ予想とは逆の方針に従っていとなまれる。ツィオルコフスキーは、宇宙での生活の異質さのおかげで、地球で当たり前だと思っていた暮らしについて数多くの疑問が生まれるということを強調している。一方ヘイルの登場人物たちは、宇宙にほうり出され、地球との政治的なつながりを断ちながらも、奇妙な状況にすばやくなじんでふだんどおりの生活をはじめる。仕事、祈りの儀式、娯楽といった日々の日課を作りあげ、歌ったり、作物を育てたりし、しまいには家族を作って子どもまで生まれる。「彼らの置かれた状況にはもちろん不都合な点もあるが、いいところもある。そして何よりもこの状況を受けいれることになった一番の要因は『ほかにどうしようもない』ということだ」[17]

両者の一番の違いは、技術とアクシデントの違いだろう。フョードロフは、共同事業は何よりもまず「全人類を襲う大災害へのそなえである」と語っていた。そしてツィオルコフスキーは本のなかで、言葉のうえでも実際の意図としても、精密な技術を駆使して、起こりうるアクシデントにそなえ、乗りこえることを提唱した。フョードロフは「あらゆる理性の力を結集すれば、悪や死を生み、災いを引きおこす『蒙昧な力』をはねかえすことも可能だ」と希望を述べた。[18] そしてツィオルコフスキーは、その希望を、物語の語りのなかで実現している。だから彼の登場人物たちは、まず物理の原理からはじめて、やがて軌道上での大規模な居住へと段階を追って進んでいく。意識的な存在が理性的な手順を実行し、自然の蒙昧な力に打ち勝つのだ。一方、ヘイルの物語では、起こりそうなアクシデントがことごとく起こる。企業家たちの演説会では、弁舌を駆使したにもかかわらずじゅうぶんな資金が集まらないし、「レンガの月」建設プロジェクトも、完成目前に、へたをすれば大惨事に終わりかねない事故に見舞われる。しかも月は予定とは違った軌道をまわりはじめるし、救援物資や法律書を送ろうという試みも失敗してしまう。意識的な努力がこれだけ失敗を重ねても、月の住人たちが口にするのは「くそくらえ！」のひと言だ。しかしこんな状況でも、しまいにはすべてがうまくいく。しかも語り手は、万が一さらに大きな災難——ほかならぬ地球自体がいくつものかけらに割れるというもの

――が起きても、かえっていいことがあるかもしれないと楽観する。ツィオルコフスキーの物語では、世界を構築する技術が、サッセンのいう「能力」を想起させる。つまり、ある目的を達するために生み出された技術が、やがてはそれ以外の未知の目標を達成し、変化を生み出していくというものだ。一方ヘイルの物語では、アクシデントによって世界が分断されたことと、それにともなう独立が、新たな能力として描かれている。そこにどんな力が秘められているのかは、未知のままだ。

すべてのものは感覚をもつ

ヘイルの「レンガの月」とその住人はアクシデントのおかげで自治を手に入れるが、実利的なツィオルコフスキーとフョードロフは、独立した者をつかまえて引きもどし、「共同事業」のために利用せねばならないと考える。ツィオルコフスキーの著作では、異なるものをつかまえて利用しようという強い思いが、フョードロフの野望と同様、外は宇宙の惑星へ向かって広がり、内は物質の構成粒子へ向かってつらぬかれていた。エッセイ『汎心論、あるいはすべてのものは感覚をもつ』でツィオルコフスキーは、世界、種々の生物、原子、そして宇宙の目的について述べている。「未来の人間の精神世界のイメージや、その人間が抱く安心感、心地よさ、宇宙の理解、穏やかな喜び、翳《かげ》りない永遠の幸福の確信――これらを想像することは難しい。現在のところ、どんな億万長者であろうとこのような境地には達していない」。物事のありように対する満足感、充足感は、統御する能力が大きくなるにつれて深まるので、人間はなんとしても統御する能力を行使しなければならないというのがツィオルコフスキーの考えだ。

その目的のために宇宙旅行をおこなうのだ。ツィオルコフスキーはこう記す。「未来の技術によって、地球の重力は克服され、太陽系じゅうを旅することが可能になるだろう。太陽系の全惑星が探査される」。しかしそれは至高の目的のため、すなわち人間が利用するためのものでなくてはならない。「不完全な星は一掃され、地球の住民に取って代わられる」。ツィオルコフスキーは著作のなかで「共同事業」という言葉を使わないが、それでもフョードロフと同様の方法や目的を唱えている。フョードロフと違って、かつて生きていたすべての人間を生きかえらせることについては明言していないが、それでも人間の生を特別なものとして扱い、極限までそれを保護して、引きのばそうとするのである。

　こうしたツィオルコフスキーの考えは『汎心論』というタイトルのとおり、原子に至るまですべてのものに心が宿っているという信念にもとづいている。彼も師匠のフョードロフ同様、こまかい塵の有用性に心ひかれていたが、彼の持論では、塵を集めて死者をよみがえらせる必要はなかった。というのも、死は原子の集まりが一時的に分解してばらばらになったにすぎないからだ。ツィオルコフスキーの考えでは、人間は最もよく感じる能力、それも喜びを感じる能力を持っているから、意識を持つ原子はみなその一部になることを切望する。しかしそうした喜びのあとにはやがて黙示録、文字どおり世界の終わりが待ちかまえていて、いつの日か地球も蒙昧な力の前に屈するのだ。[19]

　とはいえ死や苦しみを恐れる必要はない、とツィオルコフスキーは述べる。人間が宇宙を支配し、格下の生命を取りのぞく活動に従事するならば、今われわれの身体を構成している原子が、やがて遠い未来にまた喜びにあふれた人間の一部になりうるのだから。ツィオルコフスキーの思想をつらぬくこの考え方に接すると、「地球は人間精神のゆりかごである。しかし一生ゆりかごにとどまることはできない」という、しばしば引用されて議論を巻きおこす（そして彼の墓碑銘でもある）フレーズが、当初より暗い色彩を帯びて感じられる。人間の精神は、地球というゆりかごからはいだすことができたとしても、自分と違う、自立した存在の価値を理解することができなければ、単に自己増殖を望むだけで終わってしまうだろう。

突きつめれば、「レンガの月」も「ガラスの月」も（そして「ガラスの地球」も）、「エンド」にまつわる物語だった。破壊による世界の終わり《エンド》と、世界の目的《エンド》と。ツィオルコフスキーの物語や世界観――惑星や宇宙にまつわる構想――に登場する「ガラスの月」は、とにもかくにも人間の意図的な利用を前提にしていた。意図が明確でないのなら、明確化しなくてはならないし、意図がないなら排除しなくてはならない。何もかも、統御された人類のために目標をはっきりさせることが必要だ。ツィオルコフスキーのSF小説『地球をとびだす』で、タイトルのとおり「地球をとびだし」、軌道上をめぐる温室は、部品のひとつひとつにきちんと意図した用途があった。しかし、それとはまったく別の世界もある。「レンガの月」には、これといって目的はない。元は経度を知るための目安になるはずだったが、予定の軌道に打ち上がらなかったため、その目的は果たせなくなってしまった。月の内部の空洞は、そもそも重量を軽くし、費用を安くあげるための工夫にすぎなかった。それが思わぬアクシデントで、さまざまな国の移民労働者や、家畜、そしてにわかに急進化した企業家の住まいになる。ヘイルの月の住人たちは、「共同事業」のようなもののために働いたりはしない。基本的にはただ日常生活を送っているだけだ。「レンガの月」はアクシデントによって偶然提供された環境であって、地上や宇宙で別のあり方が可能だということを実証しているのだ。

　ヘイルの構想する宇宙での分離・脱退は、ツィオルコフスキーの構想とは大いに異なっている。ヘイルは、一〇〇〇通りの考え方と生活様式があれば、一〇〇〇通りの世界が生まれるという可能性を思いえがいている。あくまでもアメリカ南北戦争に対して唱える反実仮想であって、ツィオルコフスキーの描くロシア革命時代の宇宙帝国に対する批評ではないものの、ふたつの物語の存在は、人間の宇宙での基本的なあり方にも、少なくともふたつの種類があることを教えてくれる。統一主義と、分離主義と。

モスクワにある「宇宙征服者のオベリスク」のてっぺんには、銀色に輝く、つぎめのない、ツィオルコフスキーふうのロケットが載っていて、レンガづくりのほこりっぽい球体などは載っていないが、そういうメモリアルがあってもいい。エドワード・エヴァレット・ヘイルは思考や表現をコンスタンティン・ツィオルコフスキーほど押しひろげることはなかった。しかしヘイルの論理に立脚した別のコスミズムを空想することはできる。アクシデントと、災難と、分離と、自治から生じる「能力」の物語。そちらのコスミズムは、「共同事業」ではなく「共同余暇」を至上命題にかかげるのではないか

――それが「ガラスの月」ではなく「レンガの月」が描く未来の宇宙像だ。

2
J・D・バナール、赤い星、そして〈異能集団〉

一九四四年夏、フランス北西部の村、アロマンシュの沖合いで、数人の技術者が異様な建造物の構築を指揮していた。イギリス海峡を越えて曳航してきた何隻もの廃船を沖合いに沈めて、長い列を作り、このときのために作った潜函《ケーソン》でこの列を補強する。最終的にはこれが海岸とおなじ長さのある防波堤となり、イギリス海峡の波をふせいで、その内側に人工の港湾を作りだした。外海より波がおだやかになった内港には浮き桟橋を設け、船が横付けして荷物や兵士、軍需物資、補給品などを荷下ろしし、舟橋《しゅうきょう》を伝って陸揚げできるようにする。「マルベリーB」と名づけられたこの人工港湾は、オーバーロード作戦、世にいう「ノルマンディ上陸作戦」――ナチスに占領されたフランスを奪還する連合軍の上陸作戦――にとって、きわめて重要な鍵であった。

その一年前、物理学者のジョン・デズモンド(J・D)・バナールは、イギリス首相ウィンストン・チャーチルと軍の幕僚長たちの前で、人工港湾の有効性を示す即興の実演をおこなっていた。バナールとお偉方たちは輸送船クイーン・メアリー号の一等船室の風呂場に集まった。バスタブに水を入れ、新聞紙を折って作った船団を浮かべる。バナールは海軍将校に頼んでバスタブの水をかきまぜてもらい、波を起こさせた。人々が見まもるなか、紙の船団が沈む。つぎにバナールは新たな紙の船団を浮かべ、バスタブの真ん中に、防波堤に見立てた膨張式の救命ベルトを渡した。そしてふたたび水をかきまぜたが、こんどは防波堤で波がやわらぎ、船は沈まなかった。

この実演ショーは、英国海軍准将であるルイス・マウントバッテン卿の求めでおこなわれたものだった。当時マウントバッテンは、チャーチルの連合作戦チーフを務めており、〈オーバーロード作戦〉のように陸・海・空軍の協同が必要な作戦の責任者だった。ある伝記によれば、学生時代に「賢人《セイジ》」という異名をとったバナールは、マウントバッテン卿の「トラブルシューター」であり「専属魔術師」であった（「おかかえの宮廷道化師」ともいわれた）。[1] 戦時には、マウントバッテン卿のもとで〈異能集団〉と呼ばれた科学者三人グループのひとりとして活動した。メンバーはバナールと、動物学者のソロモン・ザッカーマン、そして発明家でかつてはスパイだったジェフリー・パイクという男だ。この三人でマウントバッテン卿の連合作戦に、技術的な提案や突飛なアイディアを提供するのだ。

この異能集団が繰りだした奇想のなかには、大衆文化で描かれる未来図にその後もたびたび登場するアイディアがいくつか含まれていた。なかでも有名なのはパイクが構想した、島ほどの大きさがある航空母艦だろう。パイクはこれを氷とおがくずを混ぜた「パイクリート」で作れば安あがりで耐久性もあると主張した。一方、バナールの異能は――戦時中も、それ以外の多岐にわたる活動も通じて――ロシアの宇宙主義者《コスミスト》とおなじく、世界の設計と構築をとことん考えぬく能力だった。

バナールは結晶学者で、材料科学者で、一時期はマルクス主義者だった。また生涯を通じて平和主義者でもあり、反戦活動家であった。彼が残した一連の思想は、不思議とロシアのコスミストのそれに通じるものがある。バナールはしばしばソビエト連邦をおとずれていたものの、ロシア語が堪能だったという形跡はない。しかもフョードロフら、コスミストのおもだった思想家の著作が英語に翻訳されたのはバナールが晩年にさしかかってからだ。それでも異能の持ち主だったバナールの仕事は、コスミストと同様、原子から宇宙にまで及んでいた。彼もやはり人間の生命を無限に延ばすことを考え、ＤＮＡ分子の発見者のひとりロザリンド・フランクリンとともに進めたＸ線結晶学にもとづいて研究を進めた。遺伝子工学については、DNAの仕組みが解明される以前から持論を述べていたし、生物学者がのちに「サイボーグ」と呼ぶようになった人間と機械を統合した存在についても、その可能性を記していた。しかし彼の最も影響力のあるアイディアは、巨大な宇宙ステーション構想だった。かつてコンスタンティン・ツィオルコフスキーとエドワード・エヴァレット・ヘイルが考えた宇宙ステーションに比べると、バナールのものは何百倍も大きい。のちに「バナール球」と呼ばれるようになった中空の巨大な球体で、その外殻は自己増殖することができ、太陽系内に人間が快適に暮らすことのできる環境を作りだすというものだ。

直接触れる機会があったかどうかはわからないが、バナールの思想は、ロシアのコスミズムとの平行進化のような道をたどっている。バナールも、無限にとはいわないまでも限度を設けないほどのレベルで、人間の延命と宇宙進出を考えていた。ただ、バナールの球体ステーションは完全に密閉されたものではなく、ひらかれた部分を残していたし、未来への関心の持ち方も、閉鎖的だったり全体主義的だったりすることはなく、オープンだった。バナールのコスミズム——とりわけ一九二九年刊行の『宇宙・肉体・悪魔——理性的精神の敵について（*The World, the Flesh, and the Devil: An Enquiry into the Future of the Three Enemies of the Rational Soul*）』▼2〔鎮目恭夫訳、みすず書房、二〇二〇年〕に記されたもの——は、ツィオルコフスキーやフョードロフの、宇宙には目的があるという閉鎖的な考え方に対する批評のようにも読めるし、それを更新しているようにも読める。

多層構造の球体

二八歳のとき出版したこの思索と予測の書のなかで、バナールは、未来の人間が苦労するであろう三つの分野を取りあげている。それが本のタイトルにもなっている「理性的精神の三つの敵」だ。「第一は自然界の巨大な、非生物学的な諸力、暑さ寒さ、風、河、物質とエネルギーなどである。第二は、それよりもっと身近な動物と植物および人間自身の身体、その健康と疾病である。そして第三は、人間の願望と恐怖、想像力と愚かさである▼3」

　ツィオルコフスキーやフォードロフと同様、バナールも、人間の進歩は自然の蒙昧な力との闘いの過程であり、意識的な構想と努力でもって蒙昧な力を抑えこまなくてはならないと書いている。そのためにはまず自然の諸相を研究して理解し、つぎにそれを模倣し、最後には改良する。最初に取りあげるのは、先進的な材料科学だ。それによって世界の見方を新たにとらえなおそうというのだ。科学の進歩で、目的にかなった材料を人工的に作りだせるようになると、世界には何ひとつ不自由がなくなる。しかしそうして解放された人間が地球の表面にとどまることになれば、どうしても自然の蒙昧な力にさらされつづけることになる。とりわけバナールは、当時はまだプレートテクトニクス理論が提唱されていなかったにもかかわらず、「地質学的時代の唐突な変化」を恐れていた。そして、宇宙で手に入る広大な領域と膨大なエネルギーと物質を利用するために、人間はいずれ地表を離れる必要が出てくると考えた。ひっきりなしに惑星から離陸したり着陸したりする手間をはぶくには、地球をめぐる軌道上に、巨大な新世界を建設することになる、と。

　バナールは、小惑星から採掘した材料を使って、「恒久的な宇宙植民地」を建設し、居住することを考えた。直径一〇マイルほどもある空洞の球体――「バナール球」――だ。おなじ中空の球体でも、ヘイルの「レンガの月」と違って、バナール球では、人間はその内部でしか暮らさない。バナールは、惑星よりも小さい物体が、重力によって大気の層をつなぎとめるなどと、知らんぷりして書くことはしなかった。金属の枠にガラス板を張り、熱を反射させる塗料をぬっただけのツィオルコフスキーの温室にくらべると、バナール球の構築法《テクトニクス》は、ずっとこみいっていて、「ものすごく複雑な単細胞植物」

〔邦訳二二頁〕に似たものになる。いくつかの層に分かれていて、各層は材料も目的も明確に分かれており、相互にかかわりあいながらひとつのシステムを作りあげる。

「一番外側の層は保護と物質の摂取同化の役割を果たす」(『宇宙・肉体・悪魔』二二頁)ものだ。球殻に向かって飛んでくる危険な粒子や隕石に対し、エネルギーと物質の噴射を使って進路を変えさせたり、破壊、吸収したりする。隕石を破壊して得た物質を球殻の拡張に利用するというシステムだ。その下の層は、空気を閉じこめるために密閉されているが、ツィオルコフスキーのガラスの温室と同様、太陽光とエネルギーは取りいれる。つぎの層には化学的な太陽電池か、生物学的な光合成によって太陽エネルギーを利用する装置を設ける。この層にはもうひとつの循環ネットワークがあって、それは逆に、内部に蓄積される余分の熱エネルギーを排出する。その下には、基本的な物質がたくわえられた貯蔵庫がある。それはこの球体内部の生活や、外部の建設を支える素材になるだろう。

その内側の層には機械的なシステムが設けられ、球の内部の気候を調節して、必要な物質を循環させ、廃棄物を収集、分解し、単純な物質とエネルギーに変換する。これらの機械は球体の世界を構築し、改良する工房になる。最後に、これらすべての、厚さ一マイルにも及ぶ層の内側に人間の居住区が設けられる。そこは、構造を変えられるプライベートな小部屋がいくつかと、だだっ広いフリースペースからなり、ツィオルコフスキーの宇宙ステーションでも描写されていたように、人々は無重量の空間を鳥のように飛んで移動することができる。「もちろん空気の抵抗が働くことは地球上と同様だが、これは短い翼の利用によってかえって利用することができよう」(『宇宙・肉体・悪魔』二六頁)

多層構造ステーションの表面と内部の無重量空間では、生活のあらゆる面が目新しいものになりうるし、世界そのものも新しいものになるだろう。バナールはこの短い書物のなかで、当たり前で変えられないものなど何ひとつないと述べる。彼によれば、「進歩の基本的な傾向は、無情な偶然的環境を意識的に創造された環境へ置きかえることにある」(『宇宙・肉体・悪魔』八一頁)。当時最新だった心理学、生物学、美学、工学は、すべて作りかえられて発展をとげる。社会構造も変化する。球体ステーションのなかには二万から三万の住人が暮らすようになるが、バナールは「関心をおなじくする人々の自発的な連合」ができるだろうと予測する。と同時に、球体の数が増えれば、もっと大きなスケールで、ステーション同士のつきあいも出てくるだろう。球体ステーションは、孤立することはない。可動式で、展望台とドッキング設備、モーター、通信機器をそなえており、われわれが現在持っているあらゆる感覚的情報の伝達だけでなく、将来必要になるような情報の伝達もおこなうからだ。ここには、第二の構築法がある――各々の球体は独立したひとつの単位で、一番外側の同化作用を持つ層が、内部の空間と世界を規定している。しかし外向きには、それぞれの球体が広大なネットワークのなかの結節点《ノード》の働きもして、「ほかの球体や地球とたえず通信している」(『宇宙・肉体・悪魔』一二七頁)。つまり球体の内側は同化を目ざし(「関心をおなじくする人々の連合」もそうだ)、外側は差異をはっきりさせる。やり取りのネットワークはこの「同化」と「差異」をまぜあわせ、長期的に見てどちらか一方だけが支配的にならないようにする。

個々の球体ステーションを包む層は、内部の社会を補完する装具のような働きをする。小さな国家がまとう巨大な宇宙服のようなものだ。感覚器官とドッキング設備が、この保護層のインプットとアウトプットの役割を果たす。ある種の物質やエネルギーを取りこみ、コミュニケーションをおこない、人もなかに入れる一方、それ以外のものは排除する。建築学者のニコラス・デ・モンショーは、二〇一一年の著書『宇宙服――アポロがまとったもの(*Spacesuit: Fashioning Apollo* 未訳)』で、アポロ計画で用いられた宇宙服について、同様の記述をしていた。[4] 宇宙服の各層に特定の調節機能があり、同時に外の真空空間やほかの宇宙飛行士とやり取りする能力も持つ。この宇宙服のデザイン史でデ・モンショーは、技術的な迂回路として、宇宙を宇宙飛行士に適合させようとするのではなく、宇宙飛行士のほうを宇宙に適合させようとする発想についても語っている。

それがサイボーグだ。当初「サイボーグ」とは、専用の薬品を摂取し、装置を体内に埋めこむことで、ほかの防御なしに宇宙空間で生きていける人間を指す造語だった。一九五〇年代末に生まれたこの新提案のもとになったのは、精神医療分野の新しい治療法だった。薬品とバイオフィードバックを用いて精神や感情の不調を治療するというもので、このような精神状態は、薬や装置の助けで治療できるとわかって初めて、病気であることが認知された。デ・モンショーは、こうした指向が、人間の感情や欲求の予測不能な面を制御しようとするものでもあるし、また環境の予測不能な性質を制御しようとするものでもあると述べている。[▼5] 人間は、技術を用いて世界に適応する。サイボーグという技術においても、コスミストの空想と同様、人間は、混沌とした現実に翻弄される悲劇を、意図的に構想した技術を用いることで乗りこえるのだ。

コスミストに通じるバナールの思想も、おなじ道をたどった。彼は球体ステーションのなかの生活、芸術、文化は「抽象へ向かう」と考えていた。「手つかずの自然」の領域がどんどん小さくなり、興味をかきたてるものが少なくなっていくからだ。一方で人口が増加し、エネルギーや資源はさらに必要になるので、ステーションはいずれ太陽系から出ていくことを選択するだろうという。同時に、そうした欲求は内側へも向かって、人々はさらなる技術を手に入れ、元からあった自然のシステムを制御しようと考えるようになるだろう。

　人類は、ひとたび宇宙生活に馴れれば、恒星の宇宙を隈なく飛び廻り、その大部分に植民するまでは止まりそうもないし、そこまでいってもまだ満足しそうもない。人間は結局は星に寄生することでは満足せず、星の内部に侵入してそれを自分自身の目的のために組織することになろう。星というものはエネルギーの莫大な貯蔵庫であり、そのエネルギーはその容積にとって可能なかぎりの速度で放散されつつある。ひょっとすると将来は人類はエネルギーなど全く必要とせず、星に対してはすばらしい眺めだという以外には無関心になるかもしれないが、もしエネルギーを必要とするなら(この方がありそうなことだが)、その場合は星は従来の仕方で存続されることを許されず、能率的な熱機関に変換されるだろう。熱力学の第二法則というものがあり、それはジーンズが楽しげにわれわれに示したように、この宇宙をついには見る影もない終末に至らせるのだが、この法則がつねに最終的な決定因子であるかもしれない。しかし知能による組織化活動によれば、宇宙の生命は、そのような組織化活動がなかった場合の何兆倍も長く存続することがおそらく可能であろう。(『宇宙・肉体・悪魔』三二〜三三頁)

この本は一九二九年に出版されているから一九五〇年代末に「サイボーグ」という言葉が誕生するよりだいぶ早いが、バナールは遅かれ早かれ生物学を発展させて人間の身体を作りかえることができるようになると考えていた。このテーマを彼は「肉体」の項で取りあげている。

バナールが語る現存する進化の形は、ちょうどサスキア・サッセンが、ある目的を果たすために生み出された「能力《ケイパビリティ》」が、やがてはそれ以外の、未知の目標を達成するために使われると語っていたことと重なる。バナールの見方によれば「魚の内臓の一部は浮き袋になり、浮き袋は肺になる。唾腺と余分な目はホルモンを生産する機能を与えられる」[▼6]。しかしバナールは、こうした行き当たりばったりの「転用」では不十分で、直接改造したほうが一歩先へ行けると考えている。そしてさらに論を進めて、思考実験として人間を目的論的に解釈し、人間の肉体的活動はすべて脳に血液を循環させるためめに存在しているという、一見当たり前の言説を繰りだす。一七世紀の哲学者デカルトの「われ思うゆえにわれあり」も想起させるが、とにかくまずは脳と血液からはじめようということだ。しかし脳は、バナール球の内部の小さな社会に暮らす二万人の人間と同様、インプットとアウトプットが必要で、それによって孤独と、変化のなさと、狂気から守られる。まずは身体から脳を取り出し、その脳に酸素を取りこんだ血液が循環するシステムを想像する。つぎにバナールは、この脳にさまざまな感覚器官を取りつけていく。

ここにも「バナール球」の成り立ちとの相似がうかがえる。基本原理にもとづいて世界を構築するバナール球と、人間の肉体を一歩一歩改造していくやり方と。バナールはまず、カメラが目の代用をするという考えを示し、そこからさらに進んで、この新しい目が――そして新たな感覚器官が――現在の人間をはるかに超えた情報や周波数を受信できるよう調整するというアイディアを披露する。新しい人間は電波も、紫外線、赤外線も、そしてもちろんバナールがのちに結晶学者、材料科学者として世話になるX線も受信できる。バナール球と同様、この新しい人間も、今はまだ夢想だにされない新たな感覚器官によってメッセージをやり取りする。そして新たな手足などのアウトプットをつければ、新しい方法で世界を移動し、操作することが可能になる。ひょっとするとバナール球に守られなくとも、そのままの姿で宇宙空間に存在できる改造人間も生まれるかもしれない。こんな具合にバナールのサイボーグには、モジュール式の構築法がある。

脳人間が、新たな移動器官や感覚器官を互いに共有したり、交換したりできるとしたら、脳を直接別の脳に接続することで、その中身も共有できるのではないか？　個人のアイデンティティ、身体のありように関するイメージ、人間を超えた存在にまつわるバナールの展望は、どんどん広がっていく。たどり着く先にあるのは、いくつもの自己が一時的、あるいは恒久的に結合された複合頭脳や、純粋なエネルギー波となって宇宙に広がり、新たな能力で宇宙を満たす存在だ。

海岸の支配者《オーバーロード》

フランスのアロマンシュの海岸は、オーバーロード作戦、すなわちノルマンディ上陸作戦の際、「ゴールドビーチ」というコードネームで呼ばれていた。立案にかかわったバナールの思考法は、抽象からはじまって地に足のついたところに立ちかえり、文字どおり海中の砂まで吟味するものだった。その仕事は、マルベリーBのような人工港湾の有効性を示すにとどまらなかった。〈異能集団〉の一員としてバナールが気に入っていたのは、海中に管を沈めてその管に沿って泡を出し、波の運動エネルギーを吸収するという案だった。しかしその提案はしりぞけられ、代わりに廃船とケーソンを沈める案が採られた。とはいえ、この作戦の計画立案においてバナールが何よりも重きを置いたのは、波の荒さと、渦を巻く海底の砂、そして強風の状態を研究して、予測し、緩和することだった。陸、海、空軍の部隊と車両の揚陸作戦を立案するには、連合作戦のチーフであるマウントバッテン卿に陸、海、空の自然の力が合わさったときの破壊力をできるだけ正確に伝えなくてはならない。

上陸作戦が開始されるのは、マルベリーBの構築がはじまる前だった。したがって、はじめは直接海岸に乗りあげる能力を持つ揚陸専門の船で、兵員や車両を浅瀬に降ろすことになり、イギリス海峡から押しよせてくる荒波の影響をもろにかぶることが予想された。波の強さは、風速と風向、潮位、そして海底の砂の状態によって決まる。もしも最近になって海底がえぐられ、夏の大潮で砂が補充されていなければ、海底の傾斜が急になり、海岸から少し離れただけでも水深が深くなっている可能性がある。風向が陸に向かっているか、沖に向かっているかによっても、砂のえぐれ方は変わる。まさに、バナールがこの一〇年以上前に出した『宇宙・肉体・悪魔』で世界を特徴づけるとした、「自然界の、知性を欠いた巨大な力」である。Dデイの決行時刻に、兵員と車両を危険な浅瀬に降ろし、ナチスの銃撃をかいくぐりながら、砂浜までどうやって最短距離で到達させるか。既知のことと未知のことがあるなかで、その計画を策定しなくてはならない。バナールの仕事のひとつは、さまざまな確率が渦巻くなかで、できるだけリスクを減らすための提案をおこなうことだった。

J・D・バナールは、イギリス軍の司令部に加わるには意外な人物だった。共産党の正式な党員だった時期もあるし、人生の後半は世界平和評議会の立ちあげに参加して、一九五〇年代にはいくつかの国際会議を主催、その後一九五九年には同評議会の会長に就任し、一九六五年に重い脳卒中で倒れるまで在職した。イギリスが第二次世界大戦に参戦する以前の一九三四年には、友人たちとともに「ケンブリッジ科学者反戦同盟」を結成している。もともと共産党員であるという理由で、国内の治安を管轄する英国軍情報部第五課（MI5）にも目をつけられていた。だから反戦同盟の活動により、警察や軍部からはさらに警戒の目で見られることになった。

イギリスは一九三九年九月にドイツに対して正式に宣戦布告し、第二次世界大戦に参戦したが、翌年五月にドイツがフランスに侵攻して全面戦争になるまでの八か月間は、戦闘がおこなわれない「奇妙な戦争」がつづいていた。この間《かん》、バナールと「ケンブリッジ科学者反戦同盟」は、さまざまな意見表明をおこなった。イギリス政府が市民に示した、爆撃と毒ガス攻撃対策の情報が不十分だということをはっきりさせるのがねらいだ。バナールのグループは、ガスマスクも、政府の説明どおりに使ったのでは、予定された効果を発揮しないということを証明した。

英国の国家安全保障省は、同省の研究・実験課の民間防衛研究委員会にバナールを取りこめば、彼の抵抗が静まると考えたのかもしれないが、そうはいかなかった。バナールは、爆撃が個人の生存率にどう影響し、都市の人口や工業生産力をどう変動させるかという調査分析をおこなった。ところがその研究が誤用されて、ドイツ諸都市の無差別絨毯《じゅうたん》爆撃をうながし、一般市民を恐怖に陥れる結果につながると、バナールは、調査分析が誤用されたことをはげしく非難する公開状をしたためた（しかし説得されて送るのはやめた）。代わりにバナールは、自分の統計調査によれば、工場をいきなり爆撃するよりも先に警告を与えたほうが、戦略としてははるかに効果的だと指摘した。それでも死傷者は出るだろうが、数ははるかに少なくなるからだ。[7]

バナールの研究のふたつの側面――イギリス軍でおこなった、物理的現実のデータ予測と、『宇宙・肉体・悪魔』で展開した、科学の可能性の思弁的推論――は、アロマンシュの海岸で展開された連合作戦および、そのチーフであるマウントバッテン卿との仕事のなかで生かされることになった。この作戦の要請に応じたのは、技術官僚のバナールであり、ビジョナリーのバナールであり、また人間バナールでもあった。一九四三年八月、クイーン・メアリー号の風呂場でチャーチルに人工港湾マルベリーの仕組みを実演してみせたとき、船はカナダ、ケベック・シティーの港に横付けされていた。バナールはマウントバッテンにゲストとしてまねかれ、「クワドラント」というコードネームで呼ばれた秘密会議に参加したのだ。

会議は、連合軍の指導者たちがオーバーロード作戦の細部を詰めるためにひらいたものだった。会議が進むうちにバナールは、この一か八かの奇襲作戦で、兵員と、重たい戦車や装備品との揚陸を目ざす五つの候補地のひとつとして、アロマンシュの海岸があげられていることを知った。そのとたん、彼は、一九三〇年代に休暇でこの海岸をおとずれたことを思い出した。そういえば当時、泳いでいたら、波間に泥炭のかけらがただよっていた。寄せては返す波と、潮の流れによって、砂地の海底から泥炭が巻きあげられていたのだ。そこでバナールは、統計にもとづく予測を用いて、時間的にも空間的にもへだたった場所の状態を推測するという、『宇宙・肉体・悪魔』の手法を応用し、遠く離れたこの場所の様子を順序立てて再現していった。

ドイツ占領下のアロマンシュをおとずれることはできないので、バナールは英国図書館の史料をあたって、この地域の情報をさがすことにした。調査の目的をだれにもたどられることのないよう、自分で本を書架にもどしてもいいという特別な許可ももらった。大昔に農民がここで泥炭を採取していたという話や、有史以前に森林だったところが今は海底に沈み、入り江だったところが泥に埋まっている形跡があることを突きとめて、バナールは、海底の砂地の下には泥炭層があるのではないかという疑念を強めた。アロマンシュの海底がかつては泥炭地だったとすれば、装甲車を上陸させるには足場が悪い。直前に爆弾の衝撃波の研究をしていたので、それにもとづいて波の動きを科学的に研究することにより、彼は乱流が巻きおこった際の海水、砂、風の状態を予測した。そしてこの地域の過去の状態と将来の予測の地図を作り、海岸のどの区域を避けるべきか、どの区域は装甲車の重量を支えるため金網等を敷きつめるべきかという提案をおこなった。『宇宙・肉体・悪魔』でやったのとおなじく、将来生きのびるために、足場を設計しなおすのが目的だった。

学者で作家のマッケンジー・ワークは、バナールのこういった能力——異能——は、新たな種類の建築が可能であることを示したと指摘する。ウェブジャーナル「e-flux」に寄せた二〇一七年の記事でワークは、バナールのこの仕事を「シンベベコテクチャー」すなわち「アクシデントを予期した建築」と名づけた。完新世〔最後の氷期が終わった約一万年前から現在までの期間〕の時代における「建築」にあたるものが人新世〔人間活動が地球環境に影響を与えるようになって以後の時代〕の「シンベベコテクチャー」であるという位置づけだ。ワークはその理由をふたつあげた。「まず第一に、バナールが事前研究をおこなって建設を目ざしていたのは、オペレーション・オーバーロードという、ありとあらゆるアクシデントを内包した計画のためだった。そして第二に、研究の過程自体でも数々の幸運なアクシデントが起こり、思いがけない場所で特別な設備を開発するうえでの裏づけを入手することができた」[8]。しかしアクシデント発生時に、その状況に従って作用することを意図した建築である以上、それは災害の規模をできるだけ縮小するという効果しか持たない。以前に爆撃の研究をおこなったときと同様、バナールは、オペレーション・オーバーロードでデータを用いることによって死者を減らすことはできるとしても、ゼロにすることはできないとわかっていた。損害を減らすことが主眼なのだ。彼は上陸作戦の開始されたDデイの翌日に、「ゴールドビーチ」というコードネームで呼ばれたアロマンシュの海岸におもむいた。その際、彼は、上陸用舟艇の操舵手に、海中の岩礁の位置を教えて注意喚起した。古地図を研究したときに気づいて記憶にとどめていたものだが、新しい地図の作り手は、筆写にかける時間を短縮しようとして岩礁をはぶいていた。

　バナールと、この作戦の同僚たちがDデイの作戦開始時刻の潮位を五センチ程度の誤差で正確に予測していたにもかかわらず、指示が徹底されなかったために起きたさまざまな事由のせいで、かなりの損害が生じていた。装甲車は、「琥珀にとじこめられたハエのごとく」柔らかい海底にめりこんでしまい、進軍が遅れた。バナールが綿密な予測を立てておこなったアドバイスもぜんぶはききいれられなかったし、かつての沼地であると指摘した区域は、地図からはぶかれていた。その日の日記にバナールはつぎのように記している。

> わたしは正しいかもしれないし、自分でも正しさをわかっている。しかし、正しいのだからいうとおりにせよと、他人を説きふせるだけの非情さと狡猾さを持ちあわせていない。これほどの損害を出さなくてもすんだのだ。もしも彼らがわたしの反論について、理論的、統計的なものにすぎず、自分たちのほうが実地を踏んでいるから、理論家のいうことには耳をかたむける必要が

ないなどと考えなければ、こんなことにはならずにすんだのだ▼9。

バナールは、自分の出した数字の有用性をもう少し強く主張していれば、Dデイの死傷者をもう少し減らせたはずだと考えた。海底の足場の悪さにさまたげられながらも、少しでも死者を減らそうというバナールの努力は、不死を目ざすフョードロフの「共同事業」に少し似ている。しかしフョードロフやツィオルコフスキーの方式とは違って、バナールのやり方は宇宙や不死を力でねじふせようとするものではない。生死がかかっているときに、理論と統計を根拠に論じることを歯がゆく感じてはいても、バナールはそれをやめたりしない。蒙昧な力に対して、標的を定めた猛攻――彼の調査が曲解されて実施された絨毯爆撃のような――を加えるのではなく、また一見わかりやすそうな手法や美辞麗句に頼るのでもなく、あくまでも合理性と手順を大切にしながら、死者を減らし戦争を終わらせるために議論を進めるのだ。

バナールは、遠い未来、宇宙に新たな根拠地を作るための、思考実験のテクニックを生み出していた。論理をひとつひとつ積みかさねて到達したその結論は、一足飛びにひねり出していたらけっして実際的だとは思えないであろうものだった。しかし彼が、斬新な世界構築の技能をようやく実践できたのは、戦時中というアクシデントだらけの、究極の非常時のさなかだった。バナールがのちに取り組むX線結晶学は、アロマンシュでの研究と同様、二次的な事象を間接に観察することによって、一次的な特徴を解析し、定義する学問だ。たとえば分子構造の研究で、ある物質にX線というエネルギー波を照射すると、波動が弱められて散乱し、乾板に軌跡を残す。クイーン・メアリー号のバスタブで、波が救命ベルトに当たって静められたことや、オーバーロード作戦がおこなわれたアロマンシュの海岸で、人口港湾マルベリーBによって波が弱められたことを想起させる。

バナールはこの結晶学の仕事を進めながら、後半生では、反核平和運動などの政治運動にもかかわりつづけた。核戦争という障壁で人類が弱められることがないように、数字を示して反戦を唱え、地上の社会を現実的に変革しようと活動をつづけた。こういった面でバナールの思想は、ポスト・コスミズムのロシア人思想家で、科学者、医師、革命家、SF作家などさまざまな顔を持つアレクサンドル・ボグダーノフの思想に通じるところがある。

タコの目

アレクサンドル・ボグダーノフのSF小説『赤い星』の冒頭の一場面は、まるでJ・D・バナールとの出会いが描かれているかのように読める。革命家である科学者のもとを謎の人物がたずねてきて話しだす。「わたしは電子と物質に関するあなたの論文を読みました。わたし自身、数年前からこの問題を研究していました。そしてあなたの論文には正しい考えが数多く記されていることに気づいたのです」▼10。しかし『赤い星』が出版されたのは一九〇八年で、バナールがわずか七歳のときだった。しかも英語に翻訳されたのは一九八四年でバナールの死後一三年を過ぎてからのことだ。ボグダーノフ自身が死去したのは一九二八年。バナールの最初の本が出る直前だった。だからこのふたりが互いの作品を直接読んだとは考えられないが、ふたりの仕事は響きあい、激動の時代をつらぬく目に見えない波動のような力で結ばれていた。

この小説で科学者をたずねてきた謎の訪問者は、時間ではなく宇宙空間を超えてやってきた。科学者の名はレニ。数学者で時には外科医も務め、一九〇五年の最初のロシア革命で戦った活動家でもある。そのレニのもとへ、みずからも科学者で、哲学者で、社会批評家でもあるメティという人物がたずねてくる。そしてレニを世界的な秘密組織に勧誘したかと思うと、すぐに、そのためには宇宙に出なくてはならないといいだす。実はメティは火星人で、地球と火星、ふたつの惑星社会をつなぐのに適した人間の大使をさがしにきていたのだ。

火星人たちはレニとロシアの労働者階級がたずさわっている血みどろの闘争が、社会主義の成立につながると予測していた。ここにも一種の平行進化がある。メティとレニは、有機体も社会も、それぞれが世界とともに進化するから、どちらもある特定の特徴を身につけるようになるという話をする。火星人も地球人も、見た目はさほどちがわない。ただし火星人のメティは背が高く、目が大きい。重力が小さくて、太陽の光が弱い火星に適応した姿だ。しかしそれ以外では、互いに相手が「高等な生物」であることがわかる。つまり、どちらも最も進化した生き物で、それぞれの世界の条件をほかの生物よりもよく生かして形にしているのだ。[11]

政治や社会形態もこれとおなじだ。火星の歴史では、レニがペトログラードで身を投じていた革命ほど荒々しい対立は少ないものの、地球の歴史とおなじく、厳然として社会主義に向かっている。ここでボグダーノフが語り手に据えたレニは、「異質同型」（起源が違っても形がおなじになること）の格好の例を持ち出す——タコの目だ。

タコ、すなわち海中にすむ頭足類のなかで最も進化した生物は、われわれ脊椎動物と不思議なほどよく似た目をそなえている。しかし脊椎動物の目の起源と進化は、頭足類のそれとはまったく別物だ。視覚器官のおなじ部分の組織を見ても、タコのものと脊椎動物のものでは、組織層の順番が正反対になっているほどだ。[12]

この比喩によってボグダーノフの小説は、SFとユートピア小説が持つ主要な役割を果たすことになった。ボグダーノフの火星は、地球上で当たり前と受けとめられている物事をあらためて吟味するための「異界」なのだ。ここで描かれる火星は距離的にきわめて遠く、火星人も、新たに開発された推進システムを用いてようやく地球まで到達できるようになったところだ。そしてこの惑星にも自分たちとおなじような「高等」生物が住んでいることを知る。同時に火星は時の流れでも遠く離れていて、「高等な」社会の実現を目ざす必然的な歴史の流れにおいても、地球よりはるかに先を行っている。

火星に到着するとレニは、メティやほかの火星人たちから火星の歴史を教わる。かつて火星人は地理も、文化も、社会も、経済も、国ごとに遠く離れていた。「はるか昔、火星では、他国の人同士は言葉が通じませんでした」とメティは説明する。「でも社会主義革命が起こる数世紀前に、あちらこちらの方言がしだいに近づいて融けあい、ひとつの標準語ができたのです。自然発生的に、自由にそうなりました[13]」。しかし火星人同士が集まったことで、社会階級が生まれ、資源の搾取がはじまる。その対立はけっきょく、火星全体に社会主義が導入されることによって解消した。

火星の、歴史と社会の構成原理《テクトニクス》は、この惑星の地理的な各部と全体との関係から生まれたものだ。火星にはプレートテクトニクスがないので、海洋もなければ巨大な山脈もない。地球では土地が分断されていたから、「幸福な無知」の時代が長くつづいた。個々の文化は、互いにほかを意識することなく発展できた。地理的な要因で分断されていたという意味では、ヘイルの『レンガの月』の住人とおなじだ。だが民族が増え、移住がはじまると、民族同士が顔を合わせることになった。するとおなじ土地に根づいた似たような文化を持つ人々とは違って、差異があることが目立ってしまう。それがはげしい対立や戦争の火種となり、地球の歴史を形づくってきた。一方火星では、地理的な分断がないことが、政治的社会的な統一にもつながっている。

しかし火星人の語る歴史のなかで、この統一は、火星のフロンティアの消滅を意味した。そのせいで、希少になった資源をめぐって争奪戦がおこなわれるようになり、新たな分断が生じた。地理的な、水平の分断ではなく、社会階級と所得による垂直方向の分断だ。水資源が枯渇しはじめたとき、危機は最大になり、火星人は「あれ」の建設をはじめた。『赤い星』が出版された一九〇八年当時、火星の最もよく知られた特徴だったもの——運河だ。[14]

「運河」が存在しているようだという説は、一八七七年にイタリアの天文学者ジョバンニ・スキャパレリが唱えたものだった。それ以来、スキャパレリが観察して見つけた「canali」の翻訳に関しては、かまびすしく議論がおこなわれた。イタリア語の「canali」は、自然なものも人工的なものも含めて、あらゆる種類の水路を指す。それを英語の「canal」に訳すと、人為的に作られた「運河」という意味が明確になってしまう。火星で、惑星全体にまたがる大規模な土木工事がおこなわれているという観測は、当時の人々にとって衝撃的だったし、そら恐ろしくもあった。ちょうどそのころパナマ運河やスエズ運河の建設がおこなわれており〔スエズ運河は一八六九年開通〕、とんでもなくたいへんで恐ろしく金がかかるということがわかっていたからだ。

一般の人たちは、火星に知的生物の文化があるなら、地球のものよりはるかに古いのだろうと考えた。そうでなければ火星全体にまたがる運河の建設などできない。地球より技術的に進歩した火星人が地球を侵略するというH・G・ウェルズの一八九七年の小説、『宇宙戦争（*War of the Worlds*）』は、当時のそんな風潮を下敷きにして生まれたSF小説だ。一方、一九一二年にはじまったエドガー・ライス・バロウズの「火星シリーズ」では、火星の文化は退廃して、中世のようにすさんでいる。ボグダーノフは『赤い星』でこうした描き方をくつがえしてみせた。この小説に登場する運河は、水平方向へのつながりの再興にほかならない。元は枯渇しはじめた水資源を回復させるために構築された新たな設備だったが、その建設は困難で、多額の費用がかかったため、インフラストラクチャーや資源の共同所有化が進み、ポスト資本主義の火星黄金時代が到来したのだ。

ボグダーノフの火星世界構想のなかで、この黄金時代は、数字や統計によって制御されている。そんななか、また別の火星人ネティがフォードロフの共同事業を彷彿させるような話をする。「あなた方にとって人類の共同事業は、まだ真の共同事業になっていないのです。人類の闘争が生んだ幻影のなかで、その事業が引き裂かれてしまったため、あなた方にはそれが人類全体の事業ではなく、一個人の成し得たことのように見えてしまうのです▼15」

火星人は、情報科学と計算力を駆使して労働を制御している。個々の火星人の働きが、全火星人の幸福と進歩につながるよう調整しているのだ。「融通できる労働力の綿密な計算」によって、彼らは、個人に何の能力があって何をやりたいか、そしてどんな労働が必要かをはじき出す。二一世紀初頭に生まれた「シェアリング・エコノミー」や「ギグ・エコノミー」〔ネットを通じて資産を貸し借りしたり、単発の仕事を請けおったりする経済形態〕にも似ているが、大きな違いが三つある。第一に、火星では金もうけが労働の動機にならない。第二に、消費財はすべて無料である。そして第三に、統計で制御された労働に参加するか否かは、完全に自由意志にまかされているということだ。

この表によって労働の分配がおこなわれることになっています。そのためにはだれでもすぐ労働力の不足している箇所や、その不足の程度がわからなくてはなりません。またふたつの仕事に対しておなじような、あるいはほぼ同程度の素質を持っている人は、そのふたつの仕事のなかから労働力の不足している方を選ぶことができるのです。過剰労働力についても、実際に過剰になっているところにだけ、くわしいデータが必要です。そうすれば労働者は、過剰の程度と自分の素質に応じて仕事を変えることができます▼16。

ボグダーノフの描く火星の統計局も、「平行進化」の一例だ。労働力の分配をつかさどり、火星の平和と繁栄を維持するこのシステムは、バナールが後年の著作で提案するシステムと「同型」なのだ。たとえば一九五八年に出版された『戦争のない世界（*World without War*）』（鎮目恭夫訳、上下、岩波書店、一九五九年）がそうだ。ここでもバナールは地球全体を見わたして、危機と機会の両方があると見てとる。

しかし彼が中心に据えるのは、ボグダーノフの火星に設けられた運河のように、共有の資源をつなぐ設備の話ではなく、文化と経済を分断する存在――冷戦期における核兵器の拡散だ。同書でバナールは、「理論と統計」の路線をさらに詳細かつ高度に突きつめ、アロマンシュの海岸で実践したときには自分でも歯がゆさを感じていたやり方をつらぬいている。当時は言葉を尽くしたり力で押しとおしたりするほうが効果的なのではないかという迷いも見せていたが、本書では、火星統計局のコンピュータに入力されていたような世界の資源や労働力、工業生産力などのデータを深く分析している。思考の枠組みもボグダーノフのものとおなじだ。「私の分析の基礎は一貫して社会主義的なものである」とバナールは記している。[17] バナールは、現代の資本主義が、戦争への恐れや戦争準備と強固に結びついていることを示している。そして戦争が資源とエネルギーのとてつもない無駄づかいで、それがなければもっと資源を有効活用し、平和と繁栄をたしかなものにできると論じる。ボグダーノフ同様バナールも、新しい計算技術を用いれば、余剰と欠乏をうまく組み合わせて、火星の運河同様、組織的な社会主義を実現するための新しいパラダイムを生み出すことができると予想している。

この『戦争のない世界』や、世界平和評議会での軍縮運動に代表されるバナールの後年の活動は、地球的想像力《プラネタリー・イマジネーション》にもとづく活動で、地球の資源・社会・政治的な経済活動をすべて見なおして、再構築しようという提案だ。バナールは「自動化」が産業に与える衝撃を予想していたが、これは五〇年前にボグダーノフが火星を舞台にして描いたこととおなじだった。また、同書でバナールが提案している方法論は、その一〇年後に新たに生まれる学問分野「一般システム理論」を予告している。この理論は、生物学者のルートヴィヒ・フォン・ベルタランフィが一九六八年に出版した『一般システム理論——その基礎・発展・応用（*General System Theory*）』〔長野敬・太田邦昌訳、みすず書房、一九七三年〕によって体系化され、広く流布することになった。[18]

現象のなかには、その規模や基盤となる物質の如何にかかわらず、おなじように発展して変化するものがあるとベルタランフィは見てとった。そこで、システムの一般的な特徴を、部分同士の関係や、部分と全体の関係という観点から説明しようとしたのだ。そのような幅広い分野を対象に論を展開するため、ベルタランフィはバナールの類似分野の著作を引用している。一九五四年の『歴史における科学（*Science in History*）』だ。

それは既存のあらゆる世界認識とは異なった次元を持ち、発展と新しい事物の発生の説明をもその中に含まねばならない。このようにしてその世界認識は、生物科学と社会科学が合流してそれらの進化史と混じり合って一つのパターンを生みだしてゆく流れのなかへ自然に合流してゆくであろう。[19]

バナールは、一九二九年に出版した最初の著作『宇宙・肉体・悪魔』の未来予測に関する章で、早くも一般システム理論に似た手段や方法論に言及している（そしてこの文章はまた、彼自身がのちにおこなう都市の爆撃に関する研究をも予測している）。

未来を全般的に予測しようとするときの最初の困難は、それがものすごく複雑で、そのあらゆる部分が相互に依存しあっていることにある。しかし、この複雑さはまったく脈絡のない混沌ではなく、われわれはつねに、それを偶然と必然との産物として考察することによって、未来予測に挑むことができる。ただし偶然とは、われわれがそれらの相互関係を理解することができないものをさし、必然性とはそれができるものをさす。宇宙全体というようなきわめて複雑なものを構成している諸事象は、一個の分割不可能な全体をなしているのでもなく、まったく互いに独立な部分の集合でもなく、さまざまな複合体(星雲、惑星、海洋、動物、社会)からなり、それらの各複合体を構成する要素も、それぞれ複合体をなしている。このような階層的な複合体構造は、何らかの客観的な正当性にもとづいて考えられたものではなく、人間の思考様式の表現、科学を可能にする便宜的な単純化にすぎない。それぞれの複合体の内部では、それ自身の法則に従った発展が行われる。それらの法則はその複合体の特性によってきまるが、それらの法則はつねに、一つ次元の低い多数の複合体の統計的な偶然的相互作用と見なせるものに完全に帰着はできないまでも、そういう相互作用を含んでいる。たとえば一つの都市の死亡率は、その都市が衛生施設についやす金額の関数であることを示すことができるが、ひとりひとりの個人の死は、町全体の立場から見れば偶然的な事情によるように見える。もっとも、個人の立場から見れば、各人の死はそれぞれ特定の事情によるのである。われわれはある次元の複合体を考察するときには、それを含むより高い次元の複合体を無視することができる。たとえば酸素の原子がその環境に対して反応する仕方は、その原子が一個の星雲の中にある場合でも、一個の岩石の中にある場合でも、人体の脳の中にある場合でもおなじである[20]。

バナールによるテクトニクスの捉え方——すなわち部分と全体の関係についての一般化した説明と、

その一般性によって、生命や、成長や、死という力を解明する可能性——は、ベルタランフィの一般システム理論と響きあう。またボグダーノフが創始し、「テクトロギヤ（テクトロジー：組織形態学）」と名づけた学問分野とも共鳴する。ボグダーノフはテクトロギヤについて何巻にも及ぶ本やエッセイを書いていて、この科学の利用法に対する直感が、『赤い星』で火星人が構築するシステムに生かされている。この学問の土台にあるものと、その目的について、ボグダーノフはつぎのように述べている。「わたしの出発点は、つぎのような事実である。組織上の問題は、数学における大小関係と同等の、高純度な形式にまで一般化できる。したがってそれを土台にすれば、組織の問題は数学に類似した手法によって解決することができる」▼21

ベルタランフィはバナールの仕事を参考にしたが、バナールと同様、ボグダーノフがもっと以前にシステムや、テクトニクスや、世界の構築を研究していたことには触れていないか、あるいは知らなかったように見える。つまりこれもまた「タコの目」だ。バナールが再構築した世界、ベルタランフィの一般システム理論、ボグダーノフのテクトロギヤ——これらの仕事はみな「異質同型」だが、彼ら自身も互いに異質同型なのだ。これらの形態が別々に現れたということ自体が、歴史における目的論や平行進化が存在するという可能性を示している。ボグダーノフ自身、そういうものがあれば、社会と、経済と、惑星世界の発展が明確なものになると望んでいた。

宇宙の浜辺で

一九四〇年六月の第二次世界大戦初期、アロマンシュの海岸から三〇〇キロ以上離れたフランスの海岸で、英国海軍が必死の救助活動に——オーバーロード作戦とは対極の作戦に——従事していた。ナチスがフランスに侵攻して港町ダンケルクを包囲したため、英仏軍を撤退させるために敢行した緊急の救助作戦だ。ドイツ軍の封鎖によって補給を断たれ、飢えにあえぐイギリス兵たちは、救助船に乗ろうとして、肩までの深さがある海のなかを何時間も歩いた。バナールのような科学者が、この海岸の地面に手を加えたり、マルベリーBのような人工防波堤を建設したりする暇はなかった。それどころか沖合いにあった埠頭もドイツ軍の爆撃で破壊されていた。その代わり民間船がかき集められて即席の艦隊を形成し、ダンケルクへ駆けつけて兵士たちを救出した。そして沖で待つ大型の輸送船まで運ぶと、イギリス海峡を越えて安全な英国に逃れたのだった。

もっとはるかな宇宙空間を超えてたどり着いた『赤い星』では、人間のレニが、火星のユートピアは見た目どおりの理想郷ではないことに気づきはじめる。人口増加に資源の増加が追いつかず、マルサス的な危機の瀬戸際にあったのだ。それでいながら火星人たちは、拡張を何よりも尊ぶコスミスト的な論理にしがみついている。「出生率の制限ですって！　そうすれば自然に対して降伏することになります。生命の無限の成長を断念し、近い将来には、おなじ段階にとどまることになります[22]」

火星人たちは、小さな部分や小さな粒子の存在を全体性と同一視するツィオルコフスキー的な信念を抱いている。ひとりの火星人がこう語る。「（人口を抑制すれば集団力や共同生活に対する確信がぐらつき）その確信とともに個人の生命の意義が失われるでしょう。というのは、各個人の内に、また偉大な有機体の小さな細胞の内に全体が生きていて、わたしたちはその全体を生きるのですから[23]」。先にも触れたように、火星はプレートテクトニクスのない惑星だ。したがって火星人は、社会的、政治的生活にも断層線がなく、違いもきれいにならされている。しかしボグダーノフの火星人が、自分たちの全体性の外にある世界——資源を持つ近隣の惑星、金星と火星——の存在を知った今、火星人の考え方にも亀裂が生じる。今や、実験段階とはいえ、宇宙空間を旅してそれらの惑星に到達する手段も開発された。事実、メティはそれを使ってレニを地球から連れてきたわけだ。すると当初は意見の相違だけだったものが対立の火種となり、火星人による地球侵略の脅威すら生まれてくる。

天文学者カール・セーガンの『コスモス（*Cosmos*）』は、書籍とテレビ番組として同時に制作された。そのなかでセーガンはたびたび「宇宙の浜辺」という比喩を用いて、宇宙探査の物語にくっきりとしたイメージを与えた。番組第一回の冒頭での語りは、ほとんど宇宙主義者《コスミスト》そのものだった。「地球の表面は、宇宙という大洋の浜辺です。この浜辺で、わたしたちは、今知っていることのほとんどを学びました。最近になって、わたしたちは少しだけ海に足を踏みいれました。足首だけ水につかったのです。水は、わたしたちをまねいています。わたしたちは体のどこかで、自分がこの大洋から来たことを知っています。だからこの大洋に帰りたいとあこがれるし、また帰ることができます。なぜなら体のなかに宇宙があるから。わたしたちは星のかけらでできているのです。自分たちを知ることは、また宇宙を知ることにもつながるのです[24]」

宇宙を知るのに植民地化と征服以外の方法もあるのだろうか？　ボグダーノフの『赤い星』は多くの点でツィオルコフスキーの全体主義的、統一主義的なコスミズムへの批評であり、改訂である。物語のなかで金星は、二〇世紀のSF小説を読みなれた人には火星の運河と同様におなじみの形で描かれる。蒸し暑くて窒息しそうなジャングル世界でエネルギーと資源にあふれ、敵対的で「原始的」な生物が支配する惑星だ。金星のありさまについて語る火星人に、別の火星人が、火星の科学と技術の力でそのジャングルを切りひらき、ツィオルコフスキーの温室植民計画のように、「高等生物」の役に立つよう改造してはどうかという提案をすると、最初の火星人は「甘い」といってしりぞける。

火星の地球侵略派の中心人物も、ツィオルコフスキーの信奉者のような口のききかたをする。彼は、火星人が地球へ行って、人間と平和的に共存できるという考えを切ってすてる。地球人は対立と抗争の歴史を経ているから、あまりにも暴力的で品位がなく、平和共存など望みようもない。しかも火星と地球のへだたりは、空間的にも社会的にもきわめて大きく、危険だ。だから侵略と根絶が唯一の選択肢だというのだ。

どんなに残酷に見えても、正面から直視せねばなりません。この際、われわれの取りうる道はただふたつです。すなわち、われわれの文明の発展を停滞させるか、それとも、縁もゆかりもない地球上の文明をほろぼすか。それ以外に第三の方法はありません（中略）要するに選択肢はひとつしかないのです。高等な生命は下等な生命の犠牲になるべきではありません。地球人全体のなかで、真に人間らしく生きようと意識的に努力している者は、二、三百万人もありません。こんな未発達な地球人のためにわれわれの世界の何千万、いや何億という人間の誕生と成長を捨てるわけにはいきません。われわれは地球人とは比べものにならないくらい高等な人間です。残酷さという罪を負うことはありません。なぜなら、われわれの用いる殺戮の方法は、彼らが互いに殺しあう方法よりもはるかに苦痛が少ないのですから。宇宙の生命は、元をたどればひとつです。そして遠い地球の、なかば野蛮な社会主義が放置されていくのではなく、われわれの社会主義が実現されれば、宇宙の生命は弱体化するどころか、かえって豊かなものになるでしょう。火星の人類は、不断の進化と無限の可能性のおかげで、地球人とは比べものにならないほど温和なのですから。[25]

ここで、語り手レニの火星人の恋人であるネティが、ツィオルコフスキーが抱いていたような、序列と有用性にだけ注目するパラダイムを批判する。「地球人はわたしたちとは別個の人間です」とネティは反論する。「彼らのあり方には、火星とは別の自然環境、別の闘争の歴史が反映されているのです。わたしたちとは違う、内側からわきあがる力を秘めていますし、別の矛盾もあれば、別の発展の可能性も持っています」。ネティにとって、そしてボグダーノフ自身にとって、この違いこそが重要だ。「地球人と地球の文明は、単に火星のものより程度が低く、力が劣っているということではありません。まったく別個のものなのです。ですからたとえ地球人を排除しても、わたしたちが彼らに取って代わって火星と共通の進化の道を歩むというわけにはいかず、彼らの世界に作り出した空隙を機械的に埋めるにすぎないのです」

前の時代のコスミズムに対する鋭い批判として、ボグダーノフは、こうした統一主義的な思想では、差異を優劣という序列としてしか認識できないことを指摘している。そして火星社会の描写のなかで、違いを生産的で価値あるものととらえる別の考え方に触れている。火星人は寿命を延ばすため、互いに輸血しあっているのだ。傷病の治療としてではなく、個々人の違いをならして、互いのいいところを取りいれるためだ。「つねに友愛の精神にのっとって生気のやり取りをしているのです」[26]。バナール球の住人や、彼の構想する、電気的に感覚器官を増強された脳とおなじく、ボグダーノフの火星人も、自分の外にあるものとのやり取りを通じて自分を更新する必要がある。情報しかり、美術、無線、思考様式しかり、そして血液しかり。違いがあればこそこうしたやり取りが発生し、そこに序列はない。異なる部分が加われば新たな全体が創出されるということが認識されているのだ。たとえそれがサイボーグのような混成物であっても。

「自分たちを知ることは、また宇宙を知ることにもつながる」とカール・セーガンは語った。知る方法のなかには、目的に向かってひたすら進歩することだけでなく、差異や困難、そして不慮のアクシデントを乗りこえることも含まれる。考えてみればツィオルコフスキーのＳＦでも、乗組員たちは思いがけず宇宙に長く滞在することになって、温室を作り、やがては太陽系全体に進出していくではないか。宇宙という大洋の浜辺はアロマンシュと似ているかもしれない——一部は計画的に整備されているが、一部は「現実的な人たち」の無関心さに翻弄される。彼らは、理論や統計による証拠を突きつけられても、自分の世界認識と相いれない情報として無視する。この浜辺にいることはまた、ダンケルクの退却作戦にも通じる。水をかきわけて進むというよりはむしろ何度となく溺れ、意図的に構築したものも、蒙昧な自然の力や偶然や故障や侵略によって、打ちこわされてしまう。

バナールは持論を述べるとき、序列で押しとおすのではなく、あけっぴろげに意見交換し、証拠を提示しあうことを大切にしていた。実際、陸海空連合作戦と〈異能集団〉の存在そのものが、軍隊組織のなかで確立された秩序や目的論に対する挑戦だ。この体制で成果があがった要因をたどれば、どれも、軍部の秩序をくつがえしたり、迂回したりしながらその場にあるものを利用して要点を伝えるというやり方に帰着する。風呂場でチャーチルを前に、紙の舟と救命具を用いておこなったあの実験が好例だろう。バナール（と、彼の異能の同僚たち）の仕事ぶりを見れば、「高等生物」がうまく発達した結果、宇宙的な平行進化によってどれもみなおなじ形に収斂するという考えがまちがっていることがわかる。それどころか〈異能集団〉は新奇なアイディアをなんの脈絡もなく繰りだしていた。そのうちのいくつかはほんとうにばかばかしくて使い物にならなかったが、いくつかは斬新で、奇妙な力を発揮したのだ——ボグダーノフの描く火星人ネティも「（地球人は）内側からわきあがる力を秘めていますし、別の矛盾もあれば、別の発展の可能性も持っているのです」と熱を込めて語っていたではないか。

ボグダーノフもまた、自発性と矛盾に従事する方法として、直接のやり取りを大切にした。推測を形にして体で試した。医者でもあったボグダーノフは実際に自分の体で輸血の実験をおこなっていたのだ。だが悲劇的なことに、差異が生む生産的な力を深く探求していた思想家ふたり——ボグダーノフとバナール――はふたりとも、不慮の出来事によってこうした研究の道を断たれた。ボグダーノフは「友愛精神にのっとった生気のやり取り」によって倒れた。輸血でマラリアと結核に感染したのだ。血液型の不適合だったともいわれている。一方バナールは、晩年に「アウトプット」の手段を失った。一九六五年に脳卒中をわずらって言語障害になったのだ。彼があれほど大切にしていた意見交換の機能。それを失った体に、まだ活発に動く脳がとじこめられてしまったのだった。

3
ヴェルナー・フォン・ブラウンの宇宙征服

一機のロケットが、地球の周回軌道へ向かって垂直に上昇する。芯をとがらせすぎた短い鉛筆のような形で、消しゴムのあるあたりには尾翼がついている。底部には燃料タンク、管、枠組み、エンジンノズルなどの複雑な機構も見える。しかし一番大きな特徴は、大きな翼がついていること。少しうしろになびいた、粋な翼をつけたその姿は、巨大な紙飛行機のようにも見える。翼は、地球の大気圏用につけられたものではない。このロケットは火星へ向かうのだ。一年に及ぶ長旅のすえ、ロケットは、火星の薄い大気のなかをゆるやかに降下し、弱い重力を味方につけて、砂漠と雪におおわれた地面になめらかに着陸する。

このロケットは、あちこちのパーツにこまかな違いはあるものの、基本的な形は保ったまま、一九五〇年代アメリカのありとあらゆるマスメディアに登場した。一九五四年の『コリアーズマガジン』の表紙には、長旅にそなえて翼を格納したロケットが描かれている。「宇宙征服は目の前だ」というタイトルの、足かけ三年に及ぶシリーズの一環だ。一九五五年の映画『宇宙征服（*Conquest of Space*）』〔バイロン・ハスキン監督、日本未公開〕には、この火星ロケットのもう少し洗練されたものが登場する。V字型の、独自の飛行能力をそなえた翼にロケットの船体が搭載されているというものだ。翼の前部には、吸入ノズルが、車のボンネットのエアダクトよろしく、ずらりとならんでいる。さらに一九五六年にバイキング・プレスから出版された本『火星探検（*The Exploration of Mars*）』〔小尾信弥訳、白揚社、一九五八年〕にも別の改良版が登場する（なかにはバランスの悪いB52爆撃機のようなものもあるが）。

　このロケットの基本形は、技術者のヴェルナー・フォン・ブラウンが、画家で元建築家のチェスリー・ボーンステルの協力を得てデザインしたものだ。宇宙船団のシンボル的な存在で、地球に最も近い惑星、火星を探査し、雑誌や映画のタイトルが示すように、できれば征服しようという計画を象徴している。さらに大きく見れば、このロケットは宇宙を支配するものとして描かれていた。

　フォン・ブラウンは、このようなロケットの実現性と、それを中心に船団を組んで惑星探査をする可能性をSF小説のなかで初めて描いた。一九四八年にドイツ語で執筆し、一九五二年に**Das Marsprojekt**というタイトルで出版され、のちに『プロジェクト・マーズ（*Project Mars* 未訳）』というタイトルで英語に翻訳された作品だ。フォン・ブラウンの構想する火星探査ロケットは、この本の表紙に初めてイラストとして描かれた。その十数年後、彼は本物のロケットの設計、開発責任者になる。そしてアメリカ宇宙計画の象徴である多段式ロケット、サターンV型《ご》の「主任設計者」となる。サターンV型ロケットは、一九六九年に史上初めて人類を月に送りこんだ。

　しかしソビエト連邦との「宇宙開発競争」が本格化する前の一九五〇年代中盤には、フォン・ブラウンは技術者であると同時にみずからの推進装置《ブースター》となって、公の場に精力的に顔を出し、宇宙探査や、宇宙旅行、宇宙ステーションなどの構想を熱心に説いていた。なかでもウォルト・ディズニーのテレビ番組『ディズニーランド』にたびたびゲスト出演したのがハイライトといってもいいだろう。フォン・ブラウンは人間が――できればアメリカ人が――宇宙に恒久的なステーションを建設し、そこを足場にしてほかの惑星をおとずれるという物語を繰りかえし語った。また一九五七年に放送された『ディズニーランド』の番組「火星とその先」には、ブラウンが当初に構想した火星ロケットとよく似た、しかしまた別の形のロケットが登場する。

だが彼の火星探査ロケットのもとになったのは、平和的な宇宙探査とはほど遠いものだった。アメリカに渡ってウォルト・ディズニーとともにテレビ出演するようになる前、フォン・ブラウンは第二次世界大戦の第三帝国、すなわちナチス統治下のドイツにおけるロケット技術者だった。戦争末期、彼は論文と自分の率いる開発チームの人間の多くを束ねて、アメリカに投降した。資本主義国家のアメリカに身をゆだねたほうが、共産主義のソビエト連邦に行くより、第二の人生で成功する確率が高そうだと踏んだのだ。それが正解だった。アメリカ軍部はまもなく、ロケット開発者としてのフォン・ブラウンの価値に気づいた。

フォン・ブラウンの火星ロケットの直近の祖先は、彼の率いる開発チームが設計したものだった。このロケットは宇宙に飛び出すぎりぎりまで飛行してから、また地上に落ちてくる——具体的には、ロンドンやアントワープといった、連合国側の都市の上に。V2ロケット（ドイツ語のフルネームはVergeltungswaffe《フェアゲルトゥングスヴァッフェ》すなわち「報復兵器」）が実用化に至ったのは大戦末期だったが、ヒトラーは、大戦の流れを引きもどし、ナチスドイツに有利な戦況を作るための秘密兵器として期待していた。フォン・ブラウンの開発したこの兵器は、最盛期には月間数百機のレベルで製造された。それを担ったのは、ドイツ軍の捕虜になり、ドーラ＝ミッテルバウ強制収容所に送られて、強制労働させられた囚人たちだった。製造スピードを維持するため、親衛隊の監視員は囚人たちをきびしく追いたて、その結果、年間何千人もの囚人が死亡した。終わってみれば、地球の大気圏を脱出する能力をそなえたこのロケットを製造し、発射する段階で、およそ二万人の人々が命を落とし、それに加えて、ロケット弾が撃ちこまれたイギリスとベルギーの各地で、約九〇〇〇人の人たちが死亡した。

宇宙の征服

ヴェルナー・フォン・ブラウンは、生涯にわたって、宇宙探査の推進者だった。宇宙探査を語るときは、全体的に、シンプルかつ部門ごとに組みかえ可能な方法で話をした。宇宙探査の一環である火星探査プロジェクトでもそうだったが、この方法をとれば、そのときどきの聴衆やメディアの要請に応じて、簡単に修正や改良ができる。彼の計画では、まずドイツ軍の「報復兵器」にもとづいて開発した多段式ロケットを打ち上げて、簡単な人工衛星を地球の周回軌道に乗せ、平和的な観測や科学研究をおこなう。無人の小型宇宙ステーションも打ち上げる。こうした軽量級の打ち上げで下準備を終えたら、つぎはもっと大型のロケットを打ち上げ、有人宇宙ステーションを建設するための部品を宇宙空間に運ぶ——それはふくらませることのできる巨大な円環で、自転車の車輪のように回転し、その自転によって人工重力を作りだすことができる。有人宇宙ステーションでは実験や観測をおこない、太陽系や宇宙に関する科学的知識を深める。こうしたミッションのために、多段式ロケットには再利用可能な宇宙飛行機を搭載し、その飛行機が巨大な運搬用トラックのように作業員と資材を積んで、ロケットと軌道上の作業場とを往復する。ステーションがフル稼働をはじめれば、宇宙望遠鏡も必要になる。そうすれば、つぎの惑星間ミッションはどんなものがいいかを検討することができ、いずれはステーションに滞在する飛行士たちの手で計画を策定できるようになる。

一段階ずつ計画を進めていくこの方式——のちに宇宙史家のドウェイン・A・デイが「フォン・ブラウン方式」と名づけたやり方▼1——は、一九五〇年代にアメリカのメディアでさかんに取りあげられた。しかしこの方式も、けっして成功が約束されていたわけではない。フォン・ブラウンが執筆したＳＦ『プロジェクト・マーズ』は、当初は出版にこぎ着けることができなかったし、彼自身も自分の考えを発表する場を見つけられずにいた。そんななかフォン・ブラウンは、一九五一年にテキサス州サンアントニオでひらかれた「超高層大気医学会」に出席した。ある日の昼下がり、会場近くのバーで『コリアーズマガジン』編集部のコーネリアス・ライアンと出会う。ライアンは上司から、宇宙旅行について学んで報告するようにといいつかって、画家のチェスリー・ボーンステルとともに派遣されていた。

いくつかの記録によると、ライアンも苦戦していた。技術的な話になると何が何だかさっぱりわからないし、そもそも人がおおぜい集まって何を騒いでいるのか、その意義もわからなかった。ところがフォン・ブラウンと出会ってそんな愚痴をこぼすと、なんと彼は宇宙の科学をとてもわかりやすく説明してくれた。フォン・ブラウンは、宇宙旅行の可能性を明確な計画として語ることができた。その能力にライアンは深く感銘を受け、『コリアーズマガジン』で宇宙に関する連載をやるから、科学者や作家や画家のチームを率いて、企画を立ててくれないかと誘った。連載は、計画の詳細も手順も、フォン・ブラウンの『プロジェクト・マーズ』を直接下敷きにしたものだった。そこにドイツ時代からのロケット科学者の同僚ウィリー・レイとハインツ・ハーバーが肉づけをほどこし、画家のボーンステルが、画家仲間のフレッド・フリーマンやロルフ・クレップと協力して絵をつけた。

この雑誌連載が、本の出版や、映画や、テレビ出演への道をひらいた。同時に技術者としてのフォン・ブラウンのキャリアも花開こうとしていた。『プロジェクト・マーズ』を執筆したのは、アメリカに来てまだ三年めのころで、彼はアメリカ陸軍に元からあるロケット工学部門に協力し、助言をおこなう仕事をしていた。一九五〇年にはチームのメンバーとともにアラバマ州ハンツヴィルに移された。メンバーの大半はドイツ人科学者で、戦後、フォン・ブラウンとおなじく「ペーパークリップ作戦」というコードネームで呼ばれた極秘の移送作戦によりアメリカに連れてこられた人たちだ。ナチスの一員であったという過去は、ぼかしてあることが多かった。

チームのメンバーは再集結すると、まずは「レッドストーン」と呼ばれるロケットの製造にかかった。直接の祖先であるドイツのV2ロケットや、陸軍が興味を持っていたほかのロケットと同様、レッドストーンは兵器として開発されたものだ。一九五八年には、アメリカで初めて核弾頭を搭載した弾道ミサイルになった。しかし同年、レッドストーンを改造したロケットでアメリカ初の人工衛星も打ち上げられたし、一九六一年にはやはりレッドストーンを改造したロケットで、アメリカ初の有人宇宙飛行がおこなわれ、宇宙飛行士アラン・シェパードが、約一五分間の弾道飛行をおこなった。

フォン・ブラウンは一般大衆に人気を博すようになったが、その熱気を予感させたのが一九五一年に出版されたアーサー・C・クラークのノンフィクション『宇宙の探検（*The Exploration of Space*）』（白井俊明訳、白揚社、一九五四年）だった。クラークはまた、『コリアーズマガジン』の連載の追跡調査とも、返答ともいえる本を、一九六四年に『ライフ』誌編集部との共著で出している。『人間と宇宙の話（*Man and Space*）』（岸田純之助日本語版監修、タイムライフインターナショナル、一九六五年）がそれで、アポロ時代の幕開けにあたっての、有人宇宙飛行のレポートといった内容だ。画家のボーンステルとロケット科学者のウィリー・レイは、『宇宙の征服（*The Conquest of Space*）』（崎川範行、由良統吉訳、白揚社、一九五一年）で、すでに共同作業していた。だからその後の『コリアーズマガジン』の連載や、フォン・ブラウンと共著の『宇宙のフロンティアを超えて（*Across the Space Frontier* 未訳）』、『月を征する（*Conquest of the Moon* 未訳）』、『火星探検』といった作品で協力するのは自然な流れだった。これらの本には、フォン・ブラウンも折に触れて直接参加した。

ボーンステルは、深宇宙を扱った一九六八年の本『太陽系を超えて（*Beyond the Solar System* 未訳）』でもレイと共作しているが、大衆の宇宙観の核にいたのはやはりフォン・ブラウンだった。フォン・ブラウンは同書の序文で、技術者と大衆文化の案内人としてのひとり二役に触れ、冗談めかしてこう書いている。「何千人という同僚の技術者たちと、日々、月着陸ミッションへ向けて地道な仕事をつづけているところへ、ウィリー・レイから太陽系を軽々と超えて、宇宙の旅へ出るという知らせがとどいた。そんなはるかかなたの世界について、たとえ知識の及ばないことがあったとしても、チェスリー・ボーンステルの豊かな想像力がたやすくおぎなってくれるだろう。これ以上まえがきなど必要だろうか？」▼2

一九五〇年代、六〇年代、フォン・ブラウンは、多様ではないものの幅広い人材をつのって、技術と宣伝・振興担当のチームを作りあげた。チームは多方面で彼の宇宙ステーション構想を推進した。懸案のひとつは弾道ミサイルを建設・改良するための軍用の技術――フォン・ブラウンが中心になってナチスのために開発したもの――を民間ロケットの打ち上げに転用するということだった。そのために彼は下院で陳情をおこない、大統領の顧問にも会って、アメリカの軍隊と民間の双方が、将来宇宙での存在感を増すことが大切だと説いた。同時に、自分でもさまざまなメディアに登場して宇宙旅行について語りつづけ、本や雑誌やテレビを通じて何百万、何千万という家庭に宇宙構想をとどけた。

アメリカの宇宙計画が、まだウォルト・ディズニーの瞳のきらめき程度のものでしかなかった時代に、フォン・ブラウンは、戦後生まれの感じやすい年ごろの子どもたちにとって「宇宙の顔」になった。一九六〇年代に入ってジョン・F・ケネディ大統領が宇宙開発に本腰を入れ、予算をつけると、この戦後生まれのベビーブーマーたちこそが、宇宙開発に意欲満々の有権者になった。事実、ケネディが一九六二年九月に「われわれは月へ行くと決めた」▼3という演説をしたとき、主語に据えた「われわれ」は、そのベビーブーマーだった。六〇年代終盤、ケネディのかかげた「月へ行く」という目標が実現しようとしているとき、製図板に向かう技術者やコントロールセンターに詰めた技術者の多くは戦後生まれで、親の雑誌やテレビで「宇宙征服は目の前だ」という言説に出会った世代だった。

一九九〇年代終盤、アメリカでは二〇年も前から再利用可能な「宇宙飛行機」スペースシャトルが軌道を周回していた。スペースシャトルはハッブル宇宙望遠鏡の打ち上げもおこない、国際宇宙ステーションの建設にもたずさわった。フォン・ブラウンは生きてこの成果を目にすることはできなかったが、アポロ計画終了後の宇宙開発で、一九九九年までに宇宙飛行機、宇宙ステーション、宇宙望遠鏡という彼の長期的な宇宙開発構想がつぎつぎと花ひらいていた。宇宙画家のロバート・マコールは、九〇年代前半に、かつてボーンステルが『コリアーズマガジン』に描いた絵の更新版ともいえる絵を描いている。四〇年前の絵と同様、スペースシャトルや宇宙ステーションといった技術の精髄がアメリカ上空に浮かんでいる絵だ。

　しかしフォン・ブラウンが元来想定していた「宇宙の征服」は、ＮＡＳＡが実現した宇宙開発よりはるかに力ずくでおこなうものだった。「征服」は単なる言葉のあやや比喩ではなく、宇宙ステーションと宇宙飛行機と望遠鏡により地球を監視、統制し、そのかたわらで太陽系のほかの惑星への航行をサポートするというものだったのだ。『プロジェクト・マーズ』は、彼が陸軍でＶ２ロケット改良の仕事をしているころ、休みを取って書いたものだった。宇宙計画を一段階ずつ進めていき、その最終目標として、一九八五年という未来に遂行される火星探査を描いている。

　火星へ向かうためには、スペースシャトルに似た宇宙フェリーをのべ一〇〇〇回近く打ち上げる必要があるとフォン・ブラウンは計算している。それを八か月間つづければ、軌道上の船団に物資と燃料を補給することができる。船団は一〇機の宇宙船と七〇人の人間——全員男性——で構成される。火星への旅は三年かかり、二〇億ドル——この旅がおこなわれると想定されている一九八五年ならインフレ率を勘案して九〇億ドル近い費用——が必要だ。飛行士の男たちは「宇宙軍」の将校から選抜された精鋭たち。この軍隊は、作中で一九七〇年代に勃発した大規模な「世界最終戦争」の際に創設されたものだ。物語に登場する環状の宇宙ステーションは、観測所であり、実験室であり、測候所でもある。しかしなによりもまず、このステーションは、軌道上の武器庫なのだ。

フォン・ブラウンは一九三〇年、ベルリンに住む一八歳の若者だったころ、この宇宙ステーションにまつわる短編小説を書いた。ロケット工学者ヘルマン・オーベルトの構想を下敷きにしたものだ。オーベルトは地球の軌道上をめぐる有人宇宙ステーションという、エドワード・エヴァレット・ヘイルの「レンガの月」の現実版を初めて提案した科学者だ。またフォン・ブラウンのステーションの外観は、オーストリアの技術者ヘルマン・ポトチュニックのアイディアをなぞっている。ポトチュニックは一九二八年に『宇宙旅行の問題（*The Problem of Space Travel* 未訳）』を出版し、巨大な環状の宇宙ステーションを自転させて、内部に人工的な重力を作りだすというアイディアを初めて提案している。

ポトチュニックは宇宙ステーション建設の目的として科学的、経済的な理由をいくつかあげ、同時にヘルマン・オーベルトとおなじく軌道上に巨大な鏡を建設することも提案している。調光や農業に利用するのが目的だが、鏡の能力をさらに深く検討して、「きわめて恐ろしい武器にもなりうる」と記している。太陽光を集めて敵の野営地や軍需品の倉庫や船舶を「虫けらのように」焼きはらうことができるというのだ。同時にこうも語る。「しかし、そんなひどいことにはならないかもしれない。そのような恐ろしい武器を持つ国を相手に戦争を仕掛ける国などないだろうからだ」[4]。ロケットもそうだが、宇宙ステーションもはじめから、戦争、地球からの離脱、力による統一という問題と切りはなすことができないのだ。

フォン・ブラウンが若いときに書いた「ルネッタ（小さな月）」という短編にも、そのような宇宙鏡が登場する。ただし武器としての力を持ちうることには触れられていない。そして一九四六年七月、アメリカ陸軍上層部にあてた提案書でも、フォン・ブラウンは、ルネッタ的な構想を持ち出している。

将来、大きな武力を持つ国は宇宙ステーションを誘導核ミサイルの基地として用いる可能性があり、そうなれば「地球上のどの地点も標的になりうる」という内容だ。ポトチュニックと同様ブラウンも、「最初にこの段階に達した国は、兵力で他国に比べて圧倒的に優位に立つ」と述べている。[5]

『コリアーズマガジン』の連載でもフォン・ブラウンは、まさにこの理由で宇宙ステーションの必要性を説いていた。連載初回の「宇宙征服は目の前だ」では、編集部のコーネリアス・ライアンが、第二段落でつぎのように明言している。「この記事に記されていることはSFではない。正真正銘の事実だし、緊急提言でもある。アメリカは今すぐ、西側が宇宙で優位に立つよう長期的な宇宙開発に乗りだす必要がある。さもないと、どこか別の国が優位に立つだろう。その別の国とは、おそらくソビエト連邦だ[6]」

『コリアーズマガジン』で連載をはじめる三年前に書かれた『プロジェクト・マーズ』では、フォン・ブラウンは宇宙ステーションの武力としての側面を、より鮮明に打ちだしていた。世界中どの地点にも核を落とす能力を持つ宇宙ステーションの存在によって、アメリカは第三次世界大戦でソ連圏諸国に勝利をおさめたという設定なのだ。この勝利により第三次世界大戦が終結しただけでなく、戦争というもの自体がなくなり、国家という形態も消滅した。フォン・ブラウンの描く未来世界では、新たに世界議会と大統領が、アメリカの連邦制を手本として創設された地球合衆国を率いている。宇宙ステーション〈ルネッタ〉が宇宙を征服することによって、この世界の一九八〇年には全地球的政治機構が生まれ、国境がなくなって、さまざまな国々がひとつにまとまったのだ。

領空飛行とオーバービュー効果

現実世界における人工衛星の飛行は、ひとつには、それに関連する政治の運用によって可能になった。一九五〇年代まで国家の領土上部の空間は、主権のある領空と考えられていた。他国の航空機による「領空飛行」は、明確な許可があるときしか許されず、それ以外は敵対的な偵察か、戦争行為とみなされた。アメリカと同様ソビエト連邦も、第二次世界大戦終了時にドイツのロケット科学者からV2ロケットの技術を受けついでいた。両国とも、大戦中に秘密裡に開発されたふたつの重要な技術――弾道ミサイルと核爆弾――を組み合わせて兵器を作ろうと、やっきになって研究をつづけていた。五〇年代初頭になると、爆弾や核ミサイル、のちには偵察衛星によって互いへの脅威が高まり、ソ連とアメリカの首脳は、オーベルト、ポトチュニック、フォン・ブラウンが達したのと似たような結論に達した。つまり軌道上を領空飛行する人工衛星の能力が、軍事面にも大きな影響を及ぼすというものだ。さっそく先例や政策に照らして、科学的な観測であることが明白な場合や、軍事戦略上、相互に利益があると暗黙に了解される場合――それに軌道上に打ち上げられた物体の物理法則は変えられないということもあって――軌道上の空間は国家の領有の対象にならないというすみやかな決断がなされた。どの国家も領土上空の宇宙の領有権を主張することはできないということだ。

しかし宇宙に国境がないと定められたことで、こんどは「宇宙」と「領空」を分ける新たな境界が必要になった――従来の国境よりはるかにあいまいな境界だ。海抜高度一〇〇キロメートルのカーマン・ラインが「宇宙」と「領空」との境界だとする見方もある。これを超えると大気がきわめて薄くなるという高度だ。しかし現実的には宇宙との境界は、むしろ速度の問題かもしれない。物体が「第一宇宙速度」(秒速七・九キロメートル)以上で打ち上げられれば地球の軌道に乗る。それ以下なら軌道には乗らない。宇宙開発競争がはじまっても、国家の「領空」と、領空に含まれない「宇宙」との境界は、国際法でいまだに定められていない。

一九五四年、アメリカの軍事関係のシンクタンクであるランド研究所は、スパイ衛星の製造・打ち上げは可能だという報告書をアイゼンハワー大統領に提出した。この時期、多くの国が、フォン・ブラウンたちがやってきたようなロケット開発を軍事に転用することは不可欠だと考えるようになっていた。一九五五年には米国科学アカデミーが、アイゼンハワー大統領に対し、科学観測用の人工衛星を打ち上げれば、一九五七年から五八年に予定されている「国際地球観測年（ＩＧＹ）」にとって大きな貢献になるとの提言をおこなった。当時、人工衛星の打ち上げはもう目前だと考えられており、複数の国が、その開発で一歩先んじようと競っていた。ＩＧＹは世界の大国が同時に、地球科学に対して真剣に取り組むイベントになる見こみで、そのなかにはもちろんソビエト連邦も含まれていた。アメリカでは、陸軍、海軍、空軍それぞれの開発チームが競うようにして人工衛星打ち上げの計画を示した。一九五五年、大統領の諮問委員会である国家安全保障会議は、科学衛星を打ち上げることで「宇宙の自由」を示す先例を確立できるとしてこれを推薦し、打ち上げに最初に成功した国は「相当な栄誉を得て、心理的にも優位に立つだろう」と予測した。[7]アイゼンハワー大統領はこの計画を了承し、人工衛星は軍事用ではなく、科学研究に資するものでなくてはならないと念を押した。しかし開発はなかなか進まなかった。一九五七年中盤、ＣＩＡ長官のアレン・ダレスは大統領に、ソビエト連邦が近々人工衛星を打ち上げる模様だと報告している。この年の終わりまでにダレスのいうとおりになった。

　一九五七年一〇月にソ連の人工衛星スプートニク1号が打ち上げられる以前に、フォン・ブラウンのチームは打ち上げの準備がととのったと報告、いつでも打ち上げに向かえる体勢をととのえていた。しかし、上からの指示でしばらく待つうちに、米国科学財団と海軍調査研究所の率いるチームが、独自のロケットを開発して追いついてきた。ドイツ軍に所属していた科学者のチームが、ドイツのV2ロケットを改造したレッドストーン弾道ミサイルの機体で初の人工衛星を打ち上げるのでは、人聞きが悪いというのが、その理由だった。どうやら、兵器として使われる可能性はないという体裁を保つために、フォン・ブラウンはソビエト連邦より先に宇宙を「征服する」機会を阻止されたようだ。だがおそらくは、軍隊による打ち上げを思いとどまらせたことで、米ソ両国の姿勢にひとつの先例が作られた――宇宙は、単なる戦略的な重要地点以上のものであるという主張だ。表向きの平和利用路線と、内に秘めた軍事利用の本音とが乖離していること。これが、この先の冷戦と宇宙開発競争を特徴づけることになる。

スプートニク1号の打ち上げを担ったのは、ソビエト連邦にとってのフォン・ブラウンのような男、「主任設計士」セルゲイ・コロリョフだった。コロリョフの仕事はツィオルコフスキーの理論を土台にしたものだが、フォン・ブラウンがドイツ時代におこなったV2ロケットの研究からも学んでいた。ソ連軍も、フォン・ブラウンのかつてのロケット研究所があったペーネミュンデや、V2ロケット製造工場――囚人たちが詰めこまれて働かされていたドーラ＝ミッテルバウ強制収容所――などを占領し、残っていた技術者や書類をソ連に送って精査したのだ。スプートニク1号の打ち上げも、アメリカでフォン・ブラウンが提案してアイゼンハワーに却下された方式に似ており、兵器から転用した多段式ロケットに衛星を搭載して打ち上げるというものだった。そのロケット、R7のメインステージも大陸間弾道ミサイルを改良したものだった。

軌道に乗ったスプートニク1号――四本の細いアンテナをうしろに突きだした金属製の球体という、今やアイコンとなったフォルム――は、科学実験をおこなうよう設計されたものではなかったが、超高層の大気について貴重なデータを提供した。科学者が無線信号の変化をたどることができたからだ。スプートニク1号は、国際地球観測年のあいだに打ち上げられたが、地表を観測したり偵察したりするのが目的ではなく、逆に観測されることが目的だった。表面がぴかぴかで無線信号を発していたので、アマチュア天文家でもその周回を追跡して、それぞれ別個に、「宇宙の征服」と「宇宙空間の自由」が達成されたことを裏づけることができた。

スプートニクの打ち上げと、地球上いたるところでの観測が伝えたメッセージは明確だった。「新たな能力が開発された」ということだ。スプートニクは、各国上空の軌道上を通過する権利は、国家の領空とは別個のものだという先例を作りだした。たとえスプートニク1号に地上を偵察する能力がなくても、ソ連とアメリカ双方の軍事アナリストと科学者は、この打ち上げの成功により、オーベルトやポトチュニックやフォン・ブラウンが思いえがいたような、なんらかの攻撃能力を持つ衛星および宇宙ステーションの開発が、いよいよ避けられないものになってきたと考えた。しかし数年後、初の有人飛行が実現して人間も地球を周回するようになると、「オーバービュー（概観）」によって、また別の解釈が生まれた。

宇宙哲学者のフランク・ホワイトは、宇宙飛行士に共通して見られるある体験を「オーバービュー（概観）効果」と名づけ、それをタイトルに冠した本でくわしく記した。[8] 人間が宇宙に出て地球を見ると、故郷の惑星がどのように成り立ち、外の世界のなかにどのように浮かんでいるかという認識が、がらりと変わることにホワイトは注目した。地球は華奢で、冷たく無関心な虚空にぽつりと浮かんでいる、と宇宙飛行士は報告する。地球の組織構造に対する理解も変わる。宇宙からは、国境はほぼ見えない。河や海、山、砂漠などの地理的な境界だけが、人間の住める地域の限界としてわかるだけだ。「オーバービュー効果」は、地球が相互につながりあったひとつのまとまりなのだということへの気づきだ。[9] しかも地球はそれひとつで存在しているわけではなく、外の世界がある。地球と外の虚空との恐ろしいほどの違いに比べれば、地球の生物圏内部での相互の違いなど小さいものだ。

フォン・ブラウンは恐怖によって――上空から無作為に降りそそぐ死の恐怖によって――統一さ

れた世界を描いたが、それはアドルフ・ヒトラーのドイツが第二次世界大戦でなんとか勝利を引きよせようと、V2ロケットでイギリスを恐怖におとしいれたやり方と同類だ。武装した宇宙ステーションで地球を平定し、世界政府を樹立するという方式では、地球全体が空襲真っ只中のロンドンになってしまう。そんな宇宙ステーションは、恐怖と復讐の兵器にすぎない。宇宙から地球を見おろす人々は、国境のないユートピア世界の存在を実感し、経験する。けれども空を見上げる人間がそこに見出すのは、さらなる人間の敵意と無関心ばかりだ。宇宙の虚空にはじめから存在する冷たい危険——敵意と無関心はその度合いをいっそう深める。

惑星ドーラ

フォン・ブラウンの『プロジェクト・マーズ』では、主人公たちも虚空を見上げて冷たい危険を察知する。彼が一九四八年に執筆し、一九八〇年に設定した未来世界で、宇宙ステーション〈ルネッタ〉は、現実の一九四四年にフォン・ブラウンがV2ロケットで達成しそこねたことを成しとげる。世界大戦で勝利をおさめるのだ。ところがステーションの技術者が宇宙望遠鏡を一番近くの惑星に向けると、ボグダーノフの『赤い星』の主人公同様、地球以外の惑星にも、敵対心を持つかもしれない知的生物が住んでいるらしいことを知る。世界大戦に勝利をおさめ、「外の世界」を占拠して武装することで、地球はひとつの世界政府のもとに統一された。だから地球ではもう、戦争は過去のものになったといえる。

しかしこの「外の世界」には、さらなる外の世界があった。宇宙軍のかつての兵士たちは、ほんの数年前にロシアとインドと中国——フォン・ブラウンにいわせれば「南アジアと東アジアの、貧しいながら人口の多い地域」▼10——を平定したのに、もっと強力そうな連中の相手をしなくてはならない。

ことによると人類よりはるかに歴史が古く、豊かで、知的かもしれない火星人が、その気になれば攻撃を仕掛けてくるかもしれないのだ。ボグダーノフの物語と同様フォン・ブラウンの小説でも、火星人が進んでいるという根拠は、ルネッタの望遠鏡がとらえた運河だ。あれほど大規模でまっすぐな運河を建設するからには、火星の政《まつりごと》は、地球の新政権のように全惑星に及んでいるに違いない。「火星に住んでいるのはおそらく知的な生物で、全惑星をおおうすばらしい灌漑設備を作っている。きっと世界政府があって、強力な中央集権がおこなわれているのだろう[11]」

この脅威になりうる相手に対処するための解決策が、例の火星行きの大規模な武装船団だ。それによって火星人と接触し、相手が敵か味方かを見きわめようというのだ。「まもなく火星はモスクワ同様、秘密のベールをはがされることになるでしょう[12]」。しかし資金のかかる火星探査計画は、「東洋の狡猾さ」によって阻止されそうになる。戦争に負けた国々が投票権を行使して、自国の援助のために資金を使おうとするのだ。そんななか主人公たちは、ふたつの理由を強く訴えたことによって計画を救う。未知の勢力に征服されるかもしれないという恐怖心と、探求をうながす好奇心だ。万が一宇宙ステーション〈ルネッタ〉を火星人に占領されたら、地球と人類は、第三次大戦時の東側諸国と同様、相手の軍門にくだることになる。己の技術で外から攻撃されないために、帝国は拡大しつづけなくてはならない。しかしフォン・ブラウンの主人公は、兵力以外にも価値を持つ力があると語る。「宇宙旅行はただの夢などではありません」。彼はコネチカット州グリニッチにある地球議事堂で訴え、人々の心にクリストファー・コロンブスの精神を呼びさまそうとする。「そして火星探査計画が有用で現実的だと訴えているのは、単に軍事的に必要だからというわけでもありません。どうかみなさん、人間が文明をここまで推しすすめてきた、この内なる力をしかと見すえてください[13]」

しかし第二次世界大戦前と大戦中のナチスドイツも、似たような理屈と言いまわしで文明のたどってきた道を語り、己の政策を正当化していた。フォン・ブラウンのV2ロケットの設計、製造、配備に至る決断もそのひとつだ。ナチスは、第三帝国、すなわち彼らの支配するドイツが、自分たちのいう優越した民族、つまりアーリア系ドイツ人のための新しい世界帝国だと考えていた。このナチスの思想は奇妙にも、ツィオルコフスキーの、存在に序列をつける唯物論を彷彿させる。ナチスは「生きるに値しない命」があり、そうした人間を排除することが価値ある行為なのだと主張した。ヒトラーが支配を固めた一九三〇年代中盤には早くも、ある種の人々を公式に「好ましからざる」人間に分類した。そして第三帝国の敵と見なした人々を強制収容所に送り、拘束や強制労働などで虐待したうえ、殺害した。

V2ロケットの製造がおこなわれたドーラ＝ミッテルバウ強制収容所もそんな場所のひとつだった。ヒトラーは、V2ロケットが戦局転換の鍵になると判断すると、すぐさまロケットの製造を加速させようとした。フォン・ブラウンのチームはバルト海に面したペーネミュンデの実験場でV2ロケットの開発を指揮していたが、この施設は連合軍側に発見され、イギリス軍の爆撃を受けた。そこで一九四三年にドイツ軍の指導部は、強制収容所の囚人を使って、チューリンゲン州ハルツ山地の坑道のなかにある工場を拡張させるよう命じた。じゅうぶん拡張できたら、そこで囚人たちにロケットの組み立てをおこなわせる。この場所なら偵察されないし、空からの爆撃も受けにくい。

フォン・ブラウンの小説では、火星に近づいた探検隊が望遠鏡で地表を見ても、町も道路も何も見えない。火星人はドーラ＝ミッテルバウの坑道のように地下にトンネルを掘って暮らしていたのだ。着陸すると、探検隊は、極地方でポンプ施設を発見し、火星人の技術者と出会う。技術者は地球人を見ても驚かなかった。彼と上司は地球人の無線を傍受していたからだ。彼は上層部に連絡を取り、探検隊を首都に案内した。地球人たちは温かい歓迎を受け、そこからはSF小説によくある説明モードに切りかわる。友好的で知識の豊富な火星人が、好奇心いっぱいの探検隊を案内しながら、火星の技術や都市や社会生活について説明するのだ。

火星の技術者、科学者、政治家からつぎつぎと情報が投下されるあたりは、ツィオルコフスキーの『地球をとびだす』の長大な解説と似ている。実はフォン・ブラウンはツィオルコフスキーの著作を読んでいた。戦後、ソ連軍がフォン・ブラウンの研究所だったペーネミュンデの施設に入ったとき、役に立つ器材や素材はほとんど、ドイツ人の技術者たちに持ち出されたり破壊されたりしたあとだった。だがロケット工学に関するツィオルコフスキーの著作のドイツ語版が一冊残されていた。それはフォン・ブラウン自身の本で、多数の書きこみがしてあった。[14] だが話の運びが似ているのは、フォン・ブラウンとツィオルコフスキーの両方が尊敬していた作家、ジュール・ヴェルヌの影響もあるのかもしれない。

火星の社会は平和で、技術が高度に発達していると知って、探検隊の地球人たちは乗り物に取りつけていた武器を静かにはずす。火星人は地下都市の交通手段として、真空のトンネル内を高速で移動するソーラーパワーの地下鉄——イーロン・マスクが二〇一三年に発表した〈ハイパーループ〉とよく似たもの——を使っていた。マスクは現在、火星征服の野望を抱いているが、そのアイディアを先取りするかのような、不思議な一致だ。しかもこれまた不思議な先取りなのだが、火星の統治者は「イーロン」という役職名で呼ばれている。[15]「イーロン」は旧約聖書（士師記一二—一一〜一二。『新共同訳聖書』では「エロン」）に登場する名前だ。アメリカに移住してまもなくキリスト教福音派に改宗したフォン・ブラウンには、胸に響く名前だったのかもしれない。

一方、ドーラ＝ミッテルバウの囚人のひとりは、坑道のトンネルがしだいにできあがっていくさまを見ながらつぶやく。「これがやつらの作ろうとしている未来都市なら、おれたちの苦しみはまだまだつづく」[16]。これはフランス人捕虜でドーラ＝ミッテルバウの生き残りであるイヴ・ベオンによる、ナチス強制収容所での生と死の回想録の一場面だ。本のタイトルは『惑星ドーラ――ホロコーストの記憶と宇宙時代の誕生（*Planet Dora: A Memoir of the Holocaust and the Birth of the Space Age* 未訳）』という。本書全体を通じてベオンは、ある仕掛けを使って、ドーラと、ナチスの強制収容所のやり方を語っている。別の惑星で起きたSFとして語っているのだ。ドーラの囚人たちの存在理由は、ハルツ山地の硬い岩盤に何マイルにも及ぶトンネルを掘ること。明確で合理的な計画を、暴力的なほどシンプルに形にしたものだ。目標は、工場の一方の口から列車で部品を運びこみ、反対側の口から組み立て終わった製品を運び出すこと。映画の筋書きか、おとぎ話のような秘密基地のトンネルだが、ここでは辛苦にあえぐ人々が強制労働させられ、世界で初めて宇宙に到達できる能力を持つマシンを作らされることになる。悲惨な運命を背負った人々は死ぬまで働かされ、フォン・ブラウンの設計した葉巻型のつややかなロケット――悪の帝国のために開発した文字どおりの報復兵器――を作らされる。しかもつづく五〇年間、ロケット工学の世界や大衆文化の世界で生み出されるロケットはどれもこれも、囚人たちが製造したこのロケットを原型にしているのだ。

　ベオンの描く〈惑星ドーラ〉は、飢えと、暴力と、苦しみと、不条理に充ち満ちている。人々は病で死に、脱水で死に、食べ物がなくて死に、働きすぎで死に、囚人頭《がしら》や親衛隊の監督になぐられて死ぬ。それらによる死をまぬがれれば、こんどはごくささいな規律違反や単なるいいがかりで罰せられる。罰は見せしめの絞首刑だ。ここに収容されているのはロシア人、チェコ人、ポーランド人、フランス人、そして少数のドイツ人。ナチスの分類により全員が「人間以下」のレッテルを貼られてはいるものの、この異界の惑星の内部にもするどい対立が存在する。

　絶滅収容所ではなく強制労働収容所なので、ユダヤ人はいない。囚人は、犯罪者や共産主義者としてゲシュタポに逮捕されたり、敵兵や革命分子として軍に拘束されたりした人たちだ。ユダヤ人がいないので、ここの階層社会のなかではロシア人が最下層で、最もさげすまれる住人だ。「彼らは惑星ドーラに、何をいっているのかわからない集団としてほうり出されている――笑い、うめき、けんかし、わめきちらす、混沌とした男たち。人が死のうと気にもとめない」[17]。ロシア人は国土が巨大で、地方も文化もばらばらなのに、収容所のグループのなかでは唯一へだてがなく、もめながらも連帯している集団だ。「彼らはこの狂った惑星のやり方に、まるで池の魚のように順応している」[18]

　フォン・ブラウンの小説に登場する火星の地下都市の住人たちと同様、ドーラのトンネルに居住する労働者も、いずれは武装した外国人たちがやってくると信じている。しかしヨーロッパ大陸の反対の端にあるフランスの海岸でノルマンディ上陸作戦がおこなわれるころになっても、戦局が転換したというニュースは、なかなかドーラにとどかない。「まるで火星からの信号でも受信するように、とぎれとぎれにしかやってこない」[19]。ドーラは地球ではないのだ。ドーラから見ると、地球のほうが異界の惑星に見える。ドーラのような場所の論理、ナチスドイツのような国の論理は、ベオンが描くとおり、その内部では一貫してまとまっている。それだけでひとつの世界、親衛隊が維持する世界だ。親衛隊は収容所を監督し、階層化されたすべての囚人たちをしいたげる。そして外にある惑星地球の残りを攻撃しようとする。

「親衛隊はドイツという国の屋台骨になっていた」とベオンは述べる。だから「敗戦によって国が消えれば、彼らも消えうせるだろう」[20]。親衛隊は、ドイツとその占領国内部ではナチスの人種純血主義を執行し、収容所ではこの世界の粗暴で狂った論理をつらぬいた。戦後、ニュールンベルクでおこなわれた国際軍事裁判で、ナチス親衛隊は「犯罪的集団」と認定され、指導者の何人かは「人道に対する罪」で有罪となった。フォン・ブラウンもナチスの党員で、一九四〇年には親衛隊にも入隊し、最終的に少佐の地位をあたえられた。これについてフォン・ブラウンは一九四七年にアメリカの陸軍省に対し、仕事の性質上、親衛隊に加わることは避けられず、「ほかの選択肢はなかった」と訴えている。[21]
フォン・ブラウンの小説で、火星ではもう戦争というものはなくなっているのだが、火星人たちは地球の戦争や奴隷労働の話をきいても驚かない。そういうことは歴史の流れのうえで避けられないものだと認識しているのだ。火星人の学者のひとりは、探検隊の地球人にこう語る。「すべての文化は生命体です。植物だって、光に向かってのび、花を咲かせるためには、力のみなもとである根を土のなかにしっかりと張らねばなりません」。根と土と力を、血塗られた戦争や奴隷労働にたとえ、悲しいけれど避けられないものと見なすのは、ナチスドイツの人種差別思想の根幹にあるものからそう遠くない。それは時とともに発達するという考え方で、小説中の火星人学者も、事態はだんだんよくなると探検隊に向けて語る。

自然の力を技術でねじ伏せることこそが、呪われた奴隷制というものを断ちきるために、神から与えられた唯一の手段です。そうすることで初めて、ひとりひとりが自由の風に向かって、自分の能力という翼を広げられる社会制度を作れるのです。労苦に疲れたおおぜいの民の肩にかつがれて、選ばれた少数だけが花を咲かせるような社会ではなく。[22]

この部分を書くとき、フォン・ブラウンは自分で何度か惑星ドーラをおとずれたときのことを思いうかべていたのではないだろうか。ベオンの回想には、男たちのグループがロケットの重たい部品を「労苦に疲れた肩」にかついで運ぶ話がたびたび登場する。時に滑稽で、混沌としていて、悲劇的で、勇敢ですらある数々の物語。小さなグループ社会にいる男たちが、自分にはなんの利益もないのに協力して働き、やりたくもないのにやり遂げてしまうさまは、ヒトラーが外の世界に向けて発していた、第三帝国の無慈悲で効率的なイメージと対比されている。フォン・ブラウンはその両方を目撃し、惑星ドーラの実状も知っていた。そして植物が根を張って花を咲かせるという比喩よりも、多くの人々の労苦を糧にして、選ばれたひとにぎりの人間が自由に飛翔するというイメージのほうが、のちのサターンロケット計画にはぴたりと当てはまる。

二〇一九年の価値に直すと四二〇億ドルの資金がかかるサターンV型ロケットは、三六〇万重量キログラムの推力で打ち上げられる三段式の使い捨てロケットだ。一段め、二段め、三段めと順に小さくなり、三段めには司令船と月着陸船が搭載されている。司令船は三人の宇宙飛行士を乗せて月軌道に投入され、大きめのクローゼットほどのサイズの月着陸船は、三人のうちふたりを乗せて月面に着陸する。しかしロケットが燃やしつくしたのは燃料だけではない。アポロ計画には五〇万人の人々が直接たずさわったが、その土台にはあのハルツ山地の岩盤をつらぬくトンネルがあった。アポロ計画につらなる最初の労働者は、飢えにあえぎながら重い労役を課され、V2ロケットの部品を作業場の床に運びおろしては息絶えていった、二万人の囚人たちだったのだ。

つまり土と血は、時として色あざやかな花とおなじ空間に存在する。ドーラの囚人たちが、視察におとずれた親衛隊のフォン・ブラウン少佐のかたわらにいたように。『プロジェクト・マーズ』でフォン・ブラウンは、やがて時がたてば戦争や奴隷制はなくなるという希望を述べている。多段式ロケットのごとく使い捨てた過去によって、新たな未来が推進されるのだ。だがこの歴史認識によれば、捨て去ったロケットはどれも必要なものだった。フォン・ブラウンのナチス時代の過去、親衛隊の加入歴、ドーラでの強制労働、ロンドンとベルギーに対するV2ミサイル攻撃に対する見方は、「現実的」という視点でくくられることが多い。彼はヴィジョナリーで、ただ宇宙飛行という能力を生み出す仕事がしたかっただけなのだと。しかし「フォン・ブラウン」のいう「選択肢がなかった」という言葉は、「ルネッタ」や『プロジェクト・マーズ』『惑星ドーラ』の物語を知ってから見ると、新しいニュアンスを帯びてくる。こんな疑問が頭に浮かぶ。自分が作りたいものを実現させるために、どんな世界の存在なら許せるのか？　彼の仕事は必要悪——遺憾だが必要とされる世界——に充ち満ちている。彼のような視点で見ると、親衛隊への加入は、ほかに選択肢がなかったし、惑星ドーラが生み出されたのも、致し方のないことだったし、『プロジェクト・マーズ』の第三次世界大戦も避けようがなく必要だったということになる。

ロケットの軌道

一九六〇年にアメリカの映画会社が創作のたっぷり入ったフォン・ブラウンの伝記映画『ロケットは星をめざす』（日本未公開）を制作した。コメディアンのモート・サルが、サブタイトルを「でも、ときどきロンドンに命中しちゃう」にしてはどうかといったらしいが、それと似たせりふは実際に映画のなかにも登場する。またシンガーソングライターのトム・レーラーは、風刺ソングを発表し、「いったんロケットが上がったら、どこに落ちようと知るものか。それはわたしの担当外」と、フォン・ブラウンの声色を交えて歌った。だが実際のところフォン・ブラウンのV2はロンドンを標的にしていたし、どこに着弾するかは、彼の大きな関心事だった。

しかし彼自身と設計チームが努力を重ねたにもかかわらず、一九四〇年代のロケットサイエンスは、英語の慣用句としても使われるとおりに難解だった。フォン・ブラウンが設計し、ドーラで組み立てられたV2ロケットは、あてにならないという悪評どおり、目標地点に飛ばすのがむずかしかった。その軌道は弾道で、打ち上げで燃料を燃やしつくせば、あとは自由落下するだけ。落ちる途中ではほとんど制御できない。だから落下自体は避けられないうえ、どこへ落ちるかは、かなり運まかせだった。フォン・ブラウン自身も、試験用ロケットが思いがけず想定どおりの地点に落ちたせいで死にかけたことがある。V2ロケットがあまりにもあてにならないので、技術者たちは、打ち上げの際、目標地点が一番安全だという考えに陥っていたのだ。

「軌道（trajectory）」という単語に含まれる“ject”は、ラテン語の「投げる」という語から来ている。だから **trajectory** は「プロジェクト」（project：投げかけたもの、企画）、「目標」（object：投げる際の標的）、「悲惨な」（abject：投げすてられた）という語と、おなじ語源を持つ。V2ロケットは、降下する際、音速を超える。標的への到達と爆発が先に起こり、空中を切りさいて飛ぶ音があとからきこえてくる。それがロンドンの住民をふるえあがらせた大きな要因のひとつだった。しかも工場や造船所が標的でも、ねらいの不たしかな新発明なので、目標から何マイルもはずれかねない。英国は敵を攪乱《かくらん》しようと、V2が標的から何マイルもはずれたところに着弾しているという偽情報をドイツのスパイに漏らしたりもした。ドイツ軍が、正確に飛んでいるロケットまで調節しなおして、逆にはずしてくれるよう期待してのことだ。

この致命的な予測不能性は、英国の工業生産力を削ぐ目的よりも、むしろ心理的な意味において大きな成果をあげた。そのことはトマス・ピンチョンの一九七三年の小説『重力の虹（*Gravity's Rainbow*）』（佐藤良明訳、新潮社、二〇一四年ほか）のタイトルとテーマにも反映されている。死が頭上から基本的に無作為に降ってくるというイメージは、一九九一年にソビエト連邦が崩壊するまで、冷戦の大きな特徴にもなった。フォン・ブラウンの恐怖の兵器である弾道ミサイルは、第二次世界大戦のもうひとつの秘密プロジェクトで製造された核弾頭と結びついて、二〇世紀後半に暗い影を落としたのだ。

冷戦の戦略が固まっていく時期に最も広く語られ、予想された仮想シナリオは「先制攻撃」だった。

いつ核が降ってくるかわからないという恐怖は、はじめから冷戦という構造のなかに組みこまれ、計画の一部として存在していた。フォン・ブラウンは小説のなかで、それとよく似た恐怖の均衡――宇宙ステーションによる世界の平定――が、かつて自分が片棒をかついだ戦争という問題を根絶させると予言した。だが実際には、その後の冷戦を引きおこすのにも彼は一役買ったし、その結果起きた宇宙開発競争でも大きな役割を担った。サターンV型ロケットの開発を急速に推しすすめ、宇宙旅行という能力も開発したのだから。彼は、自分が望む世界を実現するために、必要だと考える世界を作りだしていく人間だった。

これこそがバナールのいう「正しいのだからいうとおりにせよと、他人を説きふせるだけの非情さと狡猾さ」なのだ。バナール自身は、自分がそれを持ちあわせていないと嘆き、Dデイ翌日の日記にこうつづっていた。「これほどの損害を出さなくてもすんだのだ。もしも彼らがわたしの反論について、理論的、統計的なものにすぎないなどと考えなければ、こんなことにはならずにすんだのだ」[23]。バナールもフォン・ブラウンと同様、新しい世界の構築者だったが、彼の場合はまず、計画のなかで可能なこと、確実にできそうなこと、避けられることに目を向けていた。一方フォン・ブラウンは「ほかに選択肢はない」といいきり、自分があるべきだと思った能力を生み出していった。『惑星ドーラ』のなかでベオンは、親衛隊と第三帝国が必要だといいつのる事柄を、一貫して批判しつづける。舞台である惑星ドーラ自体がひとつの設計プロジェクトで、収容所の最終目標はしぼりつくすこと――囚人たちを働きづめに働かせ、あたかも燃料を燃やしつくして切りはなされ、落下していく燃料タンクのように空っぽにすること――だった。しかしベオンと収容所の仲間たちは、そんなことは無理だとわかっていた。だからおぞましい場面をひとつひとつ生き抜いていけば、全員とはいかないまでも何人かは生きのびる。統計的に見れば生存は可能なのだ[24]。

ドイツ軍は、V2ロケットの完成を急ぎ、連合軍の上陸作戦に間に合わせるために、ドーラの囚人たちをめいっぱいせきたてた。ドイツの戦略本部としては、アロマンシュやその他の海岸に上陸したばかりで、まだ体勢がととのっていない敵の兵団と軍備に向けて、新しい超強力兵器を撃ちこもうという計画だった。もしもドーラの囚人たちがもう少しだけ急ぎ、もう少しだけ早く力を出しつくしていたら、ひょっとするとフォン・ブラウンのロケットが、バナールの上陸計画を阻止していたかもしれない。そしてDデイの翌日、バナール自身が海岸へおもむき、自分が統計で予測した現場を視察している最中に、V2ロケットが着弾していたら、フォン・ブラウンのロケット弾でバナールが死んでいたかもしれない。

ふたりの科学者はおなじ軌道の両極端に存在していた。バナールがイギリス軍で仕事をはじめ、爆破や衝撃波の度合いを計算していたころ、まだドイツ空軍による大空襲は、「理論的にありうる」という程度のものでしかなかった。バナールは、空爆というものが統計的にあてにならず、本質的に効果が薄いということを研究で割りだしていた。それはヒトラーがフォン・ブラウンに、空爆用のロケット弾を設計し、大量生産せよと命じる何年も前のことだった。バナールは第二次世界大戦を生きのび、あのような戦争が二度と起こらない世界を作ろうと、声をあげつづけた。一方フォン・ブラウンは権力者に、また戦争が起こることは避けられない――ちょうど自分が親衛隊に加入したのが避けられないことだったように――とささやき、その恐怖を踏み台にして宇宙探査ロケットを作るという野望をかなえた。J・D・バナールは、爆弾の着弾点にいて大穴をのぞきこみ、被害を少しでも減らして、爆弾が落とされることのない未来を作ろうとする世界構築者だった。そしてヴェルナー・フォン・ブラウンは、ロケット弾の発射場にいて、つねに命中精度をあげようと研究を重ねる世界構築者だった。

4
アーサー・C・クラークの
ミステリー・ワールド

一九二四年、アナ・ミッチェル＝ヘッジズという若い女性が、一七歳の誕生日に、父親とともに遺跡の発掘調査に参加していた。すると埋もれたマヤの祭壇の下から水晶のドクロが見つかった。ドクロは実物大で、透明な水晶を彫って作られており、骨格模型のように精密だった。近くからは、取りはずし式の下顎も見つかった。ミッチェル＝ヘッジズ親子は、マヤの人々の力を借りて、当時の英領ホンジュラス（現在のベリーズ）で、古代都市ルバアンタンの遺跡発掘にたずさわっているところだった。

アナの父、F・A・ミッチェル＝ヘッジズはアマチュア考古学者で、冒険家で、人気作家でもあった。彼は、ルバアンタンの遺跡が、アトランティスの伝説となんらかのつながりがあると信じていた。のちに宝石研磨の技術にくわしい人たちが調べたところ、ドクロは現代の工具で彫られたものではなさそうだということがわかった。そうした工具を用いれば、なめらかな表面にはっきりと跡が残るからだ。解剖学的に正確なこの彫刻は、砂を用いて手作業で研磨したものかもしれず、完成まで何世紀もかかったであろうと彼らはいった。アナは、地元のマヤ人から、このドクロは三六〇〇年前のものだときいたと語った。病を治し、使い方によっては人を呪い殺す力も持っているという。

だが、それらはみな作り話だった。ドクロはどうやらブラジル産の水晶を材料にして、一九世紀にドイツで作られたものらしい。F・A・ミッチェル＝ヘッジズは一九四三年、娘の誕生日プレゼント用に、このドクロをサザビーズのオークションで買い、娘は二〇〇七年に死去するまで、ときおりこのドクロを展示しては観覧料を得ていた。最近の調査では、高速研磨機で作られたという証拠も見つかっている。当初いわれたように、何百年もかけて手作業で磨きあげたわけではないのだ。

しかし、作り物だとわかっても、ドクロは、一九八〇年にアメリカとイギリスで放送された『アーサー・C・クラークのミステリー・ワールド』と題するテレビ番組と、同名の本の目玉に据えられていた。番組も本も、クラーク自身が深くかかわったわけではなく、有名SF作家にして、映画『2001年宇宙の旅』の脚本の共同執筆者でもあるクラークの名前を呼び物にしただけのようだが、それでも『ミステリー・ワールド』の根底に流れるテーマは、クラークの考えや作品世界と近しいものだった。この番組は、第二次世界大戦終了後さかんに語られるようになった「超常現象」の聖典を確立し、不動のものとするうえでひと役買った。UFO、オオウミヘビ、ビッグフット、球電。それにナスカの地上絵や、ストーンヘンジ、バグダッドの電池、コスタリカの巨大な石球といった、「説明のつかない」古代遺跡や技術。ミッチェル゠ヘッジズの水晶ドクロもそのひとつで、本の表紙にも使われ、また番組冒頭の動画にも登場する。

クラークは科学、とりわけ宇宙科学の信奉者だった。静止衛星や宇宙エレベーターといった重要な科学的発想や虚構上の概念も、クラークが言いだしたわけではないにせよ、ごく早い時期から提唱していた。一九五〇年代後半には、ヴェルナー・フォン・ブラウンらの仕事に代表されるように、一般向けの宇宙開発のノンフィクションが一斉に登場したが、そのなかでもクラークの本は、長年にわたる宇宙開発推進論にもとづいたものだった。彼は世界で一番古い宇宙科学団体である〈英国惑星間協会〉の会長も二度務めている。ジョン・クルートとピーター・ニコルズによる『SF百科事典（*Encyclopedia of Science Fiction* 未訳）』には、クラークが「知識と技術的解説の豊富な『ハードSF』の旗手である」と記されているが、同時に「哲学的な、あるいは一歩進んで神秘主義的なテーマにも強く惹かれている」という指摘もある。[1]

一九六〇～七〇年代、現実の宇宙科学がつぎつぎと飛躍的な進歩を遂げ、やがて行きづまりを見せた時代には、SFもまた変貌を遂げた。「ハードな」科学的思弁のなかに神秘的で、時には不気味ですらある要素を混ぜるクラークのような作家は、それまで以上に時代の寵児になっていった。『アーサー・C・クラークのミステリー・ワールド』の「ワールド」はもちろん地球のことだが、まるで別世界のような趣をたたえている。「別世界」のように感じさせる「異化」の過程は、クラークが宇宙ものSFで何度も書きつづったものだった。有名なクラークの「第三の法則」は、「じゅうぶんに発達した科学技術は、魔法と見分けがつかない」というものだが、[2]これは科学と神秘性の領域をつなげて、クルートとニコルズが指摘した矛盾を解決するものでもあった。

クラークの最もよく知られたSFには、宇宙で目的の不明な謎の事物に遭遇し、宇宙には別の、まったく違った生命体がいるらしいことを知るというテーマの作品が多い。遺物は多くの場合、あり得ないほど単純な、幾何学的で原始的な形をしている。『2001年宇宙の旅』の長方形のモノリスしかり、『宇宙のランデヴー』の巨大な円筒しかり。ラーマと名づけられることになるこの円筒の内部には、独自の謎めいた世界が広がっている。どちらも、今は亡き古代の宇宙文明によって作られたもので、地球人を宇宙にいざなうものかもしれないが、そのためには地球人も自己変革が必要なのだ。クルートとニコルズは、クラークの作品に登場するこれらの物体を「大きな沈黙の物体」と呼び、一章をついやして、それらがクラークやほかの作家たちの作品で果たす役割を考察している。

クルートとニコルズの『SF百科事典』の美点は、作家や作品やテーマだけでなく、SF作品が引きおこす影響や、感情や、作用も、項目として収録されているところだ。クラークと、その「大きな沈黙の物体」に関連する項目には「概念の崩壊」と「センス・オブ・ワンダー」がある。ふだん状況把握に用いる知識や前後関係から完全にかけはなれた事柄に出くわしたときの心の動きについて書いたものだ。そのような事象に出会えば、人は世界に対する理解が変わるか、あるいは新しい感じ方をするようになる。

クラークは、彼らしく魔法をしっかり受けとめようとしている。そして、すべてを技術の問題に転換するとまではいかなくても、ある程度の秩序をもたらす。『ミステリー・ワールド』では、取りあげた話題を大きく三つのグループに分けている。第一種のミステリーは、昔はまったくの謎だったが、今では完全に解明されているもの、第二種は、今もまだ解明されてはいないが、現在の科学の枠組みを捨てたり大幅に変えたりしなくても説明がつきそうなもの、そして第三種は、クラークのSFに登場する事物のように現在の世界認識全体をくつがえすような代物だ。[3] ミッチェル＝ヘッジズの水晶ドクロは第二種か、ことによると第三種のように見えたが、けっきょくは第一種であることが判明した。

こういったやり方——外へ、すなわち宇宙へ向かって、新しい物の見方に出会ってから、こんどは内へ向かって地球にもどり、この世界を新しい、謎に満ちた場所にする——は、クラーク作品だけの特徴というわけではない。認識の枠組みの内へ外へと出たり入ったりする方法は、この時期の宇宙科学やSFを特徴づけるアプローチだ。それは西側諸国でも、またソビエト連邦でも（まもなく「旧ソ連」と称されることになるが）おなじように見られるものだった。

時間と空間のオデッセイ

ヴェルナー・フォン・ブラウンは、地球や宇宙に向ける想像力が乏しかった。彼が思いえがき、構築することができたのは、どこまでも一九五五年のアメリカだけであった。未知の状況に出会えばそれを「征服」することしか考えない。征服の方法は、これまでおこなってきた解決策を増強すること。

船団の宇宙船を増やし、それを制作する人間を増員し、それらを可能にする予算を増額する。世界大戦の恐怖は、彼が実際に従軍したものにせよ、小説のなかで起きて恒久平和の礎になるという設定のものにせよ、つねに裏で起こっていて正面から取りあげられることはなく、正式な記述や伝記からは省かれている。彼は、火星での出来事は喜んで語るが、惑星ドーラのことは語ろうとしない。

だがフォン・ブラウンの友人アーサー・C・クラークは、恐怖とはいかないまでも、「奇妙さ」に寄り添うことを好んだ。クラークの想像世界では、フォン・ブラウンが提唱する確実性の代わりに「謎」と、「概念の崩壊」が生じ、「センス・オブ・ワンダー」の感情が生まれる。宇宙開発構想を一般大衆に広めてきた先人たちと違って、クラークにはやや懐疑主義的なところがあった。たとえ人間が地球を離れることができたとしても、太陽系を離れることはまずないと考えていた節があるし、万が一離れるとしたら、人間がそこで見出すものも人間自身も、二〇世紀中盤に存在している人間の姿とはまったくかけ離れたものになると考えていた。

作品のなかでクラークは、謎の事物と遭遇し、それに対応するさまを、きわめて日常的な、家庭的とすらいえる場面とならべて描くことがよくあった。たとえば「前哨（The Sentinel）」という作品がそうだ。これは一九五一年に発表された短編で、のちに『2001年宇宙の旅』の原案の一部になった。この作品では地質学者が朝食を用意している最中に、謎の物体を見つける。それは月の山頂にきらめくふしぎな光で、あまり長いことその光を見つめていたため、彼はソーセージをこがしてしまう。やがて彼はローバーを降りて崖をのぼり、光がきらめいているところにたどり着く。すると「人間の二倍くらいの高さの、だいたいピラミッド形の、光り輝く建造物が一個、巨大な多面体の宝石のように、岩に据えつけられていた」のだ。▼4

この物体は「建物ではなく機械」で、何億年も前からそこにあったものらしい。あまりにも古く、特異で、奇妙なので、地球や月の自然な歴史の一部ではあり得ない。きっと太古の異星人が歩哨を立てたのだと地質学者は考える。異星人は、いずれ地球に知的生命が生まれ、太陽系の最も近い衛星にたどり着く日を待っていたのだ。人間がこの歩哨にいどみかかり、核爆弾で爆破したので、故郷に向かって送られていた信号はとだえてしまった。異星人たちは、別の種族が宇宙飛行の能力と、強烈な破壊力の両方を手に入れたことを知るだろう。クラークの物語はバナールやフォン・ブラウンの考え方とも響きあうところがある。宇宙を平和的に航行する能力は、破滅的な戦争を起こす能力と密接にかかわっているのだ。

能力に関する考察と、何らかの物体があり得ないところで――おかしな場所で、おかしなときに、それを作ったり設置したりできる主体が存在し得ないときに――見つかったために謎が生じるという展開が、クラークの物語の中核をなしている。『2001年宇宙の旅』では、月で見つかる物体は光りかがやく巨大な宝石のようなピラミッドではなく漆黒の石版で、木星に信号を送っていた。木星にはもうひとつのさらに大きな石版があり、人知れず軌道上をめぐっている。これらの物体の特徴は、その尋常ならざる構築法《テクトニクス》にある。どのように作ったのかまったくわからず、いくら観察しても、どのように組み立てたのか、あるいは磨きあげたのかさっぱりわからないのだ。ミッチェル＝ヘッジズの水晶ドクロとおなじく、表面は、不自然なほど完璧になめらかで、削り跡もつぎめも何もない。「何を材料に使うにしろ、地球のテクノロジーが総がかりで取り組んでも、無反応のモノリスさえこんなにすばらしい精度では作れないという事実には、心を粛然とさせるものがあった」[▼5]。このつぎめのない構築法と、単一の質感により、この物体は「単一の石」すなわち「モノリス」と呼ばれるようになる。その正確さと精緻な仕上げを見れば、これを作りあげた文明の技術レベルの高さもうかがえる。

『アーサー・C・クラークのミステリー・ワールド』でも、技術と文化レベルのつながりは、繰りかえし言及される。水晶ドクロが謎だったのは、それが「発見」された場所と時代の文化では、作れるはずがないと、ミッチェル＝ヘッジズら、二〇世紀の考古学者たちが考えたからだ。しかしこの物体を新しい環境に置いてみることで謎は解決した。紀元前一六〇〇年のベリーズの（そして、もしかすると古代アトランティスにもかかわる）遺跡ではなく、一九世紀のドイツの工房という環境に。このドクロが第一種のミステリーだというゆえんである。その物体をすでに存在する別の環境に置いてやることで説明がついたのである。

本とテレビに登場したもうひとつの物体も、おなじような道をたどった。それはコスタリカの巨大な石球だ。「単一の石《モノリス》」でできた巨大な球で、五世紀ごろに作られたものと考えられている。大きさはまちまちで、なかには直径一八〇センチを超え、重さが何十トンにも達するものもあり、それでいながらきわめて正確な球形をしている。欧米の考古学者たちは一九四〇年代にこの石球群を「発見」して研究をはじめ、「だれが、どうやって、なぜ、いつごろ作ったのか▼6」という疑問を呈した。しかし、その問いを生んだのは、差別的で歴史というものを度外視した姿勢だった。入植先の先住民が、あれほど巨大で精緻なものを作る能力など持ちあわせているはずがないという先入観から来たものだったからだ。

これは政治的な背景で、考古学の関与しないところではあった。そのせいで、本来なら石球の表面に削り跡がはっきり残っているか否かという研究とおなじくらい重視されるべきテーマだったのに、まったく顧みられることがなかった。この石球を作った文化は、スペインの征服者《コンキスタドーレス》の手で滅亡に追いこまれた。そして「前哨」でピラミッドを見つけた科学者たちが、最後は核爆弾でそれをこじあけたように、一九三〇年代になってから植民地に流入したユナイテッド・フルーツ社の労働者は、このつぎ目のない石球のいくつかにドリルで穴をあけ、ダイナマイトで破壊した。当時、この石球の中に黄金が詰まっているといううわさや伝説が語られていたからだ。

『ミステリー・ワールド』の編纂中には、まだこの水晶ドクロと石球は、第一種ではなく第二種の謎だと考えられていた。どちらも「説明のつかない謎」に分類されていたのだ。状況が変わって、これらの物体の出どころが別にあるとわかったのは、もっとのちのことだ。だが、この本におさめられているほかの謎は、今もまだ謎のままになっている。〈バグダッドの電池〉はイラクで発見された壺である。なかに銅の筒が固定され、そのなかに鉄の棒が挿入されていて、電流を起こすことが可能だが、一八〇〇年近くも前の遺物なのだ。テレビ番組では、おなじ構造のレプリカに弱酸性の液体であるブドウジュースを注いだところ、〇・五ボルトの電圧を記録した。金属の装飾品に金メッキや銀メッキをほどこすために使われたのではないかと推測する向きが多い。

〈アンティキテラの機械《メカニズム》〉も、この本と番組で取りあげられた遺物だ。これはバグダッドの電池より一〇〇〇年ほど古い時代のもので、連動する歯車から成りたっており、一九〇一年にエーゲ海の難破船から発見された。X線写真とコンピュータ解析によると、これは機械式のアナログ計算機で、太陽と月と惑星の動きを、食まで含めて、たどったり予測したりできるものだという。

〈バグダッドの電池〉と〈アンティキテラの機械〉の構築法は、つぎめのない石球や水晶ドクロとはまったく別物だ。個々の部品を組み立てて現存する形に仕上げ、それによって明確な技術的目的を達成していたのだから。作られた場所と時代を考えると、驚異的で意外なものではあるが。これらの遺物は、『アーサー・C・クラークのミステリー・ワールド』の記述によれば、突如、降ってわいたように現れた特異な技術で、その後、発展の痕跡も後世への影響も何も残さずに消えてしまったという。いったいどこから出てきたのか。もっと好奇心をかきたてるような言い方をするなら、これらの技術と、それを作るために必要だった知識は、いったいどこへ行ってしまったのか？

クラークら『ミステリー・ワールド』の執筆者たちは、やはり「謎の事物」愛好家であるエーリッヒ・フォン・デニケンと同様、こうした遺物があるのは、人間以外の何者か——もしかすると文明が「進んだ」異星人——から教えを受けたおかげではないかと考えていた節がある。フォン・デニケンは一九六八年刊行の『未来の記憶（*Chariots of the Gods?*）』（松谷健二訳、早川書房、一九九七年）のなかで、クラークが『ミステリー・ワールド』で取りあげた謎の多くを一気に解きあかす「大統一理論」のようなものを編みだした。それによると、世界中の古代文明の遺物は、太古の昔、宇宙人がひんぱんに地球をおとずれていた時代があったことを証ししているという。デニケンの説によれば、そのなかにはギザのピラミッドのように、宇宙からの訪問者が建造したものもあった。また、南米ペルーの山腹にきざまれ、空からでなくては全体を見わたすことのできない「ナスカの地上絵」は、宇宙人の指導のもとに作成されたと考えられる。さらに「バグダッドの電池」や「アンティキテラの機械」などは、デニケンによれば、人間が宇宙人からさずかった知識を用いて作ったというのだ。

クラークは『ミステリー・ワールド』で、「アンティキテラの機械」が宇宙人の遺物だとまではいっていないが、それを匂わせるような書き方をしている。

のちに私はこう書くことになる。「（中略）もしギリシャ人が洞察力においてその技術的才能に匹敵するものを持っていたら、産業革命はコロンブスの千年も前に起こっていたことでしょう。現在のわたしたちも、単に月面をうろついたりしてはいなかったでしょう。とっくに、近距離の恒星へ到達していたかもしれません」

そして、わたしはときどき思うのだが、ほかにもひょっとして高度の科学技術の産物が、海洋のどこかにそっと横たわっているかもしれない。アンティキテラの計算機が人類の技能の所産であることには、一点の疑いもないが、かりにもし墜落した宇宙船とか、異星人の工芸品などがどこかにあるかもしれないとすれば、その場所はわれわれの世界の四分の三を占める海洋をおいてほかにはないだろう[7]。

アンティキテラの計算機に秘められた力をそのまま伸ばしていたら、今ごろ人類は、どこか別の文明をおとずれる宇宙人になっていたかもしれない。これらの遺物は、ほんとうに時代や場所とそぐわないものなのだろうか？　もしかするとあれらの遺物はほんとうに、はるかな距離を超えてきた、はるかに文明の進歩した異星人の手助けによって生まれたものかもしれない。あるいは、あれらの遺物が存在すること自体、時間の進み方についての前提をくつがえすものなのかもしれない。いずれにせよ、ふつう歴史家や考古学者が遺物の分析をするときに用いる知識の枠からは完全にはずれている。ここで問うべきは、「どうやって作ったのか？」よりもむしろ「なぜやめてしまったのか？」だろう。肥沃な三日月地帯の人々は、なぜ、どのようにして電池を発明し、装飾品にメッキをほどこす以外の使い方を思いつくことができなかったのだろう？　古代ギリシア人は、天体の動きを表すという特定の目的のために機械式の計算機をひとつこしらえておきながら、なぜつぎの一台を作らず、やがては作り方さえ忘れてしまったのか？　これらの遺物は、時間と場所と技術が直線的に進むという固定観念への異議申し立てでもある。

植民地主義は、そのような固定観念を作りあげ、利用する世界構想《プラネタリー・イマジネーション》だ。植民地主義的な観点では、西欧から遠い文化は「原始的」とレッテルを貼られ、西欧の文化が「進んでいる」とみなされる。そうした場所による分断とならんで、時間による分断もある。植民地主義的な観点に照らすと、考古学でも文化人類学でもＳＦでも、歴史の古い文化のほうが若い文化よりも技術が進んでいるとみなされる。ところが二〇〇〇年前の機械式計算機はそうした枠組みにおさまらない。

アレクサンドル・ボグダーノフやヴェルナー・フォン・ブラウンは、火星を、地球より古い乾ききった惑星で、古代からつづく賢いながらも衰退しつつある社会として描いた。これは、地球の植民地にまつわる時間と場所の観念を太陽系に投影しているということにほかならない。二〇世紀前半のSFでは、地球にくらべて太陽から遠い火星は、古く、進歩していて、なんなら退廃しており、太陽に近い金星は、若くて活力にあふれ、原始的だという描かれ方をしていた。そして地球は、その発展段階の中間あたりにいる。ここでは、人種的偏見や植民地主義も互いを強化しあっているものの、それ以上の何かがある。目的論思想とでも呼んでおこうか。文化や技術の変化は直線的に進み、単純なものから複雑なものへと必然的に発展していくという固定観念があるのだ。この世界観によれば、適切な環境とじゅうぶんな時間があれば、タコは必ず目を獲得するが、それだけではない。道具を使いこなすだけの知性があり、幸運にも災害にあわずに生きのびれば、やがては戦争をし、社会主義を発展させ、宇宙エレベーターを作り出すのだ。

唐突な事象

こうした状況について、一九九〇年代には、SF作家イアン・M・バンクスが、クラークの初期のとらえかたと関連した考えをつづっている。場所や時代にそぐわないものが出現したり起こったりして、その存在が説明できない、あるいは存在する可能性すら説明できないことを、バンクスは「唐突な事象」と呼ぶ。クラークのいう「第三種ミステリー」と同様、自分や、文化全体の世界認識がくつがえされるような謎との出会いだ。そういう出来事があると、「センス・オブ・ワンダー」の感情や「概念の崩壊」が起こるだけでなく、旧来の価値観や、人や文化そのものが時代遅れになり、すたれてしまうこともある。「唐突な事象は、ほとんどの文明がただ一度だけ遭遇するような出来事だ」とバンクスは記す。「出会って、あたかも文章がピリオドに遭遇するようにぷっつり途切れるのだ」。そしてバンクスによれば、唐突な事象の典型的な例が植民地化なのだ。

　唐突な事象の説明としてよくあげるのだが、自分が、地味豊かな、大きな島に住む部族の一員だと想像してほしい。土地をたがやし、車輪や文字などを発明し、隣人と協力しあいながら、あるいは奴隷にして、とにもかくにも平和な生活をいとなんでおり、余剰生産力で自分の神殿を建て、神殿にまつられた祖先たちが夢にも見なかったような、絶対的といってもいいほどの権力と支配力を持ち、ぬれた芝草の上にカヌーをすべらせるがごとく何もかもが順調に運んでいる……そんなとき唐突に、恐ろしげな鉄の塊が、帆も上げず蒸気をたなびかせながら湾に入ってくる。そして長い、おかしな見た目の棒をかついだ男たちが上陸し、今、この島を発見した、お前たちは皇帝の家来だと告げる。男たちは租税とかいう贈り物をよこせとしつこくいい、彼らの神官たちは目をかがやかせながら、こちらの神官と話をしたいといいだす。▼8

　ヨーロッパ人は遠洋航海できる船に乗り、火器と馬をたずさえ、大挙してアメリカ大陸に押しよせた。それとともに、目には見えないがさらに危険なものをもたらした。技術レベルの差だけでも、ヨーロッパ人入植者たちが先住民を征服し、服従させ、奴隷にするにはじゅうぶんだったかもしれないが、侵略者に有利な状況を作ったのは、何よりも複数の伝染病だった。先住の人々は、侵略者が持ちこんだ伝染病に免疫がなかったので、何百万もの人たちが感染して死んだ。技術力の差も人間の戦いのなかでは最大だったが、「新世界」の人々にとって、未知の病原菌の蔓延はそれよりさらに破滅的な事象だった。

現代人にとって最大の「唐突な事象」といえば、なんといっても、異星人の事物や船が突如、太陽系に現れることになるだろう。クラークは、いろいろな形で何度もこのテーマを扱っている。一九六〇年代になると宇宙科学者のあいだで、前世代が思いえがいたような複雑な生態系や技術文明が太陽系に存在するとは考えにくいという合意ができはじめた。衰退しつつある賢い火星人社会もなければ、原生林の沼地に棲息する金星人もいない。フォン・ブラウンやボグダーノフが思いえがいた宇宙の寓話――人類は過去や未来について隣人から学ぶことができる――は、空虚なおとぎ話になってしまった。

もし太陽系の惑星に何かあるとしても、せいぜい単純な微生物か、チェスリー・ボーンステルやカール・セーガンが可能性を語っていたように、火星の凍りついた砂漠に地衣植物のようなものが存在するかもしれないという程度だろう。その後まもなく金星に着陸したソビエト連邦のベネラ探査機や、火星に送りこまれたアメリカのバイキング探査機（双方とも、それ自体が異星人の宇宙船だ）が、どちらの惑星も、人類の知る形での生命を宿せるような場所ではないと確認することになった。現在では、もしも宇宙に知的生命体が存在するとすれば、時間も空間もはるかにへだたったところしかあり得ないということがわかっている。それでもクラークは、人間が知らないうちに、そしてへたをすれば知り得ないまま、異星人がはるかかなたから遠い昔におとずれていたかもしれないという物語を書いた。「古代の異星人」ものの最初の一編である「前哨」は、同名の短編集におさめられて一九八三年に出版された。また、一九五三年に発表された短編「木星第5衛星」（『明日にとどく』山高昭訳、早川書房、一九八六年所収）も、『2001年宇宙の旅』のベースのひとつになっている。これは木星の内側の衛星のひとつであるアマルテアが実は巨大な異星人の宇宙船で、はるか昔に放棄されたものであり、その文明は火星にも足跡を残していたという物語。ところでこの宇宙船を発見する飛行士たちが乗り組んでいるのは、アーノルド・トインビー号という宇宙船だ。トインビーは実在のイギリスの歴史哲学者で、数多くの研究分野のひとつには、J・D・バナールも関心を向けていた心と体の関係があった。

一九八〇年代ごろから、主にアメリカ東海岸の都市で、正体不明のストリートアーティストが道路のアスファルトにタイルを埋めこむという出来事がたびたび発生した。タイルには型染めの文字でつぎのようなメッセージがつづられていた。「映画2001年、トインビーの思想、木星にて死者をよみがえらせよ」。このタイル自体が謎の事物だが、メッセージは、歴史の決定論や、クラークの「木星第5衛星」、および『2001年宇宙の旅』、さらには人間を超えた存在の作る未来や、ロシア宇宙主義への批評まで想起させ、意味が完全に明白ではないものの、刺激的だ。

クラークの『宇宙のランデヴー（*Rendezvous with Rama*）』もまた、刺激的な作品だ。この物語は異星の宇宙船——直径数マイルもある巨大な、しかしこれといった特徴のない、自転する円筒——が太陽系内に文字どおり出現するところからはじまる。主人公たちはなんとかこの物体を理解しようと、さまざまな角度から探索を試みるが、ラーマと名づけられたこの宇宙船は、いくら探索しても謎が解けない。地球にある〈宇宙監視システム〉は当初、このラーマを地球に向かってくる小惑星と誤認した。水星に入植している水星人は、ラーマが太陽系内の人間社会を服従させ、植民地化しようとしているのだと思いこみ、ラーマが太陽の周回軌道に乗る前に破壊しようと、核ミサイルを発射する。宗教団体〈宇宙飛行士キリスト第五教会〉は、ラーマが信心深い者を救済するためにつかわされた方舟だと唱える。▼9

しかしラーマはそうしたもろもろのことに少しも左右されない。沈黙したまま秘密を守りつづけるが、太陽に近づくにつれて多彩な活動を見せはじめる。そして人間の調査隊が退去したあと、太陽の重力を利用した「スイングバイ」をおこなって太陽系から遠ざかる。ひょっとすると銀河系からも飛び出してつぎの目的地へ向かうのかもしれない。その推進力は、既知の物理法則に反しているように見える。

クラークが一九七五年に発表した長編『地球帝国（*Imperial Earth*）』では、土星の衛星タイタンで、クローンによる生命の継承がおこなわれる。アメリカ合衆国の建国二〇〇年に合わせて出版されたこの本は、タイタンに住む実業家マッケンジー一族の三代目が、地球をおとずれる物語だ。クローン技術でマッケンジー家の三代目として生まれたダンカンは、二二七六年、アメリカ合衆国の建国五〇〇年を祝うため、地球におもむくことになる。それと同時にライバルや昔の恋人との因縁にケリをつけ、また、王朝を引きついでいくため自分のクローンも作らねばならない。▼10

『地球帝国』の地球は、タイタンからの訪問者には、まったくの目新しい世界だが、読者にとっても見知らぬ世界だ。『アーサー・C・クラークのミステリー・ワールド』とおなじように、クラークは、彼のメインテーマでもある「センス・オブ・ワンダー」を、宇宙ではなく地球に舞台を移して描いている。主人公ダンカンのかつての恋人は、地球でエンタテインメント会社の副社長をしている。独自で意外性のある催し物を提供するその会社〈エニグマ〉のモットーは「驚きをあなたに」。そのモットーに沿って、彼女は、ダンカンを、目的地不明のミステリーツアーに連れだす。一行の飛行機が着陸したのは、うっそうとした森のなかの空き地。テントをはっていると奇妙な鳴き声がきこえ、ガイドは、けっしてひとりで森に入らないようにと警告する。

ここはボルネオか？　はたまたコンゴか？　いや、ここはポストコロニアル世界の原野、セントラルパークだということが翌日判明する。地球はどんどん人口が減り、ニューヨークのような都市は人がいなくなって、自然に返りつつある。今も残る高層ビルはエンパイアステートビルぐらい。人々はそれを見て、この場所がニューヨークであることに気づく。〈エニグマ〉のガイドは、新たな原野を取りこみつつあるこの都市のツアーに一行を連れだす。動物園では、絶滅した動物を再生する試みがおこなわれ、ジャイアント・ウルフや小型のゾウなどの動物を飼育している。ツアー参加者は、この小型のゾウやポニーに乗る体験も味わうことができる。街で目にするのは〈マウント・ロックフェラー〉。テラスつきの神殿のような建物で、取りこわされた建物のがれきを積みあげて作られたものだ。今では青々とした植物におおわれて、さながら空中庭園のようになっている。そのあと一行は〈ウェストサイド・ハイウェー〉に沿って南へ向かう。これは現在のハイライン・パークの跡地にできたものだ（ニューヨークのエピソードは米国版にのみ所収。日本語版は英国版準拠）。最後に待ちうけるハイライトは、海底から引きあげられたばかりのタイタニック号。ここで一行は昼食をとる。

クラークは、タイタニック号に強く惹かれていて、いくつかの作品にこの沈没した豪華客船を登場させている。タイタニック号は、アンティキテラの機械と同様、先進技術の粋を集めたものだったが、今は人知れず海底に横たわっている。とはいえ、タイタニック号がクラークにとってどんな意味を持っていたのかは、推測しがたい。クラークの伝記を書いたゲーリー・ウェストファールは、タイタニックをこわれた機械のイメージに重ねている。どれほど注意深く設計し、製作した機械も、やはり魔法ではない。永遠に動きつづけることはないし、なかには処女航海で予期せぬ問題――氷山――にぶちあたって、目的地に到着することなく終わるものすらある。クラークは生涯にわたって海や船にも情熱を注ぎ、自身もダイバーだった。彼の父親は船乗りではなかったようだが、一九六三年の小説『グライド・パス（着陸降下進路 *Glide Path* 未訳）』では、主人公が、ダンケルクの退却作戦で父の船が沈んだことをずっと忘れられずにいるさまが描かれる。

タイタニックのような謎を秘めた事物に、クラークがどのような複雑な感情や象徴性を感じていたのかは計り知れないが、彼のもうひとつのテーマに通じていることはたしかである。宇宙進出と地上の生活の進歩を唱えた先人たちは、「外」へ向かうことを提唱し、人類は地球上にも宇宙にもできるかぎり広範囲に広がるべきだと説いていた。一方クラークの興味は「内」へ向かい、すでに目の前にある謎を深く掘りさげたいという強い思いを抱いていたように見える。どんな世界も、より深く見つめたほうが、謎が深まる。クラーク自身もそして彼の小説の主人公も、海にダイブし、世界に深く突っこんでいく。『地球帝国』の主人公は、かつての恋人でエニグマ社の副社長である女性と、海底三〇〇〇メートルから引きあげられたタイタニック号の上で久しぶりに顔を合わせる。そして最後に会うのはマンハッタンにある彼女のアパートで、それは地下十数階に設けられている。『地球帝国』の人物たちも、内へ内へと沈潜し、彼らの「ミステリー・ワールド」を掘りさげていく。

ヴニェであること

アーサー・C・クラークが一九六〇年代、七〇年代に宇宙の謎から地球の謎を描くことにシフトしはじめたころ、ソビエト連邦でも力のあるSF作家たちが似たような動きをしていた。西欧とソ連で、視線が内向きに変わったということは、人間が宇宙に広がるべきだという前時代の構想に対する、時に暗黙の、時に明確な批判であった。ソ連の新進の作家たちのなかでも特に象徴的な存在だったのが、ストルガツキー兄弟――ボリスとアルカジイ――だ。ふたりは一九五〇年代から八〇年代にかけて数々の作品を共作した。初期の作品には、クラークの「木星第5衛星」とおなじく木星の衛星アマルテアの近辺を舞台にしたものがあるし、ほかにもこの両者の作品には興味深い共通点がいくつかある。

一九六八年に公開された『2001年宇宙の旅』の映画はスタンリー・キューブリックとアーサー・C・クラークが共同で書きあげた脚本にもとづいて、キューブリックが監督したものだ。この作品は、よくスタニスワフ・レムのSF小説を原作にして、ソ連の映画監督アンドレイ・タルコフスキーが一九七二年に監督した『ソラリス』と並べて語られる。どちらも宇宙ステーションや謎を秘めた惑星をおとずれる話である点はたしかに共通している。しかしタルコフスキー監督のもうひとつの映画、一九七九年に公開された『ストーカー』のほうが、比較対象としては適切かもしれない。こちらはストルガツキー兄弟が自身の中編小説『路傍のピクニック（*Roadside Picnic*）』（邦題『ストーカー』）を原作にして脚本を書き、タルコフスキーが監督した映画だ。

ストルガツキー兄弟の作品で、後述する『ストーカー』以外に最もよく知られた作品には〈ヌーン・ユニバース〉という未来世界を描いた作品群がある。小説が九冊と、〈ヌーン〉という呼称のもとになった『ヌーン——二二世紀（*Noon: 22nd Century* 未訳）』という短編集が一冊あり、共産主義が世界中に広まったユートピアを出発点とする歴史的発展の物語を描いている。初期の〈ヌーン〉シリーズでは光速より速く宇宙旅行ができて、主人公たちはほかの太陽系までおとずれているが、それでも地球以外の場所に知的生命体が現存するという確証は得られない。[11] 人間より高度な能力を持つ種族が残したとおぼしき遺物は見つかったものの、放棄されたのは何百万年も、へたをすれば何億年も昔のことらしい。これら初期の作品では、ほかの知的生命体が隠れているかもしれないという手がかりが見つかったり、発展の初期段階にある種族が見つかったりしても、人間たちは観察に徹し、不干渉主義をつらぬく。

これは『スター・トレック』シリーズの有名な「最優先指令」——〈宇宙艦隊〉に所属する「進んだ」文明が、ほかの星の文明の発展に干渉してはならないとする規則——に、二、三年先立つものだった。アイディア自体は、当時進行中だった冷戦の外交政策に関する議論や緊張を反映したものだ。ロシア革命達成後の一九二四年、ヨシフ・スターリンは、他国に干渉しない「一国社会主義」を推しすすめることを宣言した。これは一九二〇年代初頭にヨーロッパでのマルクス主義革命がつぎつぎと失敗したことを受けてのものであった。そうした失敗で明らかになったのは、「永続的革命」を促進すれば全世界で早々に共産主義を実現できるという、革命初期に優勢だった理論に、限界が見えてきたということだった。ストルガツキー兄弟が〈ヌーン・ユニバース〉というユートピアの出発点として使ったのは、この全地球的共産主義が実現された世界だったのだ。一九六〇年代には、アメリカがベトナム戦争を戦っていた。そんななか、他国の文化に干渉しないという価値観を再構築することが、ここではアメリカの外交政策に対する批判として用いられた[12]。

こうした距離の取り方は、外交政策やSFだけでなく、ソビエト連邦のほかの場面でも見うけられた。文化人類学者のアレクセイ・ユルチャクは、二〇一三年に出版した『最後のソ連世代——ブレジネフからペレストロイカまで（*Everything Was Forever, until It Was No More*）』で一九六〇年代、七〇年代、八〇年代のソ連文化について書いている。ユルチャクは、この時代を体験した人たちの記憶をたどり、日常生活が徐々に一定のパターンに陥っていったさまに興味を持った。それでいて、一九九一年、ソビエト連邦という国家とともに日常が終わりを告げたとき、この崩壊を実際に体験した人たちには、ほとんど驚きがなかったように見えた。ユルチャクは、永遠につづくように見えながら、その実、崩壊の瀬戸際にあるという相反する状態に、人々がどう折り合いをつけていたのか、その方法をいくつか見つけ出す。

著者が立ちもどるひとつの概念に「超越《ヴニェ》」がある。彼が話をきいた人たちが、当時の心境をいいあらわそうとして使った言葉だ。彼は「ヴニェ」をこう説明する。「ヴニェは通常『外』と翻訳される。しかしこの言葉の意味は、実際に使われた多くのケースで、むしろ内と外に同時にいるというニュアンスに近い——たとえばある状況のなかにいながらそのことは気に留めず、自分が別の場所にいると想像したり、あるいは自分自身のなかに沈潜していたりするようなケースだ」[13]

ヴニェは、「反語的な超越」のようなものだといえる。何かに入りこんでいながら、同時に文字どおり、それを乗りこえて超然としていること。スター・トレックとヌーンというふたつの平行世界の不干渉政策に取りいれられているヴニェは、一種の最優先指令だ。ある文化にとって、破壊的な力を持つ事件――異星人の宇宙船が飛来するとか、ベルリンで国境の壁が崩壊するとか――が起きたとき、ヴニェは対処メカニズムの働きをする。唐突な事象をふせぐことはできなくても、その状況から一歩離れていることで対処するのだ。

『ストーカー』では、ストルガツキー兄弟は異星人とのコンタクトを描いているが、それは宇宙船が現れるというような単純なものではまったくない。突然、世界のいくつかの地域が、非常に奇妙で危険な性質を持つようになるのだ。〈ゾーン〉と呼ばれるようになったそれらの地帯には、不可解なエネルギーや事物が唐突に出現し、ゾーンをかかえる国々は、その力と危険性に対し、及び腰で二種類の対処法を取る。

ひとつめは、科学者がゾーンを外から調査するというもの。時には正式に認定された方法でゾーンのなかに入り、事物を持ちかえって、より詳細な研究をおこなうこともある。その結果、無限のエネルギーや永久機関のような、どう見てもふつうではない品物が、ゆっくりと日常のなかに組みこまれていく。こうして科学的、経済的に正当な手段で異星人の残した事物を手に入れ、その利用によって報酬が得られる場合もあるせいで、ふたつめの対処法が生じる。それは非合法な裏世界で、科学者とおなじことをするというものだ。自前でゾーンでのふるまい方を身につけた密猟者《ストーカー》たちは、知識や、いいつたえや、手書きの地図を融通しあって、ゾーンにもぐりこむ。ストーカーは、依頼人にたのまれてゾーンから事物を持ちかえり、依頼人はそれを闇市で売ったり、ひどいときは武器として使ったりする。カナダの小さな架空の町のはずれにあるゾーンの中心部には、ストーカーのいいつたえによれば、たどり着いた者に絶対的な力を授け、その人が心の奥底で願っていることをかなえる場があるという。[14]

やがてこの場所をさがしあてることが物語の鍵となり、小説版では、そこにクラーク作品でおなじみの「大きな沈黙の物体」――〈黄金の玉〉――がある（映画では単に〈部屋〉と呼ばれる屋内の空間である）。だがその周辺ではさらに奇妙な現象が起きていた。死者が実際によみがえってゾーンのはずれの墓場からはいだし、家に帰って、家族からむかえられたりしているのだ。脳みそを食うゾンビではなく、むしろ脳に障害を負った認知症患者のような死者たち。新しいこと、以前と違うことがまったく受けいれられず、記憶にあることや、昔どおりの暮らし方をなぞることで安心する。

小説版では、ゾーンを研究する科学者たちは、よみがえる死者よりも、因果関係をくつがえすような謎に気を取られている。科学者のひとりワレンチンは、酒をあおりながら、ゾンビなどたいして驚くにはあたらないといってのける。「たしかにあれも不可解ではある。だが、ただそれだけのことだ。そう、なんと言ったらいいだろう……つまり、想像を絶するなんてものではない」。ゾンビは単に第二種の謎だとワレンチンはいう。「ある意味でわれわれは穴居人だ――恐ろしいものと言えば、幽霊や吸血鬼しか想いうかばんのだ。ところが、因果関係の原則がくずれるほうがはるかに恐ろしいのだ。幽霊を全部束にし……怪物を全部集めたよりもだ」[15]

ここでワレンチンが指しているのは移民、すなわち〈来訪〉があった瞬間にゾーンの近くに住んでいた人々のことだ。〈来訪〉を生きのびた彼らが町を離れて移住すると、新しい土地に災いをもたらしてしまうらしい。彼らの出会った人たちが思いがけない死に方をしたり、町が自然災害にやられたりする頻度が不可解なほど上昇することに統計家たちが気づきはじめる。ゾーンのなかの何かが、その地域に住む人々を引きとめようとしているらしく、そのために確率の法則までねじ曲げている可能性があるのだ。これは第三種の謎である。

映画の『ストーカー』も、ストルガツキー兄弟が脚本にたずさわっていて、こちらは謎についての会話で幕をあける。「作家」と呼ばれる人物が女性の友人に、自分がゾーンをおとずれるわけを説明しているのだが、それがまるで『アーサー・C・クラークのミステリー・ワールド』で扱っている話題を列挙している（そして経験にのっとって反論している）ように読める。「この世界は退屈でやりきれん。テレパシーも、幽霊も、UFOもない。そんなものはありっこない。変えようのない法則が支配してるから、耐えられないほどつまらないんだ。残念ながら、この法則はくつがえせない」。すると女性が反論する。「じゃあバミューダ・トライアングルは？　あれもあり得ないっていうわけ？」[16]

小説の『ストーカー』では、ゾーンの謎めいたエネルギーや事物は、実際に力を及ぼして、人を殺し、障害を負わせ、人生を破壊し、時にはよい変化を起こしさえする。いっぽう映画版では謎のありようは、はるかに曖昧模糊としている。ゾーンをおとずれる一日のあいだに、ストーカーと作家と教授は、現存する科学の枠組みで説明できないようなことには、ほとんど出会わない。どこからともなく声がきこえたような気がし、一行は道に迷い、ひとけのない建物のなかで電話が鳴り、受話器を取るときおぼえのある声が答える。どこからともなく鳥が一羽飛んできて、また消えてしまう。この映画の〈センス・オブ・ワンダー〉は、探検者が、探索する空間に向かって放つ強烈な集中力から生じている。タルコフスキーはその空間の肌ざわりを、何かが起こるのをひたすら待ち受けるような、奥行きのある長回しで撮影する。そしてついに動きが生じたとき――風が草むらをそよがせ、迷い犬が現れ、にわか雨で〈部屋〉の水たまりに映る光がゆらぐとき――その効果は〈モノリス〉や〈機械〉や〈電池〉と同様に神秘的だ。

映画版でも小説版でも、『ストーカー』では、見知らぬものになった世界を再訪し、深く探索するさまが描かれており、標準化された注意を宇宙全体に幅広く向けるやり方との対比が鮮明である。死者の復活が混乱を生むという作中のエピソードともあいまって、ニコライ・フョードロフやコンスタンティン・ツィオルコフスキーの宇宙主義者《コスミスト》的行動計画に対する、明確で筋の通った批判になっている。コスミストの唱える、征服、テラフォーミング、すべての死者の復活と永遠の生という倫理観と違って、ストルガツキー兄弟のような後年のソ連作家は、限界や相違を受けいれ、意識的に〈ヴニェ〉を、つまり一歩距離を置いて他者の生活への介入をひかえるという態度を保っている。ツィオルコフスキーは宇宙も地球も標準化し、人間が最低限の生活をするのに適した場所にすることを思いえがいていたが、クラークやストルガツキー兄弟やタルコフスキーは、謎を深め、地球を手つかずの自然におおわれた世界にもどし、宇宙をふたたび神秘の世界にしようとしていた。またボグダーノフの火星の物語――火星人と地球人の主人公が、火星上層部の地球侵略の野望に反論してやめさせようとするもの――も、〈ヴニェ〉精神にもとづいた最優先指令の話だといえる。この物語はまた、初期のコスミズムにつきものの自明の運命説《マニフェスト・デスティニィ》が、どちらにも転びうるということを示してもいる。ツィオルコフスキーは、エッセイ『汎心論、あるいはすべてのものは感覚をもつ』のなかで人間が宇宙に植民する未来についてこう書いている。「不完全な星は一掃され、地球の住民に取って代わられる」[17]。一方、ストルガツキー兄弟やアーサー・C・クラークは、ボグダーノフと同様、植民というものに不安を抱いている。だれかほかの者たちが、地球に対しておなじ結論に達したらどうなるのかと。

ここでは、〈ヴニェ〉であることは単なる不干渉の倫理以上のものだ。この〈ヴニェ〉が根ざしているのは、ちょっと斜にかまえた無関心などではなく、徹底して相手に細心の注意を払うことなのだ。彼らの物語のなかでは、最優先指令を他者に適用して、相手も人間に対しておなじようにふるまってくれることを期待している。これまでに書かれた最も影響力のあるSFにH・G・ウェルズの『宇宙戦争』があるが、おそらくそのなかで最も恐ろしい一文は、「細心の注意」の逆を行くこちらの一節だろう。ボグダーノフとフォン・ブラウンにはおなじみだと思われる「火星からの侵略者」について語る冒頭の段落で、ウェルズは火星人をこんなふうに描写している。「人間との頭脳の差が、人間と獣との頭脳の差ほどもあり、きわめて高度で、明晰かつ冷酷な知性を持つ生物」▼18。ウェルズの火星人は、厳格なコスミストだ。自分たちよりも発達の「遅れた」生命体に対して非情であり、それゆえに人類を皆殺しにして地球を乗っ取ろうと試みることができた。しかしこの非情さが、人間よりさらに単純な細菌や微生物を見すごすことにもつながり、そのせいで火星人はほろびてしまう。火星人に細心の注意や配慮があったなら、彼らはヴニェな態度を取って地球には干渉せずにいただろうし、自分たちの存在をおびやかすような細菌にも出くわさずにすんだだろう。

奇妙なことに、ツィオルコフスキーはこまやかな注意力を持ちあわせていたせいで、宇宙を人間に合わせて統一する必要があるという結論に至っていた。『汎心論、あるいはすべてのものは感覚をもつ』のなかでツィオルコフスキーは、宇宙のすべての原子には知覚し、反応する能力があり、望みすら抱くことができるとはっきり述べている。だから原子にとって最高の、最も満足のゆくことは、思考する知性体の一部になることで、今知られている最高の知性体は人間であるから、全宇宙を人間に適したものに変革することは、高貴で、思いやりがあり、精神の解放につながるものだ、と。

ツィオルコフスキーは宇宙を人間に合わせて改造しようとしたが、ストルガツキー兄弟とクラークは、古典的なコスミズムへの批判のような作品のなかで、人間のほうが変わることを提案した。ストルガツキー兄弟の連作短編集『ヌーン』には、人間と宇宙の相互の変化、というか、相互の適応ともいえるものが描かれている。そのことは、つながりあう短編のタイトルを見ても察しがつく。「だいたいおなじ」、「帰郷」、「便利な惑星」、そしてラストを飾るのが「あなたの未来の姿」。その短編と、別の短編中のいくつかの記述に、人間の未来の姿がうかがえる。そこでは人々が、宇宙でも自分の家にいるときとおなじように暮らしている。ある登場人物は、パートナーにこう語る。「万能の人間は、宇宙でも、わたしたちがこの部屋でくつろぐように暮らしていく」▼19

小説版『ストーカー』の原題「路傍のピクニック」は、作中のワレンチン博士が酒をあおりながら繰りだす推論にもとづいている。彼はゾーンが異星人の来訪の結果できたものだと考えている。しかしその来訪の目的は侵略ではないし、挨拶でも情報交換でもない。彼はこんなたとえ話をする。路傍のピクニックを想像してごらん。ただし旅人たちが足を止めた野原に住んでいる動物や虫の視点で。動物たちには、異星人の車が乗り物だとはわからないかもしれない。だったら獣たちは、ここで出くわしたものをどう解釈するのか？　彼らにとってこの「来訪」は、いくつかの効果や現象の連なりでしかない。耳をつんざく音、野原がへこむような重たいもの、いやな臭いのガス。活動もあるだろう。ラジオから音楽が流れ、食べ物が消費され、耳なれぬ音で会話が交わされるかもしれない。それが終わったあとに何が残るか。「役に立たなくなった点火プラグやオイルフィルターがほうり投げてある。切れた電球やぼろ布、だれかがなくしたモンキーレンチが転がっている。……そう、きみにも覚えがあるだろう。りんごの芯、キャンデーの包み紙、缶詰の空き缶、空の瓶、だれかのハンカチ、ペンナイフ、引き裂いた古新聞、小銭、別の原っぱから摘んできた、しおれた花……」▼20

これらの異星人は、ウェルズの火星人なみに高度で明晰だが、悪意があるとか非情だというよりさらに悪い。彼らは注意を払っていないのだ。「ということは、連中はわれわれに気づいてさえいなかった、そういうことですね？」。ワレンチンがいっしょに飲んでいる相手が詰めよる。異星人たちは、地球を征服しにきたわけではないし、何かを実行せよという最優先指令に従っていたわけでもない。かといってユルチャクが使ったような意味でのヴニェ（超越）でもなく、単に人間の存在を知らず、自分たちが残してきたもののせいで何が起ころうとも気にしていないのだ。彼らは気楽に宇宙を旅しており、何もかもがいいかげんだ。ゾーンで見つかるのは、どれも時代や場所とそぐわない事物ばかりだが、それらは要するに、宇宙人が散らかしていったゴミなのだ。

小説の主人公はレッドと呼ばれるストーカーだ。ラストシーンは、ストルガツキー兄弟の作品中でも、最も複雑で暗澹たる、古典的コスミズムへの批判だろう。レッドは最後にもう一度ゾーンに侵入し、伝説の〈黄金の玉〉を見つけようとするが、「じゅうぶんに発達した科学技術は、魔法と見分けがつかない」というクラークの言葉に当てはまるこの玉すらも、宇宙人が捨てていったゴミにすぎない。「ひょっとしたら、巨大なポケットかなにかから転がり落ちるか、巨人かなにかがゲームをしているとき見失ってしまって、転がりこんできたのかもしれない。それは前からここにあったものではない。あの〈空き缶〉や〈ブレスレット〉や〈電池〉や、その他諸々の屑とおなじように、来訪が置き忘れていって、長い間ここに転がっていたのだ」[21]

レッドは、かつてのストーカー仲間でライバルでもあった男の息子、アーサーをゾーンに連れてきていた。アーサーは、顔立ちがととのっていて、人間的な魅力があり、無垢な知性をそなえている。彼の父親が、かつて胸の奥に秘めていた望みを「黄金の玉」にかなえてもらった成果なのではないかとレッドは推測する。レッド自身の娘は、ゾーンの及ぼす別の力に呪われていた。ストーカーの子どもは遺伝子障害を負うことが多く、そのせいで成長するにつれ知能がおとろえていくのだ。レッドには、知っていながらアーサーに教えていないことがあった。ゾーンの最奥部まで行くと、〈肉挽き機〉の名でストーカーに知られる箇所を最初に通った人間が無残な死に方をし、あとにつづく者たちが、無事に〈黄金の玉〉までたどり着けるようになるのだ。アーサーは、レッドを押しのけ〈玉〉に向かって走りだす。踊ったり、叫んだりしながら、胸の奥に秘めていたコスミスト的な願いを唱えている。「すべてのものに幸福をわけてやるぞ……無料だ、タダだ！……ほしいだけ幸せを摑め！……みんなここへ集まってこい！……たっぷりあるぞ！……だれも不幸のまま帰らない！……無料だ！……幸福だ！……タダだぞ……」（『ストーカー』二六八頁）

まるでコスミストの「共同事業」の根底にある理想主義的なあこがれ――無限の宇宙空間に広がる人間の不滅の生命と豊かさ――をパロディ化したようなせりふで、レッドがこの理想主義を利用するさまは、この一節を一刀両断にするかのようだ。「肉挽き機」は、粛々とおのれの仕事を果たす。だがレッドは、自分が〈黄金の玉〉に近づく機会をものにして、人生の苦悩――仕事や、苦労や、今までに直面した死――を思いかえすと、アーサーが死ぬ前に唱えた願いを繰りかえすしか、すべがなかった。

宇宙とその他の海

バナールとボグダーノフと同様、クラークとストルガツキー兄弟も、作品には似たところがあるものの、その大半が出版されるまで互いの仕事のことは知らなかっただろうと思われる。どちらの作家も、作品が相手の言語で幅広く紹介されるようになったのは、ようやく一九七〇年代後半から八〇年代はじめになってからのことだった。したがって、作品テーマの関連性は、直接のつながりというよりは、共鳴の織りなすものだった。ソビエト連邦では、SF作家が作品を発表するのに一般的な場は、雑誌『テクニカ・モロデジ（若者の科学）』だった。クラーク作品の初のロシア語翻訳版も、ストルガツキー兄弟が最初に書いた作品も、まずはこの雑誌に掲載された。『テクニカ・モロデジ』は、西側でいえば『ポピュラーサイエンス』誌、『ポピュラーメカニクス』誌、『オムニ』などにあたる雑誌で、S

Ｆや科学に興味のある幅広い年齢の人たちが購読していた。科学、技術のニュースとフィクションの両方を扱っていたが、フィクションのほうは、科学の進歩の結果こんな未来が来るかもしれないという、思弁的な作品が多めだった。一九五〇年代、六〇年代、七〇年代によく取りあげられたのが、生存に適さない環境を開発するというテーマだ。宇宙にかぎらず、地球の極地や砂漠や海も、よく登場した。大衆文化のなかでは、西欧であれソビエト連邦であれ、外へ拡大する気運と内を掘りさげる意欲がからみあい、テクノロジーでつながっていた。

　アメリカとイギリスでは、『ミステリー・ワールド』のほかにも、こうしたテーマを探求する番組があった。やはり本が同時に出版されている番組がほかにふたつあり、まるで三部作のようにして、地球の現在とはるかな過去と遠い未来を、じっくりと幅広く探訪した。それがカール・セーガンの『コスモス』（一九八〇年）と、ジャック・クストーによる『クストーの海底世界』（一九六六～一九七六年）で、どちらも『アーサー・C・クラークのミステリー・ワールド』をいくつかの点で補完していた。セーガンの本は「宇宙《コスモス》は、昔も今も将来も『存在するもの』のすべてである」という、名せりふではじまる。セーガンは「Cosmos」の最初の文字を終始大文字で書いており、ロシアのコスミストと同様の使い方をしているように思われる。[22]

　デザイナーで建築学者のニコラス・デ・モンショーは、「宇宙」を意味するふたつの語「コスモス」と「スペース」の決定的な違いを指摘している。「スペース」が空っぽで何もない空間を指すのに対して、「コスモス」は秩序ある体系が満ちて、横溢しており、地球を含むあらゆるものを包摂しているのだ。デ・モンショーはまた、ロシア語にはもともと宇宙飛行士《アストロノート》にあたる、「星への航海士」という意味の言葉が存在しているにもかかわらず、宇宙飛行士のことを「コスモノート」と呼ぶようになったことに注目している。[23]

しかし、何よりもセーガンとクストーとクラークの作品を結びつけるのは、海のイメージだ。セーガンは、テレビシリーズの幕開けと書籍版『コスモス』の第三段落で海のテーマを語り、そのあとも繰りかえしこのイメージに立ちもどる。書籍版のそれは、本書の第2章で引用したテレビのナレーションを少し変えたものだ。

> 地球の表面は、宇宙という大洋の浜辺である。その浜辺から、私たちは、いま知っていることのほとんどを学んだ。そして、最近、私たちは、ほんのわずかだが、その大洋に足を踏み入れた。くるぶしまでぬれているかもしれない。水は、私たちを誘っているかのように思われる。大洋は私たちを呼んでいる。私たちはからだのどこかで知っている。私たちはその大洋からやってきたということを。私たちは、帰りたがっているのだ。[24]

クストーも一九六〇年の『タイム』誌のインタビューで、似たような感覚について語っている。「人間は、生まれたときから重力の重みを背負っています。地上につなぎとめられていますから。しかし地上を離れて海にもぐれば、そこでは自由でいられます」。そして、一九六六年九月に放送された『クストーの海底世界』第一回の幕開けのナレーションは、外から内へと視線を向けなおすことを謳《うた》っていた。「摩訶不思議な音と光景が、内なる宇宙への冒険の扉をひらきます」[25]。二年後にアメリカで放送されたABCテレビ版では、人気番組『トワイライトゾーン』の脚本と出演で有名だったロッド・サーリングが、この冒頭のナレーションを担当している。

『クストーの海底世界』では、海底を神秘の世界として、あるいは、それ自体ひとつの宇宙として描いている。番組第一回では、大陸棚《コンシェルフ》ステーション計画を取りあげていた。深海の大陸棚に築いた居住ステーションで人間がどのように生活し、働くことができるかという研究だ。元来、この実験には石油会社が資金を提供していた。長期にわたる海底生活が、海底資源の採掘につながるかどうかを評価するための試みだったのだ。しかしクストーは、のちにコンシェルフステーション計画から手を引き、みずからの団体で海底世界の探検と保護を呼びかけるようになる。海を単に天然資源の採掘場所と見なす人々の手助けをするより、そのほうがよかった。

その意味でクストーもまた、一種の反コスミストだ。海の神秘を深く愛するがゆえに、それを人間の必要性のために作りかえる手助けはしたくないと考えたのだ。『クストーの海底世界』には、アーサー・C・クラークが好んだような謎も登場する。ボリビアとペルーの両国にまたがるチチカカ湖を探検した際には、水中考古学にも話が及んだ。ここはインカ帝国発祥の地と考えられ、ことによると、伝説の黄金郷《エルドラド》ともかかわりがあるかもしれない、とサーリングのナレーションは語る。「地球上に、人間の探査が及んでいない場所はごくわずかですが、この湖底の聖地はそのひとつです。湖底に眠る手つかずの遺跡からは、さまざまな伝説が生まれてきました」▼26。しかし、この放送回で最大のセンス・オブ・ワンダーを生むのは、自然の謎だった。クストーとそのチームは、遺跡よりも肺呼吸する能力をうしなったカエル、チチカカミズガエルに魅了される。両棲類からまた水棲生物にもどったカエルである。

ナレーションを担当したサーリングは、一九七三年にアメリカで放送されたテレビドキュメンタリー『古代の宇宙飛行士をさがして』でもナレーターを務めていた。古代に宇宙人がおとずれていたというエーリッヒ・フォン・デニケンの本『未来の記憶』をもとに制作された番組だ。冒頭では〈バグダッドの電池〉も紹介され、この電池の技術が「何千年も前に人類に示された」ことがほのめかされている。別の箇所ではサーリングのナレーションは、デニケンの論理の道筋に視聴者をいざなうように、有史以前の人間の文化はすべて「古代の宇宙飛行士の集落」の名残りなのだろうかといきなり問いかける。クラークはミステリーを三種類に分けるという枠組みを作ることによって、断言することを避けたが、デニケンはあらかじめ答えを用意していた。植民地主義的な、時間と空間の序列構造に当てはめた論理だ。あとは証拠らしきものをあとづけすればいい。[27]

デニケンの仕事の信頼性は、爾来、着実に、そして大幅に切りくずされているが、『古代の宇宙飛行士をさがして』ではヴェルナー・フォン・ブラウンとカール・セーガンの出演をあおいで、信頼度を上げようと努めている。フォン・ブラウンは、このわずか四年後に膵臓ガンで死去するのだが、番組では、宇宙の長大な時間のスケールと、人間が星々に向けて電波を送り、また受信する技術を発達させてからのごくわずかな時間について語っている。セーガンは、異星人が過去に地球をおとずれたというアイディアについては「わくわくする」と評しながらも、その可能性については「きちんとした証拠はひとかけらもない」と断じている。[28]セーガンはのちにデニケンの仕事を糾弾する『宇宙の神をあばく(*The Space-Gods Revealed* 未訳、ロナルド・ストーリー著)』という本のまえがきを書いている。これは、のちに展開するサイエンス・コミュニケーションを志向する明確な意思表明とも取れる。

人類の祖先がまがい物だという主張を主軸とするフォン・デニケンのいいかげんな文章がこんなにも人気を博すという事実は、なげかわしいことに、われわれの時代の軽信と絶望をよく表している。『未来の記憶』のような本は、今後とも高校や大学の論理学の授業で人気を博してほしいものだ。ずさんな論理の実例として、大いに活用してほしい。最近出版された書籍全体のなかでフォン・デニケンの著作ほど、論理的なまちがいだらけ、事実関係の誤りだらけの本はほかに見たことがない。[29]

セーガン、クラーク、クストー、そしてストルガツキー兄弟は、外と内の宇宙を探検する理由に、植民地主義や天然資源の採掘をかかげることを拒んだ。違いがあるのを見て、征服するチャンスや時間と空間の序列構造を押しつけるチャンスがあると考えるのではなく、あらゆる種類の他者に配慮するというあり方が可能なのだと考えた——その配慮が他者をほうっておくことだったり、自分も一種の他者になることだったりする場合も含めて。外の宇宙には、「すべてのものに幸福をわけてやるぞ……無料だ、タダだ！」といえるほど、謎があふれかえっているかもしれない。しかしずっと昔から地球上にも謎はたくさん存在している。それに地球だって、宇宙《コスモス》の一部なのだ。

5
ジェラード・オニールのさがすテクノロジーの強み

一九七七年五月のある水曜日の午後、数十人の科学者と技術者、そして少なくともひとりの画家が、プリンストン大学の講堂で実験の開始を静かに待っていた。講堂の前部には折りたたみ式のテーブルが一列にならべられ、一〇メートルほどの長さになっていた。実験チームはその上に、スケルトン状の長いトンネルのような装置を置き、ていねいにテーブルに固定した。装置を電源につなぎ、装置の前には「危険：高圧電流」という注意書きを置く。そして電気抵抗を下げるため、部品を液体窒素にひたす。

これは〈マスドライバー1〉という装置。将来、地球やほかの惑星から、安く手軽に物資を宇宙に打ち上げることを目ざすマシンの試作品だ。この日、マスドライバー1は、重い弾体を講堂の教壇を横切る形で飛ばし、鉛の重石と発泡スチロールのクッションを詰めた大きな箱に打ちこむことになっていた。現地で実験を見た宇宙科学イラストレーターのドン・デイヴィスが記録しているとおり、実験は成功した。弾体は電磁力によって三〇G以上の力で加速され、時速一四五キロの速さで瞬時に講堂を横切った。その日、ドン・デイヴィスが描いたスケッチによれば、まるでマンガの効果音のような「ズボッ！」という小気味よい音を立てて発泡スチロールのなかに飛びこんだという。[▼1]

マスドライバー1は、プリンストン大学の物理学者ジェラード・オニールが提唱する壮大な計画の核心にあるものだった。オニールは、マスドライバーや、その他、つづく二〇年間に稼働する予定のさまざまなテクノロジーにより、何百万、何千万という人たちが宇宙で生活するような未来を構築できると期待していた。ドン・デイヴィスがプリンストンでスケッチしたマスドライバーのような装置が稼働すれば、人間は、月や小惑星で天然資源を採掘し、掘った鉱石を宇宙空間に打ち上げることができる。それを作業員が回収し、軌道上で巨大な都市を建設するのだ。そのなかでも最大のものが〈オニール・シリンダー〉と呼ばれるステーションで、ちょうどアーサー・C・クラークの『宇宙のランデヴー』に登場するラーマとおなじような形と大きさをしている。オニールはのちに、自分の仕事で明らかにしたいと思っている最大の問いは、「惑星表面は技術文明を拡大するのに適した場所なのか」ということだと述べている。[2] 彼の答えは「ノー」だった。しかしオニールは、惑星を離れた宇宙で暮らす可能性を構想しながら、地球上の生活も急速に変貌させることを望んでいた。

　オニールの問いで用いられる「惑星、表面、技術、拡大」という単語を見れば、彼の世界観はじゅうぶんに伝わってくる。表面は、掘削するか、あるいは居住するためのもの。惑星は、解体して資源として活用するか、あるいは野生を手なずけて安定させるもの。技術と拡大が、未来永劫にわたって望ましい目標であるということは、オニールにとって自明の理だった。彼の惑星構想《プラネタリー・イマジネーション》のなかで、月や火星や小惑星帯は、おとずれて滞在する目的地ではない。マスドライバーのような技術によって、天然資源の採掘に最適な場として利用する対象だ。惑星の表面から掘り出された資源は、新たな表面を建設するために使われる。それは軌道上に浮かぶ巨大な世界だ。密閉され、自転して疑似重力を作りだし、何百万という人たちが暮らしたり、働いたりする世界。新たな世界を作ることで、地表ではしだいにむずかしくなりつつある変化を生み出すことができる。地球では進歩が止まっていると、オニールのような技術者は考えているのだ。人口が増加し、エネルギー消費が増え、生活水準が上がり、新たな技術開発をおこなう――こうしたことは、地球ではペースが落ちてしまったが、宇宙でならこれまでどおりにつづいていくとオニールは期待していた。宇宙ではこういったすべてのことが、惑星上の制約にさまたげられることなく無限につづいていくはずだと。そして工業設備や人口増加が引きおこす汚染や公害がなくなれば、地球も庭園や公園のようになるかもしれない。

まるでユートピアSFのようにきこえるかもしれないが、それはオニールが、宇宙科学と思弁小説のあいだのかすかなすき間を埋めるクラークやツィオルコフスキーのような作家に、大きな影響を受けてきたからだ。代表作である二冊のノンフィクション『宇宙のフロンティア――人類の宇宙植民地（*The High Frontier: Human Colonies in Space* 未訳）』と『二〇八一年――希望にあふれた人類の未来（*2081: A Hopeful View of the Human Future* 未訳）』においてオニールは、ユートピア文学の読者にはおなじみの紀行文形式を取りいれることによって説得力を高め、事実ベースの未来予測をありありと伝えようとしている。[3]どちらの本もフィクションのパートでは、外部から来た好奇心にあふれた旅行者が、世話好きで物知りの住人に案内してもらいながら旅をしてまわるさまが描かれる。『宇宙のフロンティア』では、自転する宇宙都市の内部をたずねあるき、『二〇八一年』では、変貌をとげた地球の町々や観光地を漫遊するという趣向だ。

オニールのユートピア思想は、テクノロジーによって社会の価値観や目標が左右されるとき、人が迫られるであろう選択にもとづいていた。『二〇八一年』の第一章で、彼はこう問いかける。「未来は静的な状態（定常的社会）に近づくのか、それとも無限に変化しつづけるのか？」[4]。彼は答えも用意していた。というより彼の仕事はどれも、絶え間ない変化の必要性を論じ、提唱しつづけるものだった。オニールがこの本でも、それ以外の場所でも論じるように、定常的社会は、自由を制限するシステムを作って社会を維持しようとする。彼が、繁栄や安全などを含むすべてのことのなかで最も大切にしたのが、自由だった。それに定常的社会では、いつ何時、状況が悪化するかわからない。オニールの著作は、北米とヨーロッパ文化のなかで技術革新の負の面が強調されるようになった一九六〇年代と七〇年代、そして八〇年代の一部の傾向を映し出している。七〇年代に最初に描かれた彼の未来図は、八〇年代に優勢になる思潮を先取りしていた。オニールは、冷戦終了後にふたつの事柄が融合することを期待していた。ひとつは大企業が共同でおこなう近代的なビッグサイエンスの取り組み。もうひとつは自由と個性を尊ぶカウンターカルチャーの文化。このふたつが合わさって、すべての人に物質的豊かさと社会的自由が行きわたることを望んでいたのだ。

この新たな世界観によれば、人間は、宇宙だけでなく、極地や深海のような生存に適さない地球上の場所にも住みついて、利用することになる。新しい輸送システムとエネルギーのインフラが整備されれば、資源の豊かなこれらの土地がすべてつながって、人々の自己決定と自立をうながし、幸福で満たされた人々が増えるであろう。そんな仮想にもとづいたオニールの著作は、七〇年代後半から八〇年代初頭にかけて大きな影響力を持った。宇宙船を打ち上げる能力を拡充して資源を採掘、利用し、宇宙空間で大規模なステーション建設をおこない、最終的には何百万もの人々を宇宙に住まわせるというオニールの構想は、二一世紀初頭になった今も、〈ニュースペース〉を謳う企業家たちがかかげる枠組みでありつづけている（ニュースペースについては第7章でくわしく触れる）。しかし、オニールが同時代のほかの仕事に応えて楽観的な未来観に寄与する一方で、彼の構想は、のちのSFや宇宙科学において批判の対象になった。七〇年代から八〇年代、九〇年代には、地球と宇宙に関する暗く、ディストピア的な未来像が優勢になるという、もうひとつの潮流があった。そちらの未来観には、オニールやその支持者が描く〈技術楽観主義〉を下敷きにして、終わりなき技術変革と、定常的世界における統制という、両方の社会制度の破壊的、搾取的な側面を描くものが多かった。

2300年未来への旅、サイレント・ランニング、ソイレント・グリーン

イギリスでは、児童書出版社アスボーン社の『アスボーン未来図鑑（*The Usborne Book of the Future* 未訳）』に、オニールの宇宙ステーションとマスドライバーの絵が掲載された。かたわらには、真空トンネルの高速鉄道や海上都市、海洋牧場、ドームにおおわれた都市なども描かれている。[5] しかし大きなハイテク構造物のあいまに、六〇年代のカウンターカルチャーでふたたび注目が高まった小規模な配慮——ソーラーパネルや、自家用風力発電、コンポストで栽培した菜園、大量の自転車など——も挿入されている。アメリカでも『子どもの未来カタログ（*The Kids' Whole Future Catalog* 未訳）』で、やはり〈ビッグ・サイエンス〉の建造物と、ヒッピー文化的なライフスタイルを自由に組み合わせた、都市と家庭の夢のテクノロジーが描かれていた。[6] これらの本によれば、未来の家にはコンピュータとレーザーと家庭用ロボットがあり、同時に「いろいろな家族」がまねきいれられていっしょに生活する。友人、同性カップル、シングル・ペアレント、混合家族などのコミューンが、「自然と調和した町」でみんな幸せに、サステナブルな生活を送るのだ。こうした本に出てくる物語では、都市がさらに拡大していわゆる〈アーコロジー〉、すなわち人口密度の高い住居ビルを核として、エコロジーを促進する都市計画も描かれる。〈アーコロジー〉のなかには、都市をドームですっぽりとおおう形のものもある。建築家のバックミンスター・フラーが、マンハッタンのミッドタウンを舞台に提案した有名なドーム構想は『子どもの未来カタログ』にも再掲された。同書には建築家のパオロ・ソレリとグレン・スモールがデザインした一五〇〇メートルを超える超高層住宅も掲載されている。[7] 居住区を密閉し、どこまで行っても屋内というなかで人工的に保たれた自然環境を作り出す方式は、ツィオルコフスキー作品にも登場するように、地球から離れた環境で生きるために作り出した能力を、地球に持ちかえるものだ。

このように、手のとどきそうな楽観主義が出てきた背景には、未来に対する見通しが変化したことがある。七〇年代前半、大衆文化や一般向けの科学では、人類の未来に対する不安が喧伝された。一九七二年、民間のシンクタンク、ローマクラブが『成長の限界――ローマ・クラブ「人類の危機」レポート（*Limits to Growth*）』（大来佐武郎監訳、ダイヤモンド社、一九七二年）を出版し、ベストセラーになった。技術文明の成長の余地と資源はどんどん減少しつつあり、成長を抑制しなければ一〇〇年以内に破滅すると予測する報告書だ。[8] その分析によれば、絶え間なくつづく変化によってこうむったダメージをいやすには、まさしくオニールが反対し、代替手段をさがそうとしていた「定常的世界」を意図的に作り出すしかないという。この本は、当時のメディア環境のなかで出版された何十冊という類書とともに、ＳＦにおいても一種のフィードバック・ループを作り出し、その結果、ディストピア小説がさかんに書かれるようになった。

ヴェルナー・フォン・ブラウンの活躍したモダニズム全盛の時代――宇宙も地球も「征服は目の前」で、とてつもない楽観主義に満ちた時代――は、絶え間ない拡張を旨としていたが、その時代への批判が出はじめるのと時をおなじくして、そういうやり方へのツケがまわってきた。一九七二年から七四年の石油危機は、エネルギー価格が無限に下がりつづけることはないということを示したし、エコロジーや環境問題に対する運動は、絶え間ない変化と成長のせいで地球が大きな痛手をこうむっていることを明らかにした。しかしオニールは、テクノロジーに対する悲観的な見方に対して、真っ向から反論を試みた。一九七五年の夏、下院の小委員会の公聴会で、彼は、そのような限界や停滞を受けいれることは「非アメリカ的」で、宇宙定住計画は、どんな困難も乗りこえて実現させなければならない基本的な計画なのだと訴えた。[9] そのあと『アスボーン未来図鑑』や『子どもの未来カタログ』というユートピア的な未来を描いた書籍が人気を博したところを見ると、オニールの楽観主義には、人を引きこむ力があったのだろう（ちなみに『子どもの未来カタログ』は、後出するスチュアート・ブランドのヒッピー向け雑誌『全地球カタログ』をお手本にしたものだ）。未来の生活には、小惑星での資源採掘から、海洋牧場、そして地球の一般家庭でのコンポスト作りに至るまであらゆる活動が含まれていそうだった。

これらの本で描かれたハイテクの事物には、SFや大衆文化でもおなじみのものが多い。クラークとストルガツキー兄弟がそれぞれ『地球帝国』と『ヌーン――二二世紀』で描くユートピアにも、真空トンネルの高速鉄道や、宇宙ステーションや、海洋牧場が登場する。つまりオニールは、科学とSFの合間の分野にもう一度光を当て、頭で考えたアイディアに科学的な裏付けを与えようとしていたのだ。この活動は、さまざまな名称で呼ばれている。第二次世界大戦後の一時期には「未来派《フューチャリズム》」と呼ばれていた。しかしこの呼び名は、現在、二一世紀初頭にこの分野で活動している人たちには評判が悪い。というのも二〇世紀初頭、ちょうどロシアでコスミズムが台頭するころ、イタリアで勃興したファシスト的な芸術運動があり、それが「未来派《フトゥリズモ》」と呼ばれていたからだ。当時から一〇〇年たった今、テクノロジーおよび社会の趨勢を中・長期的に予測するコンサルタントや研究者は、自分たちの仕事を「未来学」とか「未来予測」と呼ぶことが多い。だが、なんと呼ぶにせよ、これはツィオルコフスキーが『地球と人類の未来』など後年の著作のなかでおこない、またJ・D・バナールが『宇宙・肉体・悪魔』のなかでやろうとしていたことだった。

「通俗的」なSFの、軽くあしらわれがちな未来予測と違って、未来学は、正当性を高めるため「歴とした」科学や歴史文献にもとづいておこなうことを旨とする。ローマクラブの報告書もそうだ。コンピュータを駆使した予測の先駆けで、反論の余地がなさそうなグラフや表を用いており、まるで分厚いメガネをかけ、ツイードのジャケットを着た男が、煌々と照らされ、エアコンのきいたサーバールームのデジタルプリンターで印刷したものをそのまま持ってきたかのように見える。オニールも、特に『宇宙のフロンティア』と『二〇八一年――希望にあふれた人類の未来』では「歴とした未来予測」をやりたかったのだろう。このふたつの著作には、当時最も新しかったユートピア未来学の成果が列記してある。ローマクラブの、数字を満載した陰鬱な未来予測に対抗して、オニールは、自分の信頼性を裏づけるために学問や機関の後ろ盾を持ち出した。物理学、工学、プリンストン、スタンフォード、そしてNASA。記述の工夫としてSFを駆使しながらも、つねに、自分のかかげる未来予測のシナリオは、フィクションではないと強調した。そして、この未来は、一九七〇年の世界に現存するテクノロジーの範囲内で実現可能なのだと手を替え品を替えて語りつづけた。

そんなわけで月面やマンハッタンや極地でのドーム建設、海のようなきびしい環境での農業、風車やソーラーパネルの設置などは、悲観論を乗りこえ、『アスボーン未来図鑑』や『子どもの未来カタログ』などの一般向け書籍を通じて、アメリカやヨーロッパでは「科学的な」未来予測となった。『ポピュラーサイエンス』誌や『ポピュラーメカニクス』誌も、こういう方向性を支持した。それはちょうどソビエト連邦で『テクニカ・モロデジ』が打ち出していた姿勢と通じるものがあった。それでもローマクラブや、生物学者のポール・R・エーリックと妻のアン・エーリックによる『人口爆弾（*The Population Bomb* 未訳）』、そして未来学者を自認するアルビン・トフラーの『未来の衝撃（*Future Shock*）』[10]などが描く、コンピュータ予測にもとづいた現実的で陰鬱な未来図は、人々の心に重くのしかかった。この悲観的な空気を浴びて、ディストピアSFの映画が山のように作られた。それらの映画では、「農業やテクノロジーや生活を生存に向かない環境にまで押しひろげれば、まだ無限の時間と空間がひらけている」という、オニールやその支持者がしそうな反論にも、あらかじめ答えを用意していた。「通俗的」ともいえる映画ではあったし、科学的な裏付けもなかったが、ディストピアやユートピアへの批評も、不断の変化と定常的世界を単純に二分する考え方への批評も、驚くほど陰影に富んでいて、効果的だった。

『サイレント・ランニング（*Silent Running*）』は、映画『2001年宇宙の旅』で特殊効果監督を務めたダグラス・トランブルが監督し、一九七二年に制作した映画。地球の環境破壊に対処するために宇宙進出する物語が、真正面から描かれている。地球の生態系が崩壊し、すべての植物と農業が絶滅した時代。残された資源はすべて工業についやされるようになり、食料も人工的に製造されている。わずかに残された植物や生物を守るため、貨物ロケットに接続した温室ドームに小さなバイオスフィアを作って、土星の周囲の軌道をめぐらせている（ちなみに貨物ロケットはアメリカン航空が提供しており、特殊効果のスタッフが船体にくっきりと社名をプリントしている）。SFや未来学にはよくドームにおおわれた都市が出てくるが、こちらの巨大なドーム内にあるのは植物園で、主人公の植物学者と宇宙飛行士たち、それにロボットの助手が世話をしている。しかし物語中の技術文明はまだ拡大をつづけていて、テクノロジー最優先の思考が、宇宙で植物を保護しようという意志を上回ってしまう。

やがて、貨物船がまた商業利用されることになり、乗組員たちは、温室を爆破して地球にもどり、元の仕事に従事するよう命じられる。しかし主人公の植物学者（ブルース・ダーン）は、植物を守るため命令にそむいて船を乗っ取り、ほかの乗組員を殺してしまう。しまいにはひとつのドームだけを残して、自分も船も含めたすべてを爆破してしまうのだった。最後に残したドームの温室には燃料と資源をすべて積みこみ、ロボットが植物と生き物の世話をする。そしてドームは（おそらく）太陽系から旅立っていく。

一九七三年の映画『ソイレント・グリーン（*Soylent Green*）』は、まるで『サイレント・ランニング』とおなじ世界で展開する物語のようだ。ローマクラブの報告書に直接もとづいた映画でもある。ただ、『サイレント・ランニング』では、物語がすべて宇宙で進行し、生態系の破綻した地球は一度も画面に登場しないが、『ソイレント・グリーン』は、地球世界に深く分け入っていく。人口爆発、人口密集、公害、温暖化、それに農業の崩壊のせいで、地球は破滅にひんし、貧困層と中間層の人々が、ニューヨークの道ばたや建物のロビーや階段にひしめいている。ニューヨークでは今や四〇〇〇万の人々が生活し、富裕層は、超高層マンションで貧しい者たちを見おろしながら暮らしている。食べ物は工場で生産され、〈ソイレント〉と呼ばれる、さまざまな色の固形フードが配給されている。なかでも新製品の〈ソイレント・グリーン〉が最も人気があり、広告によれば、海で養殖されたプランクトンを原料として作られているらしい。だが主人公は、プランクトンから食料を生産する技術は実用化できないという海洋生物学の研究があるにもかかわらず、報道が伏せられていることを知った。〈ソイレント・グリーン〉は、別の原料から作られているに違いない。やがてそれは、死んだ人間の肉であることが判明する。

一九七六年の映画『2300年未来への旅（*Logan's Run*）』では、環境破壊に対して別の解決法を選択した世界が描かれる。映画冒頭の解説が、それを端的に説明している。

時は二三世紀……戦争や、人口爆発や、大気汚染を生きのびた人々は、ドームでおおわれた〈シティ〉で暮らし、外界を忘れてしまった。ドーム内は自動制御機構により快適な環境が保たれ、人々は、快楽のためにだけ生きていた。だが、ただひとつ制約があった。人々は三〇歳になると「生まれかわる」ために〈回転木馬〉と呼ばれる装置に入り、火の儀式を受けなくてはならない。[▼11]

ほとんどの人たちは、生まれ変わりを望んで〈回転木馬〉に入るが、たまに逃亡者が出現する。外界にあるといわれる伝説のコミュニティ、〈サンクチュアリ〉を目ざそうというのだ。しかし逃亡者は、万能のコンピュータがすぐに居場所を突きとめ、殺害のライセンスを持った〈サンドマン〉が追いつめる。映画は、変化に根ざした社会と定常的な社会という、対照的なふたつのシステムの相克を描く。ドームにおおわれた〈シティ〉は、〈生まれ変わり〉による変化を軸にして成り立っているが、その実、〈生まれ変わり〉自体もそのほかのすべてのことも、中央コンピュータによって管理されている。しまいには、人々があてにしていた〈生まれ変わり〉も、でっちあげだったことがわかるのだ。いっぽう外界は、絶え間ない変化と拡張主義によって一度は壊滅したものの、蘇生の道を歩んでいて、〈シティ〉から逃げだした主人公たちは、そのことに気がつく。自然の蘇生力は、かつての都市が緑におおわれていることと、老人に出会うことによって象徴される。この老人は、彼らが初めて出会う三〇歳以上の人間だった。成長と拡大は、やはり可能なのだと映画は訴えているように見える。一方、定常的世界は、本質的に退廃と堕落へ向かってしまう。

この映画にはまた、『子どもの未来カタログ』に登場したような「いろいろな家族」を正面から批判するという保守的な一面もある。映画には、結婚を介さずに子どもが生まれる家族や、フリーセックスで性別の垣根を乗りこえる人々が描かれている。しかし外界で出会った老人は、主人公たちの親が結婚していないという話をきいて驚きをかくそうとしない。主人公たちは、地下深くにある冷凍食品倉庫で、冷凍食品倉庫の番をするロボットに出会う。ボックスという名のこのロボットは、「冷凍食品！　冷凍食品！　海産物！　新鮮な魚とプランクトン！」と大声で唱える。しかし『ソイレント・グリーン』の世界と同様、ロボットが氷づけにしていたのは、海洋牧場の産物などではなかった。暴走したロボットは、逃亡者が来るたびに殺して冷凍していたのだ。

映画版には宇宙旅行は登場しないが、原作の『２３００年未来への旅――ローガンの逃亡』（ウィリアム・F・ノーラン、ジョージ・C・ジョンソン著、野口迪子訳、角川書店）では、サンクチュアリは宇宙ステーションということになっている。持続可能な海洋牧場、定常的に存続する都市、異性カップル中心の核家族の否定、そしてコンピュータによる完全な統制社会。この物語ではそうしたすべてのものが、宇宙で暮らす夢とおなじく、幻想、あるいはむなしい希望として描かれている。外界では、拡大も変化も可能ではある。だがそのためにはいったんすべてを捨てさり、また一からスタートしなくてはならないのだ。

これまでに紹介した映画は、あたかも未来のおなじ時代に設定された、意図せざる連作のようだったが、これにリドリー・スコット監督の『ブレードランナー（*Blade Runner*）』を加えれば、四部作になりそうだ。四編のうち最後にあたる一九八二年に公開された映画だが、まさにこのディストピアのど真ん中の時代を描いているように見える。『ソイレント・グリーン』で描かれた地球社会崩壊のはじまりと、『サイレント・ランニング』に見られる宇宙飛行の商業利用、そして『2300年未来への旅』が描く管理社会の行きつく先と世界の再生。『ブレードランナー』は、そのあいだのどこかに位置している。そこに映しだされるのは、みじめでありながら崇高な美をたたえた世界だ。ごったがえしているのに空虚で、物寂しいのに圧倒される。よく知られているように、この世界には〈オフワールド〉と呼ばれる宇宙植民地があり、「オフワールドで出なおそう」という呼びかけがおこなわれている。地球でも植民地でも、過酷な重労働はレプリカントと呼ばれる人造人間が担っている。そして『ソイレント・グリーン』のように食用にされるわけではないにせよ、この映画でも、画面のすぐ外に大量の人間の死体がありそうな雰囲気がただよっている。

『ブレードランナー』は『子どもの未来カタログ』に登場する〈アーコロジー〉――建築家のグレン・スモールがロサンゼルスを舞台に構想した、超高層住宅中心の都市計画――を想起させる。しかし映画のロサンゼルスは、世界を支配する巨大な多国籍企業の本社ビルが林立しているのに、異様に空虚で、音がむなしく響き、人や動物の姿も植物も見あたらない。この世界にはまた、ジェラード・オニールの『宇宙のフロンティア』に描かれたような宇宙植民地もあるが、その経営は奴隷労働に依存している。奴隷として働くのは、遺伝子工学によって生み出されたレプリカントという人造人間。彼らは、企業や、自分たちを「人間もどき」と見なす人間たちを手伝い、援助しなくてはならないことに、少なからず恨みを抱いている。このレプリカントたちは、『サイレント・ランニング』のロボットの子孫だともいえる。そして『２３００年未来への旅』のサンドマンとおなじく、こちらの映画のタイトルになっているブレードランナーも、特別な殺しの任務を与えられた捜査官だ。彼らは、世界の枠組みを拒否して脱走し、罪人となったレプリカントを追いつめて抹殺する。脱走したレプリカントは、『２３００年未来への旅』の暴走ロボット〈ボックス〉の祖先のようにも思える。ボックスは、人間に仕えるというプログラムと、人間を殺したいほどの怒りとのあいだにとらわれた存在だった。

　こうした未来世界同士のつながりや、それに対する批評を強調するように、『ブレードランナー』の主人公、リック・デッカードは、画面に初登場するとき新聞を読んでいて、一面トップには「月面・海・南極で農業」という見出しが見える。その下には『２３００年未来への旅』や、今日《こんにち》の現実世界を彷彿させる「世界のコンピュータ接続を計画」という見出しも見える。[12] リドリー・スコット監督は、『ブレードランナー』の構想を温めはじめたころ、フューチャリストでデザイナーのシド・ミードに美術デザインの仕事を依頼にいった。のちにミードは、スコット監督がつぎのように述べたと語っている。「未来世界が舞台の映画を作るんだ。だが『２３００年未来への旅』のことは、ちらりとも考えないでくれ[13]」

人間よりもさらに非人間的に

「ちらりとも考えないでくれ」という監督の言葉とは裏腹に、『２３００年未来への旅』と『ブレードランナー』には数々の類似点があり、それらは先行作品に対する『ブレードランナー』からの批評になっている。『2300年～』では三〇歳以下の人々の人生の目標は、ひたすら消費し、享楽にふけることだ。その意味で、この映画の大半がテキサスのショッピングモールで撮影されたのは、偶然ではないだろう。そしてこの世界の人々は、三〇歳になると「生まれ変わり」を信じてみずから〈回転木馬〉と呼ばれる装置に入って終わりを迎えるか、あるいは逃亡を試みてサンドマンに〈粛清〉される。あえて「殺す」という言葉を避けるところが、この社会を象徴している。サンドマンである主人公は、「ぼくは人を殺したことなんかない。逃亡者を『粛清』するだけだ」という。逃亡者は、三〇歳を過ぎた者たちだから、もう人間と見なされない。したがって、記録上、殺人にはならないのだ。『ブレードランナー』でデッカードが追跡するレプリカントも似たような状況にあって、四年の寿命が来ると自動的に命が尽きることになっている。地球でも宇宙でも、崩壊寸前の生活基盤を支えているのはレプリカントの肉体労働であり、有用性が彼らの存在意義のすべてだ。その短い命を好きに生きようとするレプリカントは、違法な存在と見なされる。ブレードランナーもレプリカントを殺害しない。「解任」するだけだ。この映画の最も有名な台詞のひとつ「まちがって人間を『解任』したことはある？」は、この世界の矛盾をあざやかに切り取ってみせる。真に人間性を喪失しているのは、そもそもこんなおぞましい社会制度を生み出し、執行している人間のほうなのではないか？

どちらの映画でも人間は、テクノロジーの作り上げたシステムに組み込まれ、役割を果たすだけの存在に成り下がっている。リドリー・スコットの世界は、ジェラード・オニールの未来学分野の主要な著書を土台にしているのかと思われるほど、細部までよく似ている。オニールが一九八三年に出版した最後の著書『テクノロジーの強み（*The Technology Edge* 未訳）』も、そうした一冊だ。このころには、オニールは研究職を辞して実業界に入り、自身の取得した特許を生かすため、〈ジオスター〉という人工衛星の会社を設立していた。著書は、彼が近い将来や少し先の未来を大きく左右すると考えたテクノロジーについて、くわしく述べたものだ。主要な部分の章題を見るだけでも、内容は概観できる。「マイクロエンジニアリング」（現在ナノテクノロジーと呼ばれる、微小なスケールの製造技術。特にコンピュータのマイクロチップについて）、「新世代ロボット」（未来のロボット工学の最大の特徴は自己複製技術になるという予測）、「遺伝子工学」（人間を含む生物体の遺伝子操作）、「磁気浮上」（真空トンネルを走行する新世代のリニアモーターカー）、「時速五五〇〇キロのリムジン」（自家用飛行機のように乗りまわせる空飛ぶ車）、そして何よりも大切な「軌道上の黄金郷《エルドラド》」（小惑星や月で鉱物を採掘し、宇宙に工業の足場と、大規模な人間の居住地を築く）。

この本が出版されたのは映画『ブレードランナー』公開の翌年だが、オニールはこれらのテーマについて何年も前から書いていた。一九八一年に世に出たSFタッチの『二〇八一年――希望にあふれた人類の未来』にも、今あげたテクノロジーはすべて登場している。『テクノロジーの強み』は、それらを企業人向けにまとめて紹介する試みだ。ちなみに真空トンネルのリニアモーターカーは、別の科学者が書いたSF――ヴェルナー・フォン・ブラウンの『プロジェクト・マーズ』（一九四八年）――にも登場していて、火星の鉄道としてリニアモーターカーを利用するさまが描かれていた。オニールは、リニアモーターカーを、おなじく磁気を利用するマスドライバーの近縁テクノロジーと見なしていた。『ブレードランナー』にはリニアモーターカーは出てこないものの、それ以外にオニールが取り上げていたナノテクノロジー、ロボット工学、遺伝子工学、空飛ぶ車は、軒並み登場する。まるでリドリー・スコットがオニールの著書の目次を見ながら、問題の起きそうな項目に赤ペンで印をつけていったかのようだ。

何よりも、テクノロジーの恩恵を受けられるのが、個々の主体としての人間ではなく、企業に所属する人間であることに焦点を当てているところが、この世界に対するリドリー・スコットの批判として際立っている。『ブレードランナー』では、空飛ぶ車や、巨大な高層住宅、そして細胞やDNAまで人工的に作られた労働者を利用できるのは、企業や、そこに勤める者、率いる者、そしてブレードランナーのように指導者と労働者を保護し、法を執行する者にかぎられる。そんななか、デッカードの上司が、もうひとつの有名なせりふを口にする。「わかってるな。警官でなければ、おまえなんぞ取るに足りない人間だ」

　オニールの『テクノロジーの強み』の第一章は著者の体験記ではじまるのだが、それがまるで『ブレードランナー』や、当時台頭しつつあったサイバーパンクSFの草分け『ニューロマンサー』[14]（*Neuromancer* ウィリアム・ギブスン著）（黒丸尚訳、早川書房、一九八六年）から抜け出してきたような一場面だ。『ブレードランナー』では、遺伝子設計技師のJ・F・セバスチャンがタイレル社の社長をたずねていくが、それとおなじくオニールもエレベーターに乗って、とある企業ビルの最上階を目ざす。東京にあるソニーの本社ビルに、創業者のひとり井深大をたずねたのだ。オフィスのフロアに案内されたときの印象を、オニールは次のように描いている。「わたしは仰天した。見た目がほとんど変わらぬ、三人のたいへん美しい秘書たちが、ブレザーとスカートの制服に身を固めて一列に並び、一斉にお辞儀をしたのだ」[15]。二一世紀のわれわれの視点からすると、オリエンタリズム的な類型化がひどいように感じられる。そもそもサイバーパンク自体が、そういう批判と無縁ではない。無個性で、男女の型にはまり、人を脅しつける物騒な東洋人という性格設定が多いからだ。たしかに『ブレードランナー』にも『ニューロマンサー』にもそういう人物が登場した。しかし、このジャンル全体の姿勢に、一九七〇年代終盤から八〇年代初頭の未来学に対する批判があると考えると、サイバーパンクのオリエンタリズムと見えるものに、もっと大きな背景があることがわかってくる。

　オニールの世界観、世界構想は、基本的に異なる文化、社会間の対立や競争に注目するというものだった。だから彼は日本のようなものを異国的なものと見なし、恐れると同時に賞賛するという傾向を持っていた。ポスト冷戦時代の到来が迫るなか、オニールや同時代の未来学にたずさわる人々は、国家の力が多国籍企業のふるう力に屈するだろうし、それ以前に国家の力と企業の力が判別できなくなるであろうと考えた。オニールは、いささか及び腰で日本をおとずれたが、ソニーの創業者やその他の企業人たちと出会ってさまざまなことを学び、教訓をまとめて、アメリカの、とりわけシリコンバレーの企業社会へとそれらを持ちかえった。

オニールは未来学にたずさわるうえで、客観性と現実性を大切にした。『二〇八一年』の第一部で、小説パートに入る前に、彼は問題提起をする。変化は必要だ。なぜなら何事も改善しなくてはならないのは明らかだから。一九八一年に出版したこの本で、オニールは、飢餓、資源・エネルギー不足、公害は、今のままでは解決しないと語る。指摘する問題は、ローマクラブ(その報告書『成長の限界』をオニールは「小論」と呼んでいる)が取りあげるものと重なっている。ではこれらの問題にどう立ち向かえばいいのか。オニールは即座に「善意」を切って捨てる。現実性にもとづいて議論を進めるうえでは、的はずれだと考えるからだ。そして二者択一の選択肢を差し出す。「定常的社会」か、あるいはテクノロジーで新たな資源を活用し「終わりなき変化」を生む社会か。「定常的社会」を選択すれば、たとえば最貧の生活をしている人々が永久にそこから抜け出せないような世界を将来の世代に強いることになると彼は述べる。ここで彼は、自分にとっての最優先事項を提示する。一番大切なのは、「個人の自由」だ。つぎが平和、または少なくとも「平和を希求すること」。物質的な豊かさや安全――オニールの言葉を借りれば「危険のない状態」――がそのあとにつづくが、序列の何番めかは明記されない。[16]

オニールが「終わりなき変化」と書くとき、それは言葉のあやなどではない。ツィオルコフスキーの「宇宙征服者のオベリスク」が描く曲線の軌道のように、オニールは、地球から離れる動きはほんのはじまりにすぎないと考えている。『二〇八一年』のSFパートでは、地球は緑あふれる庭園になっていて、一定数の豊かな人々が、コンピュータのモニタリングに見まもられながら、安全に暮らしている。『宇宙のフロンティア』にも描かれた宇宙ステーションは、安定的に運営されており、自転しながら軌道上をめぐるこの巨大な居住施設には、さまざまなコミュニティができてにぎわっている。何百万という人たちが宇宙で暮らし、みな新しい形で個人の自由を味わっている。ステーションには、さまざまな文化やライフスタイルに応える多種多様な居住区ができているからだ。

一九七五年にオニールは、生化学者でSF作家のアイザック・アシモフと対談し、その模様がテレビで放送された。その際オニールは初期の宇宙定住構想について語り、アシモフは、世界の宗教が宇宙で共存できるようになれば、文化的対立にも新たな展望がひらけるかもしれないとよろこんだ。「宇宙のイスラエル、宇宙のパレスチナ……そして宇宙の北アイルランド」、そんなコミュニティができれば、さまざまな民族が領土や資源をめぐって戦うことなく共存できるかもしれないと。[17] その実現法はわからないし、オニールのいう「現実性」の基準に当てはまるのかどうかもわからない。『二〇八一年』のSFパートでは、タイトルにもなっている二〇八一年に、平和（オニールの第二の優先事項）に倦《う》んで、ステーションでの暮らしに満足できなくなる者たちが出てくる。彼らは、さらなる「個人の自由」（こちらが第一の優先事項）を求めて勢いよく初代の恒星間宇宙船に乗りこみ、別の太陽系へ向けて何十年にも及ぶ旅をはじめる。

ところで「植民地《コロニー》」や「フロンティア」という言葉の使い方については、一九七〇年代すでに批判があったが、オニールは宇宙ステーション構想を語るにあたって、これらの言葉を積極的に使った。オニールの友人で、カウンターカルチャーのアイコン的存在であるスチュアート・ブランドも、フロンティアと個人の自由を信奉していて、宇宙ステーション構想に関しては、長所ばかりで短所のない植民なのではないかと語った。宇宙には、領土や資源をうばわれる「先住民」がいないからだ[18]。オニールは、ブランドとの会話のなかで、政府に投資してもらっても、その有効性は疑わしいと話していた。それでも下院の小委員会では、宇宙定住計画に政府が巨額の予算をつけてくれれば、二〇世紀末までに収益をあげられるようになることを示そうとした。しかも収益は年を追うごとに増えつづけ、宇宙定住計画は、〈マニフェスト・デスティニー〉を自然と引きつぐものになると。しかし連邦政府は、オニールの計画に予算をつけようとはしなかった。

オニールが下院小委員会の陳述で示したのは、ある時期から急に「右肩上がり」になる野心的なグラフだった。「ホッケースティック型カーブ」とも呼ばれ、投資家相手によく用いられる。早期に投資すればやがて巨額の収益があがり、指数関数的に増えていくと示すものだ。ちなみに指数関数的カーブのグラフは、公害の急激な増悪や、人口増加と連動した資源・エネルギー需要の急増、あるいは人口そのものの急増や、ウイルスの増殖を示すときにも用いられる。ローマクラブは、一九七二年の報告書『成長の限界』で、これとは別のグラフを提示した。そちらのカーブはゆっくりと上昇をはじめ、ある時点で急上昇して垂直に近づいたのち、峠を越えてゆるやかに下降していく。彼らが提唱し、オニールがしりぞける「定常的社会」を表すグラフだ。ただ、そこにもユートピアはない。オニールが正しく指摘したとおり、ローマクラブの提案は社会統制、とりわけ産児制限の政策にもとづいていて、全体主義に近く、個人の自由を何よりも重んじる彼にとっては、容認できるものではなかった。それでもオニールは、『二〇八一年』のなかで、この種の曲線の有用性にも触れている。それがいわゆる「S字曲線」で、さまざまな生体やテクノロジーの成長における、初期、急伸期、平準期を表すのに便利だとオニールは述べる。

ただし、彼の当初の主張や推論には、S字曲線は必ずしもうまく当てはまらない。そのことをオニールはこう説明する。もしも今、物事がうまくいっていなくても、すぐに「定常的社会」の政策を課して、無期限に現状維持をつづけることが必要になるわけではない。困難な時期を乗りこえれば、事態は改善するかもしれない。急坂をのぼる時期――それが終わりなき変化であるにせよ、安定的な未来に向かっているにせよ――は、苦しいものなのだ、と。その意味で、スチュアート・ブランドが、宇宙への植民を単なる移住ととらえていたのは、やはり植民というものの全貌をとらえそこねている。宇宙であれ地球であれ、フロンティアや植民地は、だれもが楽しく暮らせる場所ではない。『ブレードランナー』の映画でも際立っていたが、老人や奴隷のように人間性が危機にさらされている者や、社会で役立たずという烙印を押された者にとっては、とりわけ恐ろしい場所だ。植民という行為はつねに、ある集団の人々――土地を奪われた先住民にせよそれ以外の者にせよ――を、人間以下のものと見なすことによって成り立っているように見える。

この章で取りあげた映画はどれも、似たような曲線のさまざまな地点を描いている。そして、テクノロジーの進歩や植民地への入植を管理するうえで、公正さや、オニールが現実主義にそぐわないとして切り捨てた「善性」をないがしろにしたとき生じうる害悪への批判と受けとることができる。オニールの後期の著作で語られる、企業こそが人間の自由への道をひらくという思想の危険性は、特に『ブレードランナー』に、ありありと描かれていた。しかしオニール自身も『テクノロジーの強み』では、シリコンバレーのような土地で、企業文化のなかに政府の投資を呼びこむすべについて書いている。ちなみにシリコンバレーは、皮肉でもなんでもなく、指数関数的な成長というものが活動原理になっている土地だ。

オニールは日本などで、成長を刺激するための投資の分布図について学んだ。日本では、研究開発部門への投資が、変化と繁栄につながっていたのだ。ここでオニールが展開する論理は、現在用いられる「ネオリベラリズム」という、問題含みながらも便利な用語でとらえることができる。彼は、まず何よりも個人の自由を増大させる必要性を説き、つぎに不足や欠乏を解消する意欲を語る。しかし彼の頭のなかでは、それらを達成する最適かつ唯一の方法は、拡張主義を取って、テクノロジーが元来持っているはずの、人を自由にする能力を頼りにすることなのだ。オニールの世界では、テクノロジーの成長をもたらすものは、企業の「右肩上がり」の成長だ。だから政府はこの分野に投資すべきだということになる。彼自身は、政府が個人の自由に及ぼす影響に不安を抱いている節もあったが、それでも彼の思想体系のなかでは国家が一番重視され、つぎに来るのが企業である。そして、この世界観に対するSFからの数多くの批評にも見られるように、個々の人間は、最もないがしろにされる存在だ。その結果、風変わりな「企業コスミズム」とでもいうべきものが、オニールの世界構想を特徴づけている。新たな自由と絶え間ない変化の可能性を実現できるか否かは、企業の力と統制力を高めることにかかっているというものだ。したがって、不死を実現し、宇宙に旅することができるのは、個人ではなく企業なのだ。

ル＝グウィンの苦言

宇宙が、オニールの「植民地」で充ち満ちる未来、別々の植民地には、別々の文化に属する人たちがつどい、自由に生き方を選ぶ。違いがあっても対立にはつながらない。しかしこの自由が個人にまで及ぶよう保証するのはだれなのか？『ブレードランナー』のレプリカントは、法律で地球にもどることが禁じられていた。では宇宙のパレスチナ人は、宇宙のイスラエル人をたずねることが許されるのか？　この点についてオニールは何も語っていないので、別のSFを見てみよう。

アーシュラ・K・ル＝グウィンの思弁小説、特に「ハイニッシュ・サイクル」シリーズでは、人類の未来におけるS字曲線やホッケースティック型カーブが、脈動し、潮の流れのように満ちたり引いたりする。先に述べたサイバーパンク的ディストピアの書き手と違って、ル＝グウィンは一九六〇年代と七〇年代に（というか、八〇年代、九〇年代、二〇〇〇年代にも）活躍したSF作家のなかで、最もユートピア的な作品を書く作家と考えられていた。しかし、ル＝グウィンの描く世界は、けっしてパラダイスではないし、彼女は、何もかも大丈夫などと請け合ったりもしない。社会は、栄え、そして衰退する。虐殺や、戦争や、個人の悲劇もいたるところにある。それでも彼女の作品に登場するそうした事柄は、警告ではなく、やがてすべては移りかわり、わたしたちはみな、むずかしい選択を迫られるのだという親切な確認のように感じられる。文化人類学者の娘だったル＝グウィンは、宇宙に移住しさえすれば飢餓も戦争もなくなるなどと、軽々しく口にしない。そして無限の繁栄を予測するもっともらしいグラフを見せたりせず、問題点についてまっすぐ誠実に語り、みなが問題に対処するあいだもずっと寄りそってくれる。

ハイニッシュ・サイクルのシリーズは、作者自身も率直に認めているように、欠落も矛盾点もある未来史で、いきなり歴史のただなかから物語がはじまる。[19] この世界の人間、あるいは人間の祖先や係累は、はるか昔から宇宙で暮らしていたらしい。何億年も昔、地球や、ほかの数多くの惑星に、ハイン人と呼ばれる人たちが住みついた。それはジェラード・オニールが提案した、人類が無限に宇宙進出する未来を思わせるような大量の移住だ。しかし、彼らの開発した技術文明は、永続しなかった。地球人もほかの惑星の人々も、ハイン人の歴史を忘れてしまい、宇宙旅行の能力も、ほかの「ハイテク」な技術も失ってしまった。それが徐々に起こったのか、あるいは突然の崩壊だったのか、ル＝グウィンの物語では描かれない。しかし彼らの人口動態や公害や食料生産などのグラフを古代のローマクラブのような団体が作ったとしたら、どっちみちその曲線は、右肩下がりになっていただろう。時代がくだって、われわれの現在を通りこし、未来の時点に飛ぶと、ハイニッシュ世界の人類はまたほかの太陽系にまで広がり、別の惑星の人間に出会うことになる。

この設定にはいろいろ効果があるが、とりわけ未来の道筋は決まっているという考え方への批評として理想的だ。オニールのかかげる右肩上がりの曲線は、世界から離れる軌道——つまり拡大中の技術文明が惑星表面から飛び立っていく際の軌道だった。これに対してル＝グウィンの主人公たちは、つねに重力に引かれて惑星に降り立ち、世界の奥深くへ入りこむ。そこで出会う社会のなかへ、生態系、土地、気候のなかへ。そうすることで、やがて彼らは土地の者たちと見わけがつかなくなる。「土地の者（宇宙の先住民）とおなじ生活をする」というのは、「ハイニッシュ・サイクル」シリーズの最も重要なテーマである。数えきれないほどの先駆者たちが、やはり数えきれないほどのさまざまな惑星に降り立つことで、ありとあらゆる姿形の人間たちが栄えてきた。そんな世界のなかで、主人公たちは多くの場合、困惑しながらも文化人類学者のように新たな世界を観察し、やがて自身もその世界に引きこまれてゆく。

さまざまな惑星の連合体である〈エクーメン〉は、違いを尊び、不干渉を大切にして、異なる民族同士が自由に行き来したり自由に出会ったりすることを認める。ル＝グウィン自身はシリーズを〈ハイニッシュ・サイクル〉とは呼んでいないが、ハイン人を祖先とした一連の物語は脈打ち、おなじテーマが何度も現れる。地球そのものは、この何世紀にもわたる未来史のなかで、少なくとも二度、人口が激減した荒野になっており、そういうことがまた何度も起こるかもしれないということもほのめかされている。クラークの『地球帝国』やオニールの『二〇八一年』でもそうだったように、宇宙旅行ができれば、母星が野生の状態に近づいてもそれを受けとめる余裕が生まれる。しかしおもしろいことに、ル＝グウィンの作品では「原始社会」から「文明社会」への発展という一本道は描かれない。すべてを凌駕する運命論や目的論はなく、ただ大まかな傾向が描かれるだけだ。ル＝グウィンの惑星的想像力《プラネタリー・イマジネーション》は、異人恐怖症ではなく異人への愛情を土台にしている。そしてさまざまな惑星に住む民族の際限のない違いは、それぞれが暮らす環境の違いにもとづいている。

オニールは、アメリカと日本のように異なる社会のあいだでは、テクノロジーが強みになると書いた。だが同時に、テクノロジーはそれぞれの社会と世界とを分断する原因にもなって、人を右肩上がりの成長へと駆り立てる。オニールの構想によれば、人間はやがてテクノロジーの力のみで理想的な新世界を建設し、それを巨大な宇宙服のように身にまとって、天空からは切りはなされ、円筒や球や円環の内部で暮らすようになる。オニールにとって、テクノロジーとはへらのようなもので、人間を地表からこそげ取り、マスドライバーの弾体のように、すごいスピードで宇宙にほうりなげる。これに対してル＝グウィンの作品では、人間が世界を作るのではなく、世界が人間を作る。森林世界、氷にとざされた世界、砂漠の世界、海におおわれた世界——真に文化人類学的な視点で描かれたそれらの世界のなかで、主体と環境は複雑に織り合わされ、分かつことができない。

しかしル＝グウィンは、けっしてテクノロジーに無関心なわけではなかった。二〇〇四年に自身のブログで発表した最も有名なエッセイのひとつで、ル＝グウィンは、特にSF畑の批評家やほかの作家に対し、「テクノロジー」に関する想像力の乏しさを指摘している。タイトルは「『テクノロジー』にまつわる苦言」。辛辣で、ユーモアに富んだ、いかにもネット上のエッセイらしい書きぶりで、単刀直入に問題を指摘している。宇宙船と空飛ぶ車、真空トンネルの列車といったものにだけ注目する人たちは、的はずれだと彼女はいう。テクノロジーとは、ホッケースティック型カーブでぐんぐん成長するハイテク機器ばかりを指すのではない。時には社会的なソフトウェアがS字カーブを維持し、崩壊を阻止することもあるのだ。

一五〇年ものあいだ、技術がたゆみなく進歩しつづけたせいで、わたしたちはすっかり感覚が麻痺してしまい、コンピュータやジェット爆撃機ほど複雑でも派手でもないものは、「テクノロジー」とは呼べないと思うようになってしまった。それでは、亜麻布は、原料の亜麻とおなじものだとでもいうのだろうか。紙や、インク、車輪、ナイフ、置き時計、椅子、アスピリンの錠剤が自然物で、髪や歯とおなじく、生まれたときいっしょに生えてくるとでもいうのだろうか。鉄製のシチュー鍋で底に銅がはってあるものや、回収したペットボトルからできたフリースのベストは、木に実る果実で、熟したら収穫するとでもいうのだろうか。[20]

そしてテクノロジーが人間を地表からこそげ取るという考えとは逆に、ル＝グウィンは、テクノロジーというもの、とりわけ見すごされがちなテクノロジーというものは、「人間が物質世界と積極的にかかわるための手段である」と述べている。

よく知られているように、ル＝グウィンの〈ハイニッシュ・サイクル〉シリーズにも光速に近いスピードで飛ぶ宇宙船が出てくるし、何光年も離れた惑星間で即時に通信できるアンシブルという通信技術も登場する。しかし彼女はコンスタンティン・ツィオルコフスキーやジュール・ヴェルヌやほかの多くの作家たちがしたように、話の流れを断ち切って技術者にその仕組みを説明させるようなことはしない。逆に、先のエッセイに登場した日常的な品々と同様、そのテクノロジーが人と人や、人と世界をつなぐさまを静かに描写するだけだ。アンシブルは遠く離れた惑星間でも通信できるが、移動はできないというきわめて影響力のある概念で、ほかの多くの作家たちが、彼女の名前を残しながら作品にアンシブルを利用している。これを用いると、さまざまな魅力的な世界を構築することができるからだ。もしも何十光年も離れたところにいる、まったく違う人たちと、即座に話ができるのにけっしてたずねていくことはできないとしたら、どうだろう？「もっともらしい説明をつけたい」という思いは、いわゆる「ハードSF」の作家を強くとらえているし、オニールも、もっともらしい説明を土台に、一九七〇年代の技術で「宇宙植民地」が建設できると主張している。しかしル＝グウィンは、もっとしなやかな可能性に注目している。宇宙船の仕組みはどうでもいいのだ。それより、その宇宙船のおかげでわたしたちが新しい世界に埋没できること、そして宇宙飛行士ですら道に迷ったりするのだと知ることのほうがおもしろい。

アーシュラ・K・ル＝グウィンは、数多くの世界を創出したが（あまりに多いので、惑星をひとつふたつ忘れてしまうこともあると認めている）、そのなかで、異なる社会や文化の対立を通じて、植民地的、搾取的な方法論を批判している。ル＝グウィンは生涯にわたって相違や文化に心をかたむけ、その結果、公正さと変化を重んじるようになった。死去する前、二〇一四年に全米図書賞の場でおこなったスピーチで、その立場を簡潔に語っている。「わたしたちは資本主義の世界に生きています。その威力からはのがれられないように見えます。でも、国王の神授権からだって、のがれられないように見えました。人間の権力は、どんなものであっても、人間の抵抗によって変えることができるのです」▼21

先に述べたようにオニールの宇宙では、惑星表面は、立ち去る場所かあるいは掘りかえして資源を採掘する場所だった。さまざまな相違も、オニールにとっては利用価値だった。たとえば彼は、「宇宙植民地」でなら、暮らし方や文化や政治の実験ができるのではないかと期待していた。そうすることで人間の生き方全般に刺激を与えることができるかもしれないし、宇宙でうまくいったやり方を地球に持ちかえって広めることもできるのではないかと。しかしオニールは、そういうやり方自体が植民地主義的なパラダイムで、へたをすれば悲惨な結果をまねきかねないということに気づいていなかった。フロンティアでは実験はしばしばおこなわれるが、実験された者にとってはいい迷惑である。

まして宇宙のフロンティアでは生存のハードルがぐっと上がる。地上のリスクを宇宙の「植民地」へ追いやって、そこで得た価値を――たとえ文化的な価値であっても――中央へ持ちかえるというのは、少しも新しいパラダイムではない。あなたにとっては「絶え間ない変化」かもしれないが、わたしにしてみれば「定常的世界」だ。

オニールは、安全よりも自由を優先すると書いていた。しかし彼の世界構想には、とても安全な、郊外族的な雰囲気がただよっていた。一九七〇年代の北アメリカは、中流階級の白人が続々と都市の中心部から逃げ出した時代だ。そんな時期に活躍したオニールは、都市にまったく興味がないようだった。オニールが自身のプロジェクトのためにNASAを通じて依頼した絵には、田園のような郊外住宅地や、巨大な住宅地のはずれの趣味のいい緑地で、中流階級の人たちが幸せそうに暮らすさまが描かれている。遠景に大都市が見える場合もある。『二〇八一年』には真空トンネルの列車が登場するし、『2300年未来への旅』や、ツィオルコフスキーの思いえがく未来の地球のように、地域全体が巨大なドームにおおわれ、内部は気候が調節されていて、害虫もいない。しかしそこにあるのは人口の密集した都市ではなく、小さな町や郊外の住宅地だ。住民は大きな乗り物や家を買うのにお金を使う。『ブレードランナー』のように空飛ぶ自動車もあり、主人公たちはそれに乗って都会へ行き、娯楽を楽しんだり、目新しい体験をしたりする。

オニールの世界構想は、よくあるタイプのものだ。成長曲線の中途にあるフロンティアの様子はけっして見せない。それはほかの人が体験すればいいし、SFが描けばいいことだ。しかしレプリカントと同様、そういう新しい人々、新たな世界を開拓するために生み出された人々は、けっきょく故郷にもどってくる。宇宙飛行士のルシアン・ウォルコウィッツがいうように「宇宙で起こることは地球でも起こる」のだ。[22] ジェラード・オニールの場合、その独特な矛盾のありよう――政府に不信感を抱きながらも予算をつけるよう議会で陳述したり、ＳＦを活用しながらも批判として機能するＳＦには興味を示さなかったり、新しいものと自由を尊ぶと表明しながらも現状維持を支持したり――こそが、最も影響が大きく、後世にまで残る遺産なのかもしれない。

6
アメリカ航空宇宙局

一九八四年のよく晴れた秋の日、ひとりの建築家がアメリカ中西部を車で走っていた。これからインディアナポリスで、宇宙での暮らしについて講演するのだ。彼は、拠点であるオハイオ州クリーブランドから、こうして定期的に各地をたずねていた。働きはじめてからずっとクリーブランドにあるグレン研究センターに勤めてきたが、つい最近、その仕事を退職したところだ。建築家の名はジェシー・ストリックランド。彼は一九五〇年に、アメリカ航空諮問委員会（NACA）の一部署で、当時、ルイス飛行推進研究所と呼ばれていたこの研究所に採用された。あの時代の黒人男性としては、特筆すべき成果だ。やがてストリックランドは、研究所の施設全体を統括する主任建築士に就任した。一九五八年にはアメリカ航空宇宙局（NASA）が発足し、既存の組織もすべてその傘下に吸収された。

ストリックランドの在任中に多くのことが変わった。退職するころには、グレン研究センターの構内で、彼が設計にたずさわっていない建物はひとつもなくなっていた。建築の仕事に加えて、コミュニティ作りや教育、後進の育成にも力を注ぎ、コーディネーターを務めたNASAの職業訓練プログラムでは、高校を中退した生徒が大人になってから高校にもどって課程を修了するよう、機会を提供したり助言を送ったりした。研究所に採用されたばかりの新人にはつねに手を差しのべたが、特に黒人の新人が入ってくると、所内を連れまわして人に紹介したり、疑問や悩み事があればいつでも相談に乗ったりした。やがて彼は正式にグレン研究センターの機会均等委員会の委員になり、所内での人

種差別の訴えなどに対処した。▼1

NASAで建築家として活躍していたストリックランドは、当然のことながら宇宙科学や宇宙飛行にも深い関心を抱き、ジェラード・オニールの宇宙定住計画も長年にわたって支持していた。グレン研究センターではNASAの〈講師局〉の一員に名を連ねていた。NASAの説明によれば、講師局とは「NASAを代表して、市民センターや専門家の集まり、学校、その他の場で講演をおこなう技術者、科学者、その他の専門家の集団」だ。NASAではこうしたアウトリーチや教育の責任が重視されていて、ストリックランドは、明晰で温かい人柄やウイットに富んだ話しぶりで人気が高かった。在任中も退職後も、中西部の各地をまわって、大学、社交クラブ、宇宙愛好家などの集まりで、NASAや、宇宙飛行、そして「地球を離れての暮らし」つまり将来、人間が宇宙に長期滞在する可能性などについて講演をおこなった。

マーゴット・リー・シェタリーの二〇一六年の本と、同年に公開された映画『ヒドン・フィギュアズ（*Hidden Figures*）』（邦題『ドリーム』）のタイトルは、NASAの計算手を務め、人知れぬ存在《ヒドン・フィギュアズ》であった黒人女性たちのことを指している。二〇世紀中盤には、「コンピュータ」という言葉は、文字どおり手で計算をおこなう「計算手」のことを指していた。複雑な宇宙飛行や、たどるべき軌道、そしてロケットの科学を計算によって明らかにするのが計算手の仕事だった。主人公のひとりキャサリン・ジョンソンは、バージニア州にあるラングレー研究所に所属し、一九六一年におこなわれたアラン・シェパードの弾道飛行と地球への帰還の軌道を計算した。翌年には、ジョン・グレンの搭乗する宇宙船が、さらに複雑なミッションを担って打ち上げられた。これは、前年にソ連の宇宙開発プログラムとユーリ・ガガーリン飛行士が達成した、有人宇宙船で地球の軌道を周回し、無事に帰還するという偉業になんとか追いつこうとするものだった。このころには、軌道計算は時として電子「コンピュータ」でおこなわれるようになっていて、NASAの研究所に詰める女性たちが毎回、手計算をするわけではなかった。しかしジョン・グレンは、手計算での確認を望んだ。「あの娘《ザ・ガール》にやってもらってくれ」とグレンは管制官にいい、管制官たちは当時四四歳だったキャサリン・ジョンソンに、ジョン・グレンの数字をもう一度計算するよう頼んだ。▼2

アメリカの宇宙開発の歴史で黒人女性が果たした重要な役割は、意図的に隠されていたわけではないが、忘れられていたのはたしかだ。キャサリン・ジョンソンの仕事が、ようやく全米に知られるようになったのは二〇一〇年のことだった。しかもアポロ計画やスペースシャトルでも引きつづき重要な役割を果たしていたのに、彼女は講師局をはじめ、二〇世紀終盤にNASAが力を入れた、一般市民向けの企画には一切登場したことがない。わたしがこの章を執筆していた二〇二〇年一二月の一〇か月前、二〇二〇年二月にキャサリン・ジョンソンは一〇一歳で亡くなったが、今や彼女の名前はアメリカ人ならだれもが知るところになった。逆に、かつて講演に引っぱりだこだったジェシー・ストリックランドの名は、宇宙科学にくわしい人たちのあいだでも忘れさられている。

ジョンソンやストリックランドのような人たちが、注目を浴びたり、忘れられたりするのは、NASAが設立当初から置かれている複雑な立場を反映したものだ。NASAが存在を保ち活動をつづけるためには、一般の人たちに活動内容がはっきり見えることが必要だ。しかし、目ざすことのイメージをあまりにはっきり打ち出したために、厄介な立場に追いこまれたこともあった。未来への希望と、現状とのギャップが目立ってしまうからだ。公的機関であるNASAは、世界一有名な宇宙局だし、おそらく人類最大の宇宙飛行能力をたずさえた組織だろう。しかし、予算を確保しつづけるためには、そうした能力をはっきりと示さなくてはならない。NASAは、可能なかぎり最高の自画像と、可能なかぎり最高の未来像を描く必要があるのだ。そのために、技術面、社会面、政治面を統括した複雑なシステムを作りあげてそれに依存し、また、この複雑なシステムを読みとりやすく、感じとりやすく、理解しやすくするために、さまざまなイメージを利用している。

目に見えるイメージ

冷戦と宇宙開発競争がもたらしたものは、新技術による物質的な脅威だけではなかった。宇宙開発競争を契機にイメージ戦略がさかんになり、イメージを用いて技術的な能力を実証したり、力を増強したりするようになったのだ。この時代のニュースや画像、そして宇宙探査全般には、技術がらみの話題が多いのだが、これらは同時に政治的、社会的にも大きな影響をもたらした。たとえばソ連が一九五七年に打ち上げて地球の周回軌道に乗せたスプートニク1号は、国際地球観測年におこなわれた科学実験のひとつというだけではない。パフォーマンスでもあった。衛星は、夜空でも見えるよう、表面がぴかぴかに磨かれていたし、ユニークな球形のフォルムから無線アンテナが四本突きだし、一般の人たちが追尾できる周波数帯で「ピーッ、ピーッ」という信号音を発しながら軌道をめぐるその姿は、宇宙時代のシンボルとして世界中の人々の心に深く焼きついた。

スプートニクショックの前、アイゼンハワー大統領は、ソ連が衛星を打ち上げる技術的な能力を開発しつつあることに気づいていたらしい。またソ連が、アメリカの宇宙開発プログラム（ヴェルナー・フォン・ブラウンが率いるチームのものも含めて）の進度を注視していることも承知していたようだ。しかし当時、米ソの関係が比較的均衡していたこともあってか、打ち上げがおこなわれるまで、アメリカ側は特にあせる様子もなかった。アメリカが、見た目のアピールとイメージの衝撃を軽く見ていたことは大きなまちがいで、このあとは、おなじまちがいを繰りかえすまいと躍起になる。しかしその数週間後、人々の目に映ったのは、アメリカのロケットが発射台で爆発炎上する場面だった。一方、ソビエトの宇宙開発から世界に向けて送られたつぎなるイメージは、若い、元気な犬の写真だった。犬のライカがスプートニク2号で打ち上げられたのだ。スプートニク1号のわずかひと月後の一九五七年一一月三日、一一月革命から四〇周年の記念日だった。さらにその後、ユーリ・ガガーリンの、無垢できりりとした社会主義者らしい顔が、世界中の新聞の一面をかざると、ついにアメリカの宇宙開発プログラムも、競争相手にまさるイメージを繰りだしはじめた。若くエネルギッシュな白人宇宙飛行士、ジョン・グレンの写真だ。クルーカットで少し皮肉っぽい笑みを浮かべ、シルバーの宇宙服に身を包んだ姿。これなら受けもいいだろう。

ふたつの超大国のイメージ戦略合戦は、相手にだけ向けられていたわけではない。世界中の植民地、影響の及ぶ国々、同盟国、中立国の人々に向けても発信されていた。地球レベルの世界構想と、覇権の形成がかかっていた。構成要素の国々が、ふたつの異なる帝国圏と経済圏をどのように形づくっていくのか。

アポロ8号が、史上初めて月の周回軌道から撮影した「地球の出」の写真は、環境保護運動家からサイバネティクス研究者に至るまで、あらゆる人々の口の端にのぼった。それは地球がひとつの全《まった》き体系であることを示す、豊かな写真だった。複雑さもその衝撃の前には、たちまち吹き飛んでしまう。宗教的ともいえるほどの畏敬の念と静けさ、第3章で取りあげた「オーバービュー効果」が、ここにはあった。しかし科学・テクノロジー研究家のジョーダン・ビムが指摘するように、大切なのは、その光景を見ているのがだれなのかということだ[3]。

アメリカとソ連の地球全体に対する見方は、それぞれ大きく異なっていた。アポロの月面着陸は捏造などではなく実際におこなわれたが、デザイナーで建築学者のニコラス・デ・モンショーが指摘するように、月面着陸は、ある特定のイメージを生み出し世界に広めるよう、意識的に練られたもので、そこにはきわめて具体的な目的があった。デ・モンショーがいうように、アポロ計画の宇宙服や宇宙船内部の複雑に構築された技術は、注目を浴びると同時に、目立たなくもなってしまった。バズ・オルドリンが月面に降り立つ画像が大量に再生産されたためだ。[4]

月面に立つオルドリンの写真は、おそらく「人類、宇宙に出る」のイメージとして、最も効果的で最も数多く複製されたものだろう。その前には、一九六五年に人類初の宇宙遊泳をおこなったソ連の宇宙飛行士アレクセイ・レオーノフの記念碑的な写真があった。昔から絵を描くのが得意だったレオーノフは、この飛行中に、自分で持っていった色鉛筆で日の出の絵を描き、史上初めて宇宙で絵を描いた人間になった。有名になった宇宙遊泳の場面も、いろいろな視点から何度も描いている。もしもソ連の宇宙開発がその後もうまくいっていれば、「人類月に立つ」の場面には、代わりにレオーノフが立っていたかもしれない。宇宙遊泳のあとには月に着陸して月面を歩く計画もあったのだ。そうすれば宇宙開発競争の物語は、きれいにまとまって終わりをむかえていただろう。

その後、米ソ両国とその宇宙開発機構を結びつけたのは、月面への旅ではなく宇宙船内部への旅だった。オルドリンの月面着陸から六年後の一九七五年、ソ連とアメリカの宇宙開発機構は共同で、前例のないプロジェクトに取り組むことになった。六〇年代にケネディ大統領が、米ソが共同で月着陸に挑むのもいいと言及したが、それを実現する形で、米ソは〈アポロ・ソユーズ共同飛行〉を実現することになったのだ。ソ連とアメリカの宇宙船は軌道上で出会ってドッキングし、四四時間その状態を保った。乗組員はいっしょに食事をし、いっしょに生活した。ソ連のミッションの司令官だったレオーノフは、アメリカの司令官の肖像画を描いた。[5] このプロジェクトの機械部分の構成原理、すなわち米ソで共同開発した〈アンドロジナスドッキング機構〉は、現在、国際宇宙ステーション（ＩＳＳ）で使用されているドッキング機構の祖先だ。ＩＳＳでは現在も、ＮＡＳＡがロシアやほかの諸国の宇宙開発機構と共同で研究をつづけている。

こうして宇宙開発競争が大団円をむかえるまでには、ほかにもイメージや、その構築が力を発揮する場面があり、よき物語を作りあげるうえでソ連が勝利をおさめるケースも多々あった。ソ連はアメリカが、国外では好戦的な帝国行為の国というイメージを持たれ、国内では差別や不平等を終わらせようとしない政府というイメージを持たれていることを見てとり、アポロ11号の前にもあとにも相手の弱みにつけこむ動きを見せた。まず一九六三年には、最初の女性宇宙飛行士ワレンチナ・テレシコワを宇宙へ送った。そして一九八〇年にはキューバ人のアルナルド・タマヨ・メンデスを、アフリカ系の祖先を持つ者として初めて宇宙飛行士に任命した。メンデスはソユーズ38号に乗り組み、宇宙ステーション、サリュート6号に滞在した。ソビエト連邦は、初の（そして現在まで同国では唯一の）黒人宇宙飛行士を宇宙へ送るという機会を利用して、同盟国であり貿易相手国でもあるキューバとの絆を強めようとしたのだ。

アメリカも国内の溝や亀裂になんらかの形で対処する必要があった。しかし、NASAがようやく初の黒人宇宙飛行士ギオン・ブルフォードを宇宙に送ったのはその三年後だった。ブルフォードはスペースシャトルのミッション〈STS8〉の一員としてチャレンジャーに搭乗した。NASAも、宇宙飛行士サークルの外では、機会均等を実現する必要性に早くから気づいていたし、それを世界に示すことのプロパガンダ的な価値も理解していた。シェタリーが『ドリーム』で書いているとおり、NASAの前身であるNACAの時代に、主任法律顧問は覚書につぎのように記していた。「世界の人口の八〇パーセントは有色人種だ。アメリカが世界の主導権を握ろうとするなら、国内全域で平等が実現されていることを世界に示す必要がある」[6]

競争に打ち勝って国外に同盟国を増やし、アメリカの「リーダーシップ」を受けいれてくれそうな国をできるだけ多くするには、アメリカは国内の状況を改善し、分断されている人々を統合する必要があった。だからＮＡＳＡは、一九六四年に公民権法が成立して「分離すれども平等」という旧来の人種隔離政策が憲法違反となる以前に、人種差別撤廃へ向けて動きはじめた。しかし組織のありよう《テクトニクス》には、作りあげた現実だけでなく、理念の表出も含まれる。政策そのものだけでなく、その政策を採るうえでの意思表示も大切なのだ。

ＮＡＳＡが人種隔離政策を撤廃すると、キャサリン・ジョンソンやジェシー・ストリックランドのような黒人の職員は、機会が増えると同時に苦労も味わった。ＮＡＳＡが研究所構内の施設について「分離すれども平等」の政策を正式に撤廃したのは、ふたりが長年勤務している最中だった。シェタリーの『ドリーム』には、ジョンソンや同僚の黒人女性たちがトイレやカフェテリアなど所内の公共施設を使用する際の苦労がくわしく記されている。そして研究所の主任建築士だったラングレーは、グレン研究センターでカフェテリアの改装および改善を手がけたわけで、そこには複雑な心境があっただろうと想像される。かつては自分も、友人や同僚と離れてすわらなくてはならなかった空間を統合したのだから。

アラバマ州ハンツヴィルにあるマーシャル宇宙飛行センターに勤める黒人職員は、さらなる激動の日々を体験していたことだろう。彼らは一九六〇年代初頭、人種隔離政策が撤廃されたセンター内の施設で注意深く日々を過ごしていただろうが、いまだ隔離政策がおこなわれていた町のメインストリートの食堂では、学生たちが「シット・イン」の抗議活動をはじめていた。当時のセンター長で、元ナチス親衛隊のヴェルナー・フォン・ブラウンは、サターンＶ型ロケットの設計にかかりきりだったが、ハンツヴィルのセンターの首脳部がほとんどみな、ドイツで、サターンロケットの原型であるＶ２ロケットの開発にたずさわっていた者たちだったことも忘れてはならない。Ｖ２ロケットは、ドイツで、捕虜や囚人たちの奴隷労働によって組み立てられ、膨大な苦しみと数多くの犠牲者を生んだ。
けっきょく、黒人宇宙飛行士が、フォン・ブラウンとドイツ人科学者チームの開発したサターンV型ロケットで飛ぶことはなかった。だが惜しいところまで行った人物がひとりだけいた。一九六一年にエド・ドワイトは、アメリカ初の黒人宇宙飛行士候補者に選ばれた。しかしきびしい訓練課程のうちレベル二までは到達したものの、宇宙飛行士に選ばれることはなかった。ドワイトはそのことを人種政策のせいだと語る。[7] ケネディ大統領の補佐官が「象徴的な意味合いで」彼を候補者に含めるよう進言したというのだ。ドワイトの宇宙飛行士としてのキャリアは、持ちあげる者とこきおろす者の両方に足を引っぱられたように見える。一方には、宇宙飛行士候補者となった彼を、科学技術方面で活躍する未来の黒人学生の象徴としてまつりあげようとする人たちがいた。そういう人たちは、ドワイトが（当然のように）候補からはずれると、たちまち冷ややかに背を向けた。もう一方にはアメリカ空軍の著名なテストパイロット、チャック・イェーガーのようにわざわざ口をはさんできて、ドワイトの学歴などをけなし、ただのお飾りだと切りすてる者もいた。[8]
こうしたさまざまなイメージ戦略のなかで、幾多の語りに埋もれてはいても、そこには生身のエド・ドワイトがいた。宇宙飛行士の訓練からしりぞいたのち、ドワイトはいろいろな職業についてきた。レストラン経営に手をそめ、不動産開発業にもたずさわった。今、彼は自分でイメージを生み出す仕事をしている。公共施設の記念碑などを手がける彫刻家として数多くの作品を作っているのだ。数十年に及ぶ彫刻家としてのキャリアを通じ、テーマは一貫して公民権運動だ。こうしてイメージを作り出す仕事にたずさわる今、作品に対して多様な解釈が生まれうることはよく承知している。二〇一五年に『ガーディアン』紙のインタビューを受けた際には、「わたしの作品は、相反するものの流動体だ」と語っている。鑑賞する人によって、自分が政治的な亀裂を象徴したり、つなぎあわせる力を象徴したりすることもわかっている。人によって見方が異なり、全体像すらも見え方が違うことがある。

「敵愾心と中立性を分かつ細い境界線がある。それを踏みこえたくはない」。ドワイトは、コロラド州デンバーのアトリエでそう語った。「だが、わたしの彫刻がハッピーエンドを語るときでさえも、解釈がふたとおり生じる場合がある。白人の鑑賞者は『われわれが是正したんだ。おかげで今はよくなった』と考える。でも黒人の鑑賞者は、自分たちが乗りこえた、克服して勝利をおさめたのだとわかっている」[9]

アメリカの黒人で、初めて宇宙飛行士の訓練課程を最後まで終了し、宇宙飛行士に選ばれたのがロバート・ヘンリー・ローレンス・ジュニアだ。オハイオ州立大学の化学の博士号を持つテストパイロットで、自分が選ばれたことは特段に象徴的な出来事だとは考えていなかった。彼にいわせれば、社会情勢が変化するなかでの「通常の進展」だ。[10]一九六七年六月に、ローレンスは正式に宇宙飛行士として選定される。ところがその年の一二月、彼は飛行機の墜落事故で亡くなってしまう。別の空軍パイロットに、ローレンスが得意とする上級の飛行技術を教えている最中のことだった。

もうひとり、ローレンスの世代の黒人宇宙飛行士にリビングストン・ホールダー・ジュニアがいるが、彼は一九八六年のスペースシャトル・チャレンジャーの爆発事故のあとスペースシャトルの打ち上げが三年近く棚上げされているうちに、飛ぶチャンスを失ってしまった。あの事故では黒人宇宙飛行士のロナルド・マクネアが犠牲になっている。マクネアはその前のチャレンジャー号のミッションで、すでに一度宇宙に行っていた。ほかにもふたり、飛行せずじまいになったマイケル・ベルトとイヴォンヌ・ケイグルという黒人宇宙飛行士がいるが、その理由は、ふたりの経歴などにも記されていない。ベルトはすでに退職しているが、ケイグルは、宇宙飛行士としての資格は喪失したものの、今もNASAに勤務している。ジェシー・ストリックランドと同様、ケイグルはよくNASAのスタッフとして講演をおこなっていて、人類が将来宇宙に出ていくことについて熱く語っている。

合計すると、本章を書いている時点で、宇宙へ行った三三九人のアメリカ人のうち黒人は一五人だった。そのなかには、のちにNASA長官として八年間勤めるチャールズ・ボールデンや、黒人女性として初めて宇宙に出たメイ・ジェミソンもいる。彼女もやはりローレンスと同年代だ。よく知られているようにジェミソンは、子どものころテレビドラマの『スター・トレック』を観て、黒人女性であるウフーラ中尉にあこがれ、宇宙飛行士になろうと思った〔オリジナルシリーズの日本でのタイトルは『宇宙大作戦』。ウフーラの吹き替え版での名前は、ウラ〕。ウフーラを演じ、肉づけしたのは女優のニシェル・ニコルズだ。当時としては画期的な役どころで、プロデューサーのジーン・ロッデンベリーの問題意識を表していた。ロッデンベリーは、未来の宇宙を舞台にしたこのドラマで、より公正な、より多様性のある社会が可能であるということを目に見える形で示そうとしたのだ。女優のニコルズは、シーズン一が終わったあとやめようと思っていたが、マーティン・ルーサー・キング牧師その人に「あなたは、われわれが目ざす先にあるものを体現してくれている」といわれて思いなおしたという。[11]

キング牧師は希望を抱いていたが、黒人宇宙飛行士の活躍の歴史には長い空白期間があり、それがようやく最近、是正されたところだ。国際宇宙ステーションの建設中、NASAは、平均して年にひとり、黒人宇宙飛行士を宇宙へ送っていた。ところが二〇一一年にスペースシャトルの運用が終了すると、そのペースが突然途切れてしまう。つづく九年間、アメリカの宇宙開発プログラムはロシアの機材と、打ち上げと、質実剛健なソユーズ宇宙船に頼って宇宙に出ることになるが、その時期には黒人の宇宙飛行士はひとりも搭乗しなかった。

NASAは、この空白が生まれた理由も、二〇一八年にロシアのソユーズ宇宙船で宇宙ステーションに向かうことになっていた黒人女性宇宙飛行士のジャネット・エプスが、突如、任務からはずされた理由も明らかにしていない。エプスの代役は白人の宇宙飛行士になった。ロシアの宇宙開発機構〈ロスコスモス〉のなかに暗黙の人種差別政策があるせいでこの空白期間が生まれているのだという観測も出たが、それに対してロシアの国営メディア『ロシア・トゥデイ』は、無署名の記事で、以前ロシアが多様性を受けいれる姿勢を明確に示していたことをあげて、反論している。

「アフリカ系の祖先を持つ最初の宇宙飛行士は、キューバ人のアルナルド・タマヨ・メンデスで、一九八〇年にソビエト連邦の宇宙船で打ち上げられた。NASAが最初のアフリカ系アメリカ人宇宙飛行士ギオン・ブルフォードを宇宙に送ったのはその三年後だ」[12]。しかしNASA自体はこの問題について、何の映像も談話も出していない。黒人宇宙飛行士たちの姿は、また隠されてしまったのだ。エプスがミッションからはずされたことについては、NASAのスポークスマンが「こうした決定は人事にかかわる事柄であり、NASAは情報を提供しない」というコメントを発表している。[13]

「完成予想図」というシグナル

二〇一五年、わたしはシリコンバレーにあるNASAのエイムズ研究センターをおとずれた。公文書館に保管されている、画家で建築家のリック・ガイディスの絵を見せてもらうのが目的だ。ガイディスは、エイムズで何度か開催された夏季ワークショップ用に宇宙ステーションなどの完成予想図を描いていた。一九七五年にジェラード・オニールが講師を務めた〈宇宙定住の研究〉も、そうしたワークショップのひとつだ。わたしは、ガイディスにインタビューをするのも楽しみだった。彼自身も、自分の絵を見るのは何十年かぶりだったようだ。われわれをむかえてくれたのは、エイムズ研究センターのアーキビスト、エイプリル・ゲイジだ。

公文書館に保管されているガイディスの絵を見ながらひとしきり話をしたあと、ゲイジはセンターの別の建物にわれわれを案内してくれた。間仕切りのない広々としたオフィスの談話エリアに、一九七五年のオニールのワークショップのためにガイディスが描いた絵が二枚、飾ってあった。ひとつは〈スタンフォード・トーラス〉と呼ばれる宇宙ステーションの内部を描いたもの。ステーションは、回転する巨大な自転車の車輪のような形をしていて、直径は一マイルに及ぶ。視点は、階段状に築かれた住宅地の庭に据えてあり、円環の内部を見はらしている。谷間には運動場や自転車道が整備され、畑もある。反対側の土手には、やはり階段状の住宅地や商店が見える。若い男女が中庭の手すりに寄りかかっておしゃべりをしている。女性のほうはまだテニスウェアを着ているところを見ると、今テニスコートから引きあげてきたばかりなのだろうか。

もう一枚の絵は、J・D・バナールの業績に敬意を表して名づけられた、これまた巨大な〈バナール球〉の内部を描いたものだ。この球も回転して人工的に重力を生み出しているが、それでもひとりの女性がハンググライダーで空を飛んでいる。その向こうには住宅地や緑地が広がっているが、女性の背後のそれは、さかさまに吊り下がっているように見える。手前では、にぎやかなカクテルパーティーもひらかれていて、そのうちのひとりはにっこりほほえむアフロヘアの黒人女性だ。この二枚の絵は、一九七五年の夏季ワークショップのために描かれた一三枚の絵の一部で、のちにNASAとオニールらが、このプロジェクトを推進するために公開した。一三枚のうちおよそ半分をガイディスが描き、のこりの半分は第5章の冒頭で言及したドン・デイヴィスが描いている。ドン・デイヴィスは、当時まだ目新しかった惑星科学の分野でイラストを描きはじめ、カール・セーガンなどとも仕事をした。[▼14]

ガイディスとゲイジとわたしがオフィスにかかげられた二枚の絵を見ながら話をしていると、人工衛星ミッション開発部門のスタッフが、遠慮がちに近づいてきた。しばらく前からこの絵がオフィスに飾られていることが、とても大きいとガイディスに伝えたかったのだという。「この絵を見ると、仕事中もほんとうにやる気が出るんです！」。ガイディスは、商業美術と建築の二分野の専門知識を持っているおかげで、こうした想像画を描く技能がそなわったし、また製品やプロジェクトを売りこむ上でも役に立ったと語る。

ガイディスが描いた二枚の絵は、この数年前、当時エイムズ研究センター初のエコノミストだったアレグザンダー・マクドナルドが、この人工衛星ミッション開発部門のオフィスに飾ったのだという。ねらいは、まさしく先のスタッフの言葉どおり、やる気をかき立てることだった。やがてこれらの絵は公文書館が引き取り、正式にエイムズ研究センター公文書館の所蔵品になった。最近では、サンフランシスコ近代美術館の展覧会で展示されていた。[15]

宇宙開発競争の歴史を語るとき、多くの人は、国際舞台での「威信」を求めるアメリカとソ連、ふたつの超大国の思惑に注目しがちだ。しかし、現在、NASA全体のチーフエコノミストで、宇宙探査の歴史家でもあるマクドナルドは、もう少し幅広く、もう少し具体的な視点で、国家の宇宙開発プログラムや宇宙探査の表と裏にある動機や作用を語りたいと考えている。二〇一七年に出版した『長い宇宙時代（*The Long Space Age* 未訳）』でも記しているように、マクドナルドは、「威信」――技術的能力を見せつけることによって、国際舞台で賞賛や、尊敬や、少なからぬ恐怖を蓄積すること――というものは、もっと大きなカテゴリの一部にすぎないと考えている。その大きなカテゴリとは、生物学や経済学から借用した「シグナリング」だ。[16]

宇宙開発という分野で考えれば、シグナリングとは能力を証明することだ。時としてその能力は野望に近いが、達成可能な場合もある。「威信」は、ひとつの国家から別の国家へ向けられるものだ。

だが宇宙での「史上初」を達成することは、ひとつの超大国から別の超大国へのシグナルであるだけでなく、ほかのすべての関連国や貿易相手国へのシグナルにもなる。それを達成した国は、とてつもない資本と、技術力と、共同作業を成しとげる能力があると示すことになるのだから。アメリカの宇宙飛行士が月に降り立つというような、きわめて注目度の高い行為は、アメリカが他国に対して暗黙裏に送っている「われわれはこんなことができる国民なのですよ」というメッセージに信頼性を添えるものだ。

宇宙開発は、幾重もの言説に取り巻かれ、また支えられている事業だ。しかもさらに別の、大きさの異なるシグナルも、同時進行している。マクドナルドは、一九五八年にアイゼンハワー大統領向けに作成された文書について記している。「宇宙への招待」というその文書は、宇宙開発競争に予算を投じる四つの主要な意味合いをあげていた。探求、国防、威信、そして科学だ。

ヴェルナー・フォン・ブラウンは、この四つの論点を行き来して、それぞれの聴衆が求めるモードに切りかえることが非常にうまかった。たとえばアポロ11号の打ち上げ前夜の記者会見では、初めて月に到達し、探検と発見に挑むことは、海の生き物が初めて陸に上がって一歩をしるすのに等しいと語った。一方、『コリアーズマガジン』や著書の『プロジェクト・マーズ』、また軍の将校や政府高官たちとの私的な会合では、宇宙開発競争で先手を取れば、軍事、防衛面で優位に立てると強調した。さらに、アイゼンハワー、ケネディ、ジョンソン、ニクソンという四人の大統領と会ったときには、国家の誇りと威信について語り、一九五〇年代にウォルト・ディズニーのテレビに出演していたときは、宇宙に出ることで科学の進歩に貢献する必要があるということを、感じやすい年代に差しかかったベビーブーム世代の子どもたちにこんこんと説いてきかせた。

国家は、ほかの国家に対してシグナルを送る。しかし、国家や、省庁や、フォン・ブラウンのような個人が、国内にいる個人の観客や視聴者にシグナルを送って、「わたしたちはこういうことがしたい」と伝える場合もある。こうして彼らは、共感する人はそういうプログラムに加わってもいいし、そうでなければぜひ支援してほしいというメッセージを暗黙のうちに伝える。一九七〇年代、八〇年代、宇宙開発事業団から個人の集まりに対するそうしたメッセージは、ひとつには、夏季ワークショップなどを通じて伝えられた。

この夏季ワークショップの正式名称は長々しくて、「NASA－ASEE エンジニアリング・システムデザイン夏季研究員ワークショップ」という（ASEEは「アメリカ工学教育協会」）。一九六四年にNASA全体のプログラムとしてはじまり、エイムズ研究センターでは一九九六年に終了した（ヒューストンのジョンソン宇宙センターなど、NASAのほかの研究所では、似たようなプログラムがその後もつづいた）。ワークショップは、開始時も終了時もさしたる注目を浴びなかったが、エイムズにリック・ガイディスがいて、研究会の成果をイラストレーションにまとめていた時期には、いくつもの傑作が生まれた。それらの作品は、今日《こんにち》でも宇宙科学と大衆文化の両面で力強いシグナルを発信しつづけている。

日常的なテーマの作品もある。「研究所の光学機器」（一九七二年）、「火気の取り扱い」（一九七四年）、「空港へのアクセス」（一九七八年）などなど。しかしアスボーン社の未来図鑑やSFから飛び出してきたような、胸おどるテーマの作品も多く、それらはすべてガイディスの描いたものだった。

一九七一年の〈サイクロプス計画〉のワークショップにも作品を提供した。これはSETI（地球外知的生命体探査）の一環として、アメリカの砂漠に一〇〇〇基の電波望遠鏡を設置し、宇宙人からの信号をキャッチしようという計画だ。ガイディスは、一〇〇〇基のパラボラアンテナが一面にならび、全体で直径一マイルの巨大な丸を形づくっている様子を空中からの視点で描いた。遠くには、もやにかすむ山並みも見える。地上視点のイラストもある。パラボラアンテナがずらりとならび、ちょうど消失点のあたりにサンフランシスコの高速通勤列車〈バート〉を思わせる電車が見える。巨大な施設だから、専用の電車が必要なのだ。奥には制御センターもある。空は、ガイディスのトレードマークであるドラマチックな色使いで描かれている。一九七五年の「宇宙定住の計画」では、ガイディスはもっぱら宇宙での建造物と都市空間を描いているが、そこには地上で両方の設計を手がけた経験が生かされている。ガイディスは、新奇でありながら地に足がついた世界を描くことに長けていた。地といっても、人工的に建設された地面だが。

ジェラード・オニールが主宰したもうひとつの研究会〈宇宙の資源と宇宙定住計画〉は、月と小惑星での資源採掘を具体的に検討するもので、一九七五年の宇宙ステーション研究の背景を成すものだった。宇宙ステーション研究では見た目のいい居住空間が描かれたが、資源採掘研究のほうは、月で生活し、働くという日々のいとなみを、より興味深いものに感じさせた。たとえばガイディスは、設計図では単に四角く区切られ「居住空間」と記されただけの箇所を取りあげて、完璧にインテリアデザインをほどこしてみせる。鉢植えの植物、メモの散らばったデスク、ソファーベッド。そのわきの壁には『新スター・トレック』に出てきても違和感のなさそうなしゃれたタペストリーがかかっている（ガイディスは、オリジナルのシリーズの大ファンだったそうだ▼17）。

彼はまた月面基地の司令棟や、オニールが机をならべて実験していたマスドライバーのフルサイズの完成予想図も描いている。マスドライバーは、月から掘り出した鉱石を宇宙ステーション建設現場へ向けて発射する。建設現場は、地球と月の重力がつりあう安定した場所であるラグランジュ点（L5）に設けられている。地球の軌道上から小惑星帯へ向けて宇宙船を発進させ、巨大な岩石をつかまえて持ちかえるという一連の流れも、ガイディスの筆にかかると、単なる冷たい数字や測定結果ではなく、アドベンチャー映画の絵コンテにでもなりそうな、血のかよったイメージになる。

また一九八〇年の〈宇宙探索ミッションのための先進オートメーション　自己複製マシンと人工知能の可能性について〉という夏季ワークショップは、オニール自身の『二〇八一年』その他の作品に影響を与えた可能性もある。ガイディスがこのテーマのためにさまざまな要素を入れこんで作成したイラストでは、手前に月があり、月面にはオートメーション化された工場が広がっている。その向こうには地球があり、一群の人工衛星が地表を観測している。宇宙ステーションにはスペースシャトルがドッキングし、右上には木星と土星が浮かび、そこにもロボットがいる。

そして中央には、これほどオートメーション化が進んでもやはり人間の力は必要なのだと強調するように、男女のスタッフが円形のステーションに詰めている。ステーションは、コントロールパネルとモニターにかこまれていて、ふたりは、まるで精巧な没入型のビデオゲームでもプレイしているようだ。のちにガイディスは、アタリ社のゲームカートリッジの箱にも、こういうタッチのイラストを描くようになるので、なるほどと思わされる。しかも、さらなるこまかい描きこみに、はっとさせられる。女性の右手が、『スター・ウォーズ——帝国の逆襲（*The Empire Strikes Back*）』のルーク・スカイウォーカーのように、ロボットアームの義手になっているのだ。早くも一九八〇年のイラストレーションで、人間と機械の融合はここまで進んでいたのだ。

このようにガイディスのイラストレーションは、工学システムの設計という、取っつきにくくわかりにくい分野をあざやかに描き出して人目を惹きつける。ガイディスはSFのビジュアルからひらめきを得、それを変容させてイラストにする。するとSFのほうも、未来学やその他の資料を参照しながらふたたびおなじ経路をたどり、提案、展開、批評、新たな提案という過程に沿って新しい作品を生み出す。アーサー・C・クラークの『地球帝国』からは、まさにそうした過程がうかがえる。この小説の大詰めでは、サイクロプス計画の敷地がある悲劇の場となり、さらに最終盤には、より大きなスケールで、サイクロプス計画を発展させた地球外知的生命体探査の構想が語られて、〈唐突な事象〉の到来を予感させながら物語は終わる。

エイムズ研究センターの夏季ワークショップは、未来をテーマにした多様な文化が一堂に会して、虚空へ向けてシグナルを発信し、願わくは文化的な電波望遠鏡をたずさえた受け手に拾ってもらう、というイベントだった。ガイディスは、黒人初の宇宙飛行士候補でのちに彫刻家に転身したエド・ドワイトとは、経歴も、人種や年齢も違うが、ふたりの作品には驚くほど共通点がある。ふたりとも多様な鑑賞者にシグナルを発信する作品を作り、同時にふたりとも信号の切りかえに長けていて、多くのメッセージや印象を同時に発信することができるのだ。そうした多様な鑑賞者たちのグループは、作品のメッセージを受けとってから別のグループの存在に気づき、遠いへだたりを超えてつながったり、あいだを分かつ亀裂を埋めたりするようになる。

打ち上げはテレビで中継される

一九八〇年代に入るとNASAは新たなロードマップを繰りだしたが、その旅程にはすでに着手しているようだった。再利用可能な宇宙輸送システム、スペースシャトル計画だ。これを進めれば打ち上げコストはすぐに縮小されるとNASAは期待した。宇宙開発推進派は、スペースシャトルが宇宙ステーションの組み立てユニットを運搬すれば、宇宙での居住区建設が可能であることが証明できるという希望を抱いていた。スペースシャトルは、まさにヴェルナー・フォン・ブラウンが構想したように、地球の軌道上へ物資を運ぶ、空飛ぶピックアップトラックになるはずだった。こうしてフォン・ブラウンの里程標はまた一歩進み、つぎは火星への旅が来ることになっていた。

一方、アポロ計画は、次世代の月面機構の設置を予定しており、オニールの里程標によれば、ガイディスのイラストにあったような恒久的な工場の建設へ進むことになっていた。自己複製ロボットを用いた、半自動の工場によって、オニールの宇宙ステーションを建設するための原料を提供するのだ。ステーションには、はじめは数十人が起居し、のちに数百人、やがては数百万人が永住することになる。「宇宙生まれ」の人々は、さまざまなものを作り出すだろう。新たな住居もだが、沈まぬ太陽の光を浴びる、巨大な太陽電池衛星も構築することになる。

　またオニールは、サイクロプス計画以外にも、砂漠で信号を受信し、それを利用する設備を考えていた。何エーカーにも及ぶ受信機で宇宙から降りそそぐマイクロ波を受信し、それを地球で利用可能な電気に変換するというシステムだ。この新しい発電システムが実用化されれば、「中東が商売あがったりになる」と、一九七五年にオニールは下院で語った。[18] 原油の採掘だけでなく、いずれは汚染の原因になる産業をすべて宇宙に移す。そうすれば地球は、アスボーン社の未来図鑑にあるような豊かでクリーンな世界になり、ドームにおおわれた都市と真空トンネルのリニアモーターカー列車網が張りめぐらされ、だれでもどこでも好きなところへ、行ったり滞在したりできるようになる。ただし、コンピュータがトラッキングできる範囲で。

　こうした夏季ワークショップ――とりわけリック・ガイディスがイラストレーションにまとめたようなもの――を通じて、NASAは、アスボーン社の図鑑にあるような未来の実現を推進しているというメッセージを送っているが、同時に、わたしがガイディスにインタビューしていたとき声をかけてきた人工衛星ミッション開発部門のスタッフのような人たちに向けても、こんなシグナルを送っている。「われわれはこんなことをやりたい人間で、こういうことができる。もしあなたもこういうことがしたいなら、ぜひ加わってほしい。そういう能力を授けるよ。宇宙開発がつづき、右肩上がりに進歩するよう手を貸してほしい」

これはベビーブーム世代へ向けたメッセージであった。上昇中の、ほとんどが白人の中流階級で、そろそろ大学を卒業し、自分でお金をかせいだり、政治活動をはじめたりという人たちだ。しかしそんな生活や、NASAのような機関から閉め出されている人たちもいた。とりわけアメリカの黒人は、NASAがテレビ放送するシグナルから、まったく別のメッセージを読みとった。

一九七〇年、詩人でアーティストのギル・スコット・ヘロンは『スモールトーク・アット・125&レノックス（*Small Talk at 125th and Lenox*）』というポエットリー・リーディングのレコードを発表した。アルバムのタイトルにある「一二五丁目とレノックス・アベニューの交わるところ」はハーレムの中心街だ。レノックス・アベニューには、現在では、「マルコム・X・ブルヴァード」という呼び名もある。ここはふつうの形で伝えられたり、表現されたり、信号を送られたり、放送されたりということのない場所だ。アルバムの最初の詩のタイトルにあるように、「革命はテレビで中継されない（The Revolution Will Not Be Televised）」。アポロの月面着陸とは違うのだ。アポロの中継ではっきりと、疑う余地なくわかったのは、今や「白いやつを月へ送った（Whitey on the Moon）」時代だということ。これがアルバムの九番めの詩だ。[19] この詩は、地上の貧困――黒人の貧困――と、宇宙開発の出費を直接結びつけている。それだけではない。食料品や、医療費、住宅費の高騰も、月面着陸のせいだとヘロンはいう。宇宙への移住も、スコット・ヘロンにいわせれば、宇宙の高級化だ。白人の金持ちが新しいところへ引っこすと、物価が上がるのだ。

スコット・ヘロンのレコードが出たのは、アポロの月面着陸が何度かおこなわれたあとだった。だがアポロ11号以前から、ほかの活動家や批評家が、おなじように宇宙への投資と、地上の貧困とを結びつけて論じていた。ラルフ・アバナシー牧師は、キング牧師とともに、公民権運動の組織である〈南部キリスト教指導者会議〉を創設した人物だ。一九六八年にキング牧師が暗殺されると、アバナシーがあとを引きついで会長になった。それは、アポロ8号が人類史上はじめて月の周回軌道を飛んだ年のことだった。アバナシーは、指導者会議の新しいプロジェクトである〈貧者の行進〉も引きついだ。貧者の行進は、経済的不平等の是正を求める運動で、最終的な目標は人種や民族の壁を越えて、貧困にあえぐ人々を結びつけることだ。大前提にあるのは、貧しい人々が目ざすものは、白人でも、黒人でも、アジア人でも、ネイティブアメリカンでも、相違点より重なり合う点のほうがはるかに多いということだった。

それは、アメリカ社会の各部と全体のあいだに、新しいつながりを作ろうという試みだった。一九六八年の夏に、彼らはワシントンDCのナショナルモールに何千という人を集めてテント村を作り、すわりこみをおこなって、合衆国政府に〈経済権利章典〉の採択を迫った。要求したのはつぎの五点だ。生活するに足る賃金のもらえる仕事、予備としての最低所得保証、土地を利用しやすくすること、投資への補助、貧しい人々の政治参与の拡大。しかし要求は無視され、テント村は、許可証が切れた翌日に排除された。翌年、アバナシーは宇宙開発に目を向け、貧者の行進を率いて、NASAの前でデモ行進をおこなった。

一九六九年七月一五日、アポロ11号の打ち上げ前日、アバナシーと貧者の行進のデモ隊は、荷車を引いたロバを何頭か連れて、ケープ・カナベラル（当時はケープ・ケネディ）のケネディ宇宙センターの前に押しかけた。宇宙開発と社会福祉に対する予算配分の格差に世間の注目を集めるためだ。「きょうこの日からわれわれは、火星にも行けるし、木星にも、なんなら天国にも行ける」、アバナシーは、集まった群衆と記者に向けて語った。「しかし人種差別、貧困、飢餓、戦争が地上にはびこるかぎり、われわれは、文明国としては失格だ」[20]。するとNASA長官のトマス・O・ペインが出てきて、アバナシーにこう返答した。「明日、月ロケットの発射ボタンを押さなければ貧困問題が解決するというなら、ボタンは押しません」。アポロ計画の費用は、二〇二〇年の価値で換算すると、研究や試験など間接的な費用をどう計上するかにもよるが、一五二〇億ドルから二五〇〇億ドルにのぼる。[21]
〈南部キリスト教指導者会議〉がナショナルモールでのすわりこみをおこなった一九六八年、下院は「一九六八年度版 住宅・都市開発条例」を採択した。初年度だけで、アメリカの住宅政策としては記録破りの一三〇億ドルの支出をともなうものだ。その年のNASAに対する予算は三五〇億ドル近く。NASAの予算が最大だった一九六六年の四七〇億ドルよりは、縮小している。一九六六年には、国家予算の四パーセントをNASAが占めていた。それでもペインはアバナシーに対してこう語ったと、のちに述懐している。「NASAのテクノロジーがめざましい進歩を遂げたといっても、みなさんが取り組んでおられる人間のきわめて困難な問題に対処することに比べれば、たやすいものです」。そのうえでペインはアバナシーに、月ロケットの打ち上げという、注目度の高い行為の裏側にある意味も考えてほしいと呼びかけた。「目標と、指導体制と、能力ある人々の人的資源があり、さらに障害を乗りこえるための資金もあれば、アメリカ人にはこれだけのことができるという証左として、宇宙開発を見ていただきたいと申しあげた」。ペインはまたアバナシーにこんな話もした。「その荷車をうちのロケットに取りつけたらいいんじゃないですか。宇宙開発を利用して、国民に、他分野の問題に正面切って取り組もうというメッセージを送るんです。NASAの宇宙開発の成功を尺度にして、他分野の進歩をはかるのもいい」。ペインは、アバナシーのデモ行進を、NASAが推進している科学技術を社会問題や経済問題の解決にも当ててほしいという要求だと受けとめ、それに向けて努力すると約束した。
このように、科学と社会のあいだに緊張が高まったこともあって、ジェラード・オニールも学生たちに、技術と物理学を用いて新しい世界を構築し、社会問題に挑むための方法を考えようと呼びかけた。そしてアバナシーとペインがケープ・ケネディの宇宙センターの前で話し合いをしているころ、別の元NASA首脳が、まさしくペインたちが論じていたような科学技術の利用に取り組んでいた。

一九六八年の住宅・都市開発条例のおかげで、NASAのようなところから技術や物資供給の専門知識の提供を受け、安く、速く、大量生産できるプレハブ住宅の建設を目ざす新政策の導入が可能になった。そこで住宅・都市開発省は、以前、NASAで原子力推進研究所を率いていたハロルド・フィンガーを採用し、住宅問題の解決を目ざす〈オペレーション・ブレイクスルー〉の運営を依頼した。ところが早くも一九七六年には、この計画は失敗に終わったという表明がなされた。NASA長官のペインが、テクノロジーの進歩よりアバナシーが取り組んでいる社会問題のほうがはるかに困難だといった言葉どおりになったのだ。会計検査院は、オペレーション・ブレイクスルーの失敗の要因を、箇条書きで五つあげている。

- 政府の管轄がばらばらで、テクノロジーの利点を生かす際に必要な、大きな市場を形成できなかった。
- 連邦政府も地方政府も、テクノロジーを開発・改良するために必要な実験をおこなうことを支持・管理できなかった。
- 既得権益を持つ団体が、変化を拒んだ。
- 私企業が、可能性と実用性が証明されていないテクノロジーへの投資をためらった。
- 政府の政策がテクノロジーの利用を抑制した。[22]

予算の配分を見てもわかるようにテクノロジーそのものは大きな障害にはならない。むしろテクノロジーの開発と特定の目的への利用をインセンティブや優先策で奨励できるどうかが勝負の分かれ目だった。住宅問題というのは、ル＝グウィンがいうところの「ソフトな」テクノロジーで、有り体にいえば興奮を呼びさますような目標ではない。そのせいで、NASAが月ロケット発射へ向けて乗りこえたような障害を乗りこえるだけの動機が生まれなかった。

ペインは、アバナシーとのやり取りの最後に、彼とデモ隊の何人かを翌日の打ち上げのVIP席に招待した。打ち上げが終わると、アバナシー牧師は、その衝撃を率直に語った。「あの瞬間の数秒間だけは、アメリカ合衆国にお腹をすかせた人がおおぜいいるという事実が頭から抜けおちていたよ」

スペースシャトル計画は、三〇年間で約二四九〇億ドルの予算をついやしたが、期待には応えきれなかった。当初の予定では、すべてが再利用可能な空飛ぶピックアップトラックとして、物資や人員を宇宙に運ぶことになっていた。ところが実際には、完全に再利用できたのはオービター（シャトル本体）のみだった。その本体にも、機体の寿命という問題があとから判明し、致命的な事故につながった。事故を起こして乗組員が死亡した二機のオービター――チャレンジャーとコロンビア――は、どちらも当時運用されていたスペースシャトルのなかでは最も古い機体だった。けっきょくのところ、スペースシャトルの打ち上げは多くの人が予想していたよりも費用が高くつき、また危険なものとなった。

しかもシャトルには、関心を持つ人や利用したいと考える団体が多すぎて、全員を満足させることができなかった。NASAはシャトルを宇宙のトラックとして宇宙ステーション建設に用い、人々に「オーバービュー効果」を体験してもらうこともできるかもしれないというユートピア的な構想を抱いていたが、軍部は、シャトルで偵察衛星を運んで打ち上げ、宇宙から地上の監視をおこなうという計画を持っていた。そのためにシャトルのオービターの翼は仕様を変更して、ソ連の衛星を捕獲するミッションを実行できる形になった。また空軍は、短い、極秘の飛行のあと、カリフォルニアのヴァンデンバーグ空軍基地にすばやく着陸できる能力を求めた。このようにモードを切りかえていくつものシグナルを送り、さまざまな団体の要望を統括しようと無理な努力を重ねたために、けっきょく費用がかさみ、性能は落ちてしまった。

ほかにも早い時期から妥協を余儀なくされた点があった。設計の段階で開発と建設の初期費用を低く抑えることを選択したために、けっきょく、再利用可能な部分がもっと多いシステムを選択した場合に比べて、生涯コストは高くなってしまった。二本の固体燃料ロケットは部分的にしか回収できなかったし、大型の外部燃料タンクは一回の飛行ごとに使い捨てることになった。それは住宅政策、オペレーション・ブレイクスルーが頓挫したのと似たような状況で、関連団体との衝突や妥協を重ねた結果、当初構想していたモジュール方式や再利用といったアイディアは置き去りになってしまったのだ。

こんな打撃がいくつもあって、NASAがジェラード・オニールたちの描く、絵に描いたような未来を目ざした時期は短かった。それでも、つづいているあいだは楽しみがあったし、オニールの構想も一九七〇年代後半にはさかんに取りあげられ、注目を浴びた。彼はファンや支持者に向けて定期的にニューズレターを発行していたが、一九七五年には熱心なメンバーがL5ソサエティというグループを立ちあげ、「L5ニュース」という新しいニューズレターを出しはじめた〔L5は安定したラグランジュ点。宇宙ステーションの設置場所候補〕。創刊号には、モリス・ユダール下院議員が推薦の言葉を寄せている。ユダールは、前年に民主党の大統領候補指名レースにも出馬した有力政治家だった。

心理学者で、幻覚剤の伝道師だったティモシー・リアリーもオニールのファンだった。オニールの宇宙定住計画を組みこんで、〈SMI^{2}LE〉という未来の人間のためのコスミストめいた構想を練りあげ、宇宙移住、知性の増大、寿命の延長などを唱えた。オニールに出会う前から、リアリーはこの分野に関心を抱いていたようだ。麻薬所持などで逮捕され獄中にいた一九七三年には、「スターシード通信」という小冊子を書いた。このなかで彼は、当時太陽の近くへ向かっていたコホーテク彗星は、異星人からのシグナルかもしれないと記している。獄中でひとりになれる場所と暇があり、瞑想して異星人のメッセージをききとることができるなら、サイクロプス計画など必要ない。小冊子の最後では、宇宙ステーションスカイラブ3号の乗組員が、コホーテク彗星の研究をするという予定を知って、科学的分析のためにセンス・オブ・ワンダーが失われてしまうのは残念だと記している。刑務所の仲間もこれに同意した。「NASAはすばやいぞ。なんなら彗星を取りこんじまうつもりかもしれない」

しかし、こういう奇妙な協調関係は長つづきしなかったし、実際オニールは、リアリーから注目されたり支持されたりすることを厄介だと感じていたようだ。[23] そのころ下院で、別の勢力がNASAの力を削《そ》ごうと機会をうかがっていた。一九七七年一〇月、オニールの宇宙定住構想は、注目度で頂点に達した。プライムタイムに放送される人気ニュース番組『60ミニッツ』の一コーナーで取りあげられたのだ。すると翌週、番組のなかで司会者は、民主党上院議員ウィリアム・プロクシマイヤーからの書簡を読みあげた。宇宙定住構想は「NASAの予算を骨まで削るには最高の論説だ。NASAの予算を管理する上院歳出委員会の議長として、こんな頭のおかしい妄想には一ペニーたりとも出せないと申しあげる」。

プロクシマイヤーは、ヨーロッパの超音速旅客機コンコルドのアメリカ版を建設しようという、これまた『アスボーン未来図鑑』にも載っているアイディアをつぶした。また、サイクロプス計画を実現させる望みも、プロクシマイヤーの手で事実上断たれた。NASAが地球外知的生命体探査のために予算を使うことを明確に禁じる文言を、彼が法案に盛りこんだからだ。一九七五年に、エイムズ研究センターの夏季ワークショップで、オニールは、基本的な型の宇宙ステーション建設の費用を試算していた。円環状で直径一マイル、L5のラグランジュ点で毎分一回転する、一万人居住のステーションだ。いわゆる〈スタンフォード・トーラス〉と呼ばれるそのステーションには、一兆ドルもの資金がかかる見こみだった。[24]

　本章を書いている二〇二〇年末の時点で、NASAの予算は、最大だったアポロ時代をはるかに下回っている。二〇二〇年の予算は二二六億ドル。これはこの年の国家予算全体、四兆七〇〇〇億ドルの〇・五パーセントにも満たない。NASAでは今も、政治的パフォーマンスのために特定のプログラムや提案をねらいうちにされることを「プロクシマイヤーされる」と表現する。

FはフェイクのF

建築史家のエドゥアード・セクラーは、建築の世界で初めて「テクトニクス」という言葉の意味を体系化しようとした人物だ。第1章でも述べたように、テクトニクスとは、部分とほかの部分との関係、そして部分と全体との関係を表す言葉だ。セクラーにとっては、部分同士が実際に組み合わされる様子（セクラーはそれを「建築」と呼ぶ）と、部分同士がどう組み合わされるかという抽象的な考え（「構造」）のあいだに広がる空間のなかに「テクトニクス」がある。テクトニクスとは、建築と構造をつなぐ、目に見える表現なのだ。[25]

　もうひとりの建築史家、ケネス・フランプトンは、それをさらに一歩推しすすめて、こうした表現機会が、ほかのあらゆる文学的とすらいえる能力を開花させると指摘し、その能力を「詩学」と呼んだ。[26]しかしプラトンがいうように、詩があるところには虚偽が生じる。先にも登場したが、NASAのチーフエコノミストで宇宙探査の歴史家でもあるアレグザンダー・マクドナルドは、著書の『長い宇宙時代』で、冷戦時代の宇宙開発競争では「威信《プレスティージ》」がすべてだったという観念を、その言葉にまつわる別の意味の層にまで広げていく。「プレスティージ」は、たとえばマジックショーの、華やかで、力を見せつけるような誉れ高きパフォーマンスを描写するときにも用いられる。それは不可能に見えることを成しとげる能力であり、世界認識をくつがえす第三種の謎であり、ショー全体を支える信頼感の醸成でもある。そしてニコラス・デ・モンショーが指摘するように、アポロ11号の月面着陸は——もちろん、はじめから特別なイメージをかきたてるよう計画されていたが——まさしくそうした誉れ高きパフォーマンスだった。

ニクソン大統領は電話越しに、月面にいるニール・アームストロングおよびバズ・オルドリン宇宙飛行士と会話を交わした。そのなかでニクソンは、この月面着陸がどのような世界構想《プラネタリー・イマジネーション》をもって設計されているのかをはっきりと口にした。全世界にテレビ中継されるなか、アームストロングが月面への第一歩をしるしたことについて、こう語ったのだ。「あの瞬間は、人類史上最も価値のあるものだった。地球上のすべての人々が、真にひとつになったよ」。ニクソンは、地球上に散らばった人類がひとつにまとまるという抽象概念について語ろうとしていたのだが、それは現実によってたちまちあざむかれ、アバナシー牧師も、月面着陸の衝撃がさめるとそのことを指摘していた。

そして、アポロ計画が終わるか終わらないかのうちに、こんどは、月面着陸のすべてがでっちあげだという声があがりはじめた。この陰謀論を真っ先に唱え、のちにもっとも有名になるのが、ビル・ケイシングという人物だ。ケイシングは一九六〇年代に、技術文書を作成するテクニカルライターをしていた。そのころ勤めていたのがロケットダイン社という、フォン・ブラウンのサターンV型ロケットの第一段に搭載された、強力なF－1ロケットエンジンを作っていた会社だ。ケイシングは、アポロ11号の六年前である一九六三年にはもう会社をやめていたが、ここで働いていた事実を利用して自説の信頼性を高め、一九七六年に自費出版で陰謀論の本を出した。タイトルはそのものずばり『われわれは月に行ってない——三〇〇億ドルかけたアメリカのペテン（*We Never Went to the Moon: America's Thirty*

Billion Dollar Swindle 未訳)』だ。

彼の言い分によれば、アポロ計画はとても金がかかるが、アメリカ人が月に立つというイメージを打ち立てることはとても大切だったので、NASAは、月に行くことが不可能だとわかると、金だけふところに入れて、にせの画像を作りあげたのだという。きわめて皮肉なことに、ケイシングの陰謀論も同じ画像を頼りにしていたわけだ。でっちあげの証拠として、ケイシングは月の空に星が見えないことをあげる。だがそれは実際には、さえぎるもののない太陽光線に照らされた、照り返しの強い表土を撮影するため、露出時間を短くしたことによるものだった。影のつきかたもおかしいと彼はいうが、指摘した箇所はスロープになっていて、そのことを知らないだけだった。月着陸船が降下したところに噴射によるクレーターができていないのはおかしいという指摘もあったが、映像にもあるように、エンジンの排気で着陸船の下の岩屑などは、あたり一帯に広く飛びちったのだ。そのことも彼は知らなかった。

しかしケイシングの本が先鞭をつけた誤解だらけの捏造論が、真に収まることはなかった。どれもばかばかしいのだが、そういうものが出てくる理由も理解できる。NASAはシステムの構築者でありながら、イメージの作り手でもある。あるときは科学的な事実を構築し、またあるときはSF的なイメージを作りあげる。彼らは事実とフィクションのあいだの空間で仕事をしていて、イメージを作るときには必ず仲介や操作などの作業をおこなう。アポロ計画で撮影された写真は、月の表土や風景の感触をとらえきれてはいないと、アポロ12号の宇宙飛行士、アラン・ビーンはいう。ビーンも、アレクセイ・レオーノフやエド・ドワイトと同様、芸術家だった。ビーンの描く月面には、カラー写真がとらえた灰色一色の世界とは違って、暖色や寒色が複雑に織りまぜられている。バズ・オルドリンがいうところの「壮麗なる荒涼」は、写真ではとらえきれないほど豊かで、繊細なのだ。

そんな月面の写真も、「解釈の余地」のようなものはじゅうぶんにとらえているから、さまざまな受けとめ方が生じる。ケイシングの本は、強い偏執性を抜きにして考えれば、そうしたあいまいさを突いているのだ。ドワイトの公民権運動の彫刻がそうだったように、集団が異なれば、解釈も異なる。だれもが月に行って、自分でその光景を見られるわけではない。ケイシングは、大学では英語専攻で、労働者階級のテクニカルライターだ。月へ行く望みは、まずなかった。ただ、アラン・ビーンを月へ送り、月面の絵を生むことにつながったエンジンの製造には、遠回しながらひと役買っていた。

一九六〇年代、ロケットダイン社をやめたあと、ケイシングは家族と疎遠になり、数年間、車で寝泊まりする生活をつづけた。そんななか、NASAのでっちあげだ陰謀だという本を書く前に最初に出したのは、『都会脱出者のための、気楽にはじめる畑づくり——絵入りガイド（*The Ex-Urbanite's Complete and Illustrated Easy-Does-It First Time Farmer's Guide* 未訳）』という本だった。一九七一年に出たこの本は、書店の棚でスチュアート・ブランドの『全地球カタログ』のとなりに置いてあったとしてもおかしくない。ところで『全地球カタログ』は、気象・通信衛星のATS3が撮影した地球の写真が表紙を飾っている。これは一九六六年にブランドがNASAに仕掛けたキャンペーン「なんでまだ全地球の写真が見られないんだ?」に、みずから目くばせするものだった[27]（当時はまだ全地球の写真が発表されておらず、環境への意識を高めると考えたブランドが、催促のキャンペーンを起こした）。

ケイシングと、今も消えない彼の遺産は、アポロ計画後のNASAに対する失望から生まれた置き土産だ。『アスボーン未来図鑑』や『子どもの未来カタログ』が約束した未来——身のまわりのものを手作りしながら自由な生活を目ざすカウンターカルチャーの生き方と、大きな政府から資金が投下される大規模なサイエンスのあいだにある未来——は、もろくもついえてしまった。NASAがオニールの宇宙定住計画を採用する可能性も、エイムズ研究センターの夏季ワークショップでリック・

ガイディスがイラストを描いたときは、わくわくするほど間近に思えたのに、七〇年代から八〇年代にかけてプロクシマイヤーされ、すっかり忘れさられてしまった。

ケイシングの冷笑主義は、いくつかの点で、ティモシー・リアリーや、オニールの支持者L5ソサエティが感じたであろう失望と軌を一にしている。いつかバナール球のなかで白人も黒人もいっしょにカクテルパーティーをし、南極のドーム型都市へ真空トンネルのリニアモーターカーを走らせるんだと胸をふくらませていた、何百万という未来の宇宙飛行士たちも、失望を感じていたことだろう。この時期に、陰謀論者にも宇宙開発ファンにもおなじようにはやったフレーズがある。「NASAとは、Never A Straight Answer（いつも答えをはぐらかす）の頭文字」

しかし実際に宇宙に行った飛行士たちが目にしたものも、NASAが仲介し、技術的なハードウェアや社会的なソフトウェアを通じて伝えられているのだ。画像によく添えられる断り書きに「想像図」というものがあるが、もうひとつ画像と実物に差があるときに用いられるのが「着色《フォールス・カラー》」という断り書きだ。遠くの星雲や、もっと近いがそれでも遠い惑星や月の表面の写真は、すべてデータを合成して作られたものだ。人間の目では感知できない電磁波の波長ごとに割りあてられた色を見ているのだ。かつてJ・D・バナールは、肉眼ではとらえられない波長を見る新たな感覚器官を構想したが、まさにそのような装置によって、美しい風景写真を撮るためではなく科学研究のために、着色がおこなわれている。宇宙ステーション、スカイラブに搭載された望遠鏡は、リアリーが異星人からの魔法のメッセージだと考えていたコホーテク彗星が、ただの氷と岩のかたまりであることをあばいてしまった。▼28

宇宙は人間が生存できない環境だから、何を見るにしても「裸眼」で見ることは不可能だ。顔をおおったマスク越しか、画面を通じてか、あるいは宇宙船の窓越しに見るかしかない。宇宙では、どこへ行ってもほんとうに「そこにいる」わけではないのだ。NASAが創設から六〇年ほどのあいだに、つぎからつぎへと画期的な成果をあげてきたことは、多くの人が認めるところだろう。そして技術的な失敗が起きたときも、NASAは進んで公にしてきた。一九六七年のアポロ1号の火災で三人の宇宙飛行士が死亡する悲劇が起きたときも、スペースシャトル・チャレンジャーとコロンビアの惨事で計一四人が死亡した際もそうだった。ケイシングは、これらもNASAの隠蔽工作と陰謀の一部だという。だが実際には、おおむね衆人環視のなかで事故調査が進められ、事故にもとづいた科学実験もおこなわれて、さらなる事実が判明している。それらは、将来の事故を防止することにつながる。ただし所内の人間関係や政治のごたごたは、飛行任務を何よりも大切にするというNASAの文化によって、秘匿されている。ジャネット・エプスやイヴォンヌ・ケイグルのように、発表のないまま、謎の理由で候補からはずされたように見える宇宙飛行士たちが、公の場でそのことについて問われたり、意見を述べたりすることは、けっしてないだろう。

ジェシー・ストリックランドは車で中西部を走り、また別の講演先に向かっていた。オニールやほかの多くの人たちが温め、ストリックランド自身も大切に思ってきた、人類の宇宙定住構想について語るためだ。すでにNASAを退いていたので、これは職務ではなかった。自分がやりたいからやっているのだ。ストリックランドは、NASAで注目を浴びた時期もあれば、人知れぬ存在《ヒドゥン・フィギュア》でいた時期もあった。だから人種と宇宙の関係については、なんら幻想を抱いていなかった。NASAに三三年間も務めていたのだから、「フォールス・カラー〔着色／色違い〕」のなんたるかも知っていた。そして生涯、建築家をしていたから「テクトニクス」という概念も知っていた。

画家で建築家でもあったリック・ガイディスとおなじように、ストリックランドも「完成予想図」というものが説得力に富んでいることを知っていた。彼はまた、空間と世界を構築する長期にわたる建設プロジェクトでは、大きな部分にも細部にも取り組むのが有用だということや、さまざまな分野の人との共同が必要だということも知っていた。ストリックランドは、高校で学びなおす大人のための職業訓練プログラムにもたずさわっていたが、そのことと、大規模な宇宙ステーション建設を目ざして、オニールのような構想を実現し、何百万もの人が宇宙で暮らして働く未来を築くことには共通性があると感じていた。そのために、さまざまな違う世界の人たちに関心を持ってもらう方法もよく知っていた。以前、地元の記者にこう語ったことがある。「わたしは、なるべく演壇もマイクも使わないようにしている。ききにきてくれた人たちと直接やり取りして、そういう人たちが自分からかかわって、あれこれ調べたりしてくれるようにもっていくんだ[29]」

NASAのエイムズ研究センターがSETIの提案をした際にガイディスが描いたイラストがある。サイクロプス計画からひと世代進んで「耳」となるのは、宇宙に浮かぶ直径八〇〇メートルの巨大な電波望遠鏡だ。この絵は数年後に、夏季ワークショップ〈宇宙定住の研究〉でも再利用された。いかにもガイディスの絵らしく、システムの複雑さを力強く、わかりやすく表現している。まずは、人間とスペースシャトルに似た宇宙飛行機を描きこんで、パラボラアンテナの巨大さと、宇宙定住構想そのもののスケールを表している。宇宙服を着た人物は、画面の手前に配され、手にはスパナのようなものをにぎりしめている。

二〇一五年にわたしがインタビューしたとき、リック・ガイディスは、あのスパナは創作だといっていた。謎めいていて、未来っぽく見えるものにしたかったと[30]。そのスパナのイメージは、ガイディスとおなじく建築家だったジェシー・ストリックランドが、かつて生徒だった人に語ったことと響きあう。その人はつい最近、わたしに師の思い出を話してくれた。ストリックランドはこう語ったという。宇宙で長いこと暮らしたり働いたりするには、多くの物資と、多くの多様な人間が必要になる。スパナをうまく扱える人間も必要だよ、と。

7
オールドスペースとニュースペース

正午を少しすぎたばかりで日は高い。三人の男たちが高台の岩盤に立ち、南西に広がるサバンナを見晴らしている。背後には大地溝帯が延びている。彼らがいるのは、タンザニアのエヤシ湖の少し西。この塩湖は、大地溝帯そのものとともに、一年に一インチずつ広がっている。大地溝帯は、向こう一〇〇〇万年のあいだに紅海とつながって、海の一部になると考えられている。それはプレートテクトニクスの、ゆっくりとした、だが止めようのない動きによるものだ。大地溝帯東側のソマリアプレートが、西側のヌビアプレートから離れつづけ、アフリカの南東部分を大陸から引き裂こうとしている。

高台に立つ男たちは、長弓を持ち、背には矢筒を背負って、これから獲物をしとめにいく。高いところにのぼったのは、下の草原にいる生き物をさがすためだ。彼らはハッザ族の人々。数千年前からタンザニアのエヤシ湖の周辺に住んでいる先住民族だ。現存する一二〇〇人ほどのハッザ族のなかで、三分の一に満たないぐらいの人々が、今も昔ながらの狩猟採集生活を送っている。彼らの立っている場所からエヤシ湖をはさんで北へ五〇キロばかり行ったところにオルドヴァイ渓谷があるが、この渓谷からは、二〇〇万年前の原人、ホモ・ハビリスの化石が見つかっている。ハッザ族の生活様式は、ホモ・ハビリスのころにまでさかのぼるのかもしれない。

高台に立つハッザ族の写真は、二〇〇五年に文化人類学者のブライアン・ウッドが撮影したもので、二〇一九年にシアトル航空博物館でひらかれた宇宙研究機構（Space Studies Institute）のシンポジウムの冒頭に、スライドで登場した。[1] 宇宙研究機構は、ジェラード・オニールの宇宙定住計画を振興するために設立されたL5ソサエティの分派のひとつだ。シンポジウムの冒頭に講演をおこなったジョージ・サウアーズは、長年、衛星打ち上げサービスをおこなう民間会社ユナイテッド・ローンチ・アライアンスの事業部長兼主任研究員を務めていたが、二〇一七年に工科大学コロラド・スクール・オブ・マインズの実務教授に転身、宇宙資源を研究する大学院の課程創設にたずさわり、小惑星や月での資源採掘について学生に教授している。

　サウアーズが、地上最後の狩猟採集生活を送るハッザ族の写真を使ったのは、宇宙における次世代の生活について語るためだった。この講演でも、またそれより前におこなった下院小委員会での科学・技術・宇宙に関する証言でも、[2] サウアーズは、人類の繁栄は資源とエネルギーの確保にかかっているという見方を強調しており、そのために宇宙資源の開発を訴える。そして「エネルギー確保量」が経済的豊かさの指標だと説く。

　人類は、最初の一万年ほどは、今のハッザ族のような生活をしていた。つまり狩りで獲物をしとめ、自分たちの領分と見なした土地で食べ物を集めて暮らしていた。そうすることで、ひとりあたり一定量のカロリーを確保していたのだ。それが「農業革命」でおよそ倍増したとサウアーズは語る。人々が、植物や動物は定住地のそばで育てることができると気がつき、それによって社会の仕組みも変わって、分業体制が生まれたのだ。その後、エネルギー確保量をまた倍増させたのが「産業革命」だとサウアーズは指摘する。人間は、地中から掘り出した資源のなかに、燃やして燃料にできるものがあると気づき、何百万年ものあいだ地中で眠っていたエネルギーを活用しはじめた。それによって人口も、潜在的なエネルギー確保量も急増した。どちらの数字も、サウアーズが示したグラフでは右肩上がりになっている。

農業革命、そして産業革命とふたつの経済革命について語ったあと、サウアーズは下院小委員会でも、宇宙研究機構のシンポジウムでも、宇宙資源を活用することで「人類史上三度めの大規模な経済革命を起こすことができる」と明言する。オニールが四五年前に下院で証言したことをなぞるように、サウアーズは、やはり月での資源採掘が人間の宇宙定住の第一歩であり、また、確保する資源量とエネルギー量を無限に増やしつづけるための第一歩でもあると語る。

ユナイテッド・ローンチ・アライアンス（ULA）という旧来の宇宙産業の会社で首脳を務めていたサウアーズは、オールドスペースにルーツを持つ人間だ。ULAは、二〇〇五年に、ボーイング社とロッキード・マーティン社の衛星打ち上げ部門が合併し、合弁会社として発足した。合弁元の両社は、衛星打ち上げの実績では世界で最も歴史が古く、回数も多かった。ところが両社とも二〇〇〇年代に、打ち上げの顧客が二社で奪い合うほど多くはないことに気がつく。そこで、合弁会社を立ち上げることにして、認可された。

そのころ、スペースXと呼ばれる小さな会社がまもなく力をつけ、ありとあらゆる新しい企業に宇宙への扉をひらくことになるということを、ULAは、まだ知らなかった。スペースXは、ULAの合弁会社設立が発表された当時、独占禁止法に反するとして訴訟を起こしたが、訴えは即刻、却下された。しかし二〇一〇年代に入ると、スペースXは再利用可能なロケットを開発するテクノロジーを編み出し、打ち上げのコストを急激に低下させた。二〇二〇年には、宇宙船、ドラゴン2に宇宙飛行士をひとり搭乗させ、ファルコン9ロケットで打ち上げたが、その費用は、アポロ宇宙船をサターンV型ロケットで打ち上げるのに比べて七分の一ですんだ。ドラゴン2の値段そのものは、スペースシャトルのオービターの三分の一で、ボーイング社の宇宙船、スターライナーに搭乗する費用の半分ちょっとだ。ボーイング社は、ULAの一翼を担う企業である。しかしこの章を執筆している時点で、スターライナーは試験段階にあり、まだ有人飛行をおこなっていない。ドラゴン2は、二〇二〇年に有人飛行を二回成功させている。

打ち上げのコストはどんどん下がり、ロケットはどんどん打ち上がる。その傾向は近い将来、さらに強まるだろう。ブルーオリジン社が、二〇二〇年代後半に、ニュー・グレンというロケットを打ち上げる予定だからだ。スペースXとブルーオリジンを中心として、その周辺に副次的な企業や新興企業が数多く勃興して生態系を成し、新世代の民間宇宙産業を形成している。とはいっても、彼らが活動の根底に置く世界認識の多くは、過去に根ざしている。

スペースXとブルーオリジン

最もよく知られたニュースペース二社、スペースXとブルーオリジン、そしてその創業者であるイーロン・マスクとジェフ・ベゾス。その共通点といえば、つぎのようなことだろう。両社とも民間宇宙飛行の大企業で、Eコマースで財を成したふたりの大富豪から潤沢な資金を得ている。どちらの創業者も、生涯の夢を追うためにロケットの会社を立ち上げた。彼らの短期的な目標は、再利用可能なロケットを作って打ち上げコストを下げること。それに関しては両社とも実績がある。そして長期的な目標は、未来の人類のために、宇宙への扉をひらくことだ。両社とも、スペースシャトルが運用終了になったとき、すでにこの業界に参入していたことが非常に幸運だった。しかも新型コロナが蔓延した時期に、ふたりの大富豪はさらなる富を築き上げ、地球上で最も富裕なふたりの人間になった。このように、スペースXとブルーオリジンには共通点が多いように見えるし、顧客の獲得でも、能力でも、宇宙の「共同事業」でも互いをライバル視していて、また実際にライバルである。

だが共通しているのはそこまでだ。創業者の世界構想の源泉や、その目標を目ざすための両者の方法論は、正反対といえるほど大きく異なっている。

ジェフ・ベゾスは昔からSFが好きだった。子どものころ、夏になると祖父が牧場をいとなむ西テキサスの家に泊まりにいったが、その町の図書館には科学やSFの本がたくさんそろっていた。おそらくそこで、ジェラード・オニールが未来のテクノロジーやビジネスや人間の宇宙進出を語る本に出会ったのだろう。ベゾスが高校の卒業式で、卒業生総代としておこなったスピーチは、基本的にオニールの構想をなぞるものだった。『マイアミ・ヘラルド』紙が各高校の総代のスピーチを抜粋して掲載しており、そのなかにベゾスのものも含まれていたが、それによればベゾスは「宇宙ホテル、遊園地、ヨット、そして二、三〇〇万人が暮らせる地球軌道上の宇宙コロニー」について語ったという。[3]

同紙はまた、人間が宇宙に移住すれば地球を国立公園のような場所にできるのではないかという若きベゾスの希望にも注目している。それもまさしくオニールの本からそのまま取ってきたアイディアだし、ベゾスと同時期にジェシー・ストリックランドが中西部をめぐりながら、講演で話していそうな内容でもある。それから四〇年近くたった今日《こんにち》、ブルーオリジンの理念や非公式のモットーには、ベゾスの卒業スピーチから抜き出したようなことが記されている。

> ブルーオリジンは、地球を守るために、何百万もの人々が宇宙で暮らし、働く未来を念頭に置いて創設されました。人間が、かぎりない宇宙資源を活用し、環境に害を与える産業を宇宙に移せる時代をブルーオリジンは思いえがいています。地球こそが、人類の青き源泉《ブルーオリジン》だからです。[4]

ブルーオリジンは、アマゾンの創業者にして、社長、CEOのベゾスの資金のみを元手にして、ひっそりと設立された。ベゾスの指揮のもと、最初の数年間はひたすら、ペイロード（搭載物）と人間を宇宙に打ち上げるさまざまな方法について、検討と研究を重ねた。相談相手は、SF作家で長年ベゾスのアドバイザーでもあったニール・スティーブンソンで、ベゾスは彼をブルーオリジンの最初の社員としてむかえていた。ロケット以外に、オニールのマスドライバーの変形のような方法も検討したし、貨物列車サイズの巨大な鞭のような装置でペイロードを飛ばす案や、軌道上からさっと降下して、飛行機が放出したペイロードをすくい上げ、また軌道上に運び上げる案など、奇抜なアイディアも出た。

こうしたブレインストーミングがおこなわれているあいだ、会社の存在や目的が公にされることはなかった。最終的にベゾスたちは出発点にもどり、コンスタンティン・ツィオルコフスキーが一〇〇年以上前に出したのとおなじ結論にたどり着いた。やはり多段式の化学ロケット――推進剤と酸化剤が出会って放出される燃焼エネルギーを用いて、誘導制御が可能な爆発を起こす――が、最もシンプルな出発点だ。ベゾスは幼少期に夏を過ごした西テキサスをおとずれて、何百エーカーもの土地をひそかに購入し、安全かつ秘密裡に開発と打ち上げをおこなう能力をみがき、会社の成長にそなえることにした。

イーロン・マスクもジェフ・ベゾスと同様、NASAが、人類の宇宙飛行に関する長期的な目標を推進するという、マスクが重要だと考える能力を失ってしまったことにがっかりしていた。ベゾスの場合は、だからこそ、オニールのかかげた構想にたどり着くまでには、さらに何段もの手順を積み上げていかなければならないと考えたわけだが、マスクには、ベゾスとは違う最優先の目標があった。「人類を複数の惑星に拠点を置く種族にする」。マスクはそれを、二〇一六年に国際宇宙会議でおこなった講演のタイトルにかかげた。▼5

オニールの構想に範をとるベゾスは、別の惑星に居住することには興味がないようだ。つまるところ惑星というのは、工業文明を拡大するのに理想的な場所とはいえない。この世界認識に従えば、人類は成長して生きるためにもっと別の場所が——表面が——必要だ。だから資源を採掘して表面を作る。しかし自分たちの居住地を掘りかえしたくはないし、掘りかえされたところに暮らしたくもない。一方、マスクにはまた違った心配事があった。その大部分は人類の絶滅にかかわることだ。マスクの「複数の惑星に拠点を置く」という提言の根幹にあるのは、未来の人類の存在をおびやかす脅威から逃れようという考えだ。国際宇宙会議の講演では、伝染病、超巨大火山の噴火、小惑星の衝突、戦争、特異点を超えたテクノロジーの暴走といった、世界の破滅につながる出来事が起きる恐れがあるから、そのとき、人類の一部は別の場所に逃れているべきだという考えを述べた。そのためには火星が最適な選択肢だと。

マスクの民間宇宙飛行の野望がふくらみはじめたのは、とある世界構想が浮かんだときだったという。それは、火星で育つ植物。彼が自力で小さな温室を火星に向かって打ち上げ、その温室に放送設備を仕込んでおいて、地球から送られた種子が、いまだかつて到達したこともない遠い場所で育つさまを放送すれば、宇宙探査への投資をうながし、それによって火星を人類にとっての予備の惑星にする計画を推進できるのではないか。しばらく打ち上げコストを研究し、二〇〇〇年代初頭には、ロシアでロケットを買おうとすら試みたが、その後マスクは、Eコマースに原点がある自分の出自の物語と今後の展望を手短にまとめ、航空宇宙業界の人々にいきなり電話をかけては売り込みをした。マスクの友人のひとりは、いまだにその売り込みの文句をそっくりおぼえているという。

イーロン・マスクといいます。Eコマースの富豪です。ペイパルとX.comを創業して、X.comはコンパックに一億六五〇〇万ドルの現金で売却しました。ビーチでマイタイを飲みながら余生を過ごしてもいいのですが、わたしは人類が生きのびるためには、複数の惑星に拠点を置くほうがいいと考えています。だから自分の金を使って、人間にはそれができるということを示したいし、そのためにはロシアのロケットが必要です。それであなたに電話をかけているのです。[▼6]

マスクはNASAが自分で発信している能力と、アポロ後の実際の技術力の差を埋めたかった。マスク自身の発信するシグナルとイメージ、すなわち火星で育つ植物のテレビ放送によって、NASAを助けるのだ。これは典型的なマスクのアプローチだった。何かを成し遂げるためにはまずはイメージからはじめ、そこからさかのぼっていく。このイメージを実現するためには、いくつかのテクノロジーとガジェットが必要だ。この場合にはロケットがそれにあたる。そこで、まずは金を使って直接問題を解決しようとする。ガジェットがすでに存在しているならそれを買う。だがそれが無理ならば——彼の場合はロシアのロケットを買おうとして断念したのだが——専門家を動員して、自分でそのガジェットを作る。

マスクは自分でロケットを作るために会社をおこした。それがスペースXだ。続く二〇年のあいだに、自社のロケットで数多くのよいイメージを打ち立てた。しかも衆人環視のもとで、たいていはウェブで生中継をしながらおこなうのだ。二〇〇八年にはスペースXとして初めて、ロケットを軌道に到達させた。その際には打ち上げを生中継するとともに、ロケットの最上段につけたカメラで、宇宙に到達する瞬間を中継した。民間で資金を調達し、民間企業が文字どおり一から設計したロケットが宇宙に出たのは初めてだった。

二〇一五年に、スペースXとマスクは、また歴史を作った。軌道に達したロケットの第一段を垂直に着陸させることに成功したのだ。一九五〇年代に活躍した画家のチェスリー・ボーンステルが、ヴェルナー・フォン・ブラウンの記事のために描きそうな光景だった。そのひと月前には、ブルーオリジンもおなじく、ニューシェパード・ロケットの垂直着陸に成功していた。こちらは、よりシンプルな弾道飛行で宇宙空間との境目まで到達したあと、降下して、第一段が垂直に着陸するというものだった。

スペースXのロケットは、軌道に到達するという、より困難で危険な仕事を成し遂げたのちに着陸を果たした。しかも成功するにせよ失敗するにせよ、ライブストリームの視聴者はすぐその場で結果を知ることができる。スペースXが流した映像は、ドラマチックでハラハラ感に満ちていた。ロケットはずいぶん長いこと自由落下で降りてきたあと、ぎりぎりになってエンジンに再点火し、最後は巨大なロボットの体操選手のように、自動操縦でぴたりと着地を決めた。一方、ブルーオリジンはブルーオリジンらしく、非公開で秘密裡に試験飛行をおこない、翌日、きれいに編集されたサウンドトラックつきのビデオで結果を公表した。[7]

フルスタックとガジェット

ベゾスの取り組み方――根本原理にのっとって、静かに、時には秘密裡に、一歩一歩全体のシステムを構築していくというやり方――は、アマゾンの体制を築きあげていく際にも見られた。アマゾンは、土台となるプラットフォームを構築、あるいは吸収して統合したあと、人に貸したほうが利点があると思うものは賃料を取って貸し出し、保有すべきだと思うものは保有しつづける。ひとつの例が、クラウドコンピューティングサービスを提供する子会社、アマゾンウェブサービス（AWS）だ。AWSは社内で開発されたテクノロジーをもとにして、生まれたサービスだ。ふくらみつづけるオンラインコマースの需要を支えて情報を統合し、同時に各大陸にも拠点を設けている。

あるとき社内の技術者が論文で、この一連のテクノロジーを再編成すれば、おなじような能力を必要としているサードパーティーにも貸し出すことができると提言してきた。その結果、AWSが生まれ、さらにパラダイムシフトが生じた。アマゾンウェブサービスは、利用客だけでなく、ネットフリックスのような競争相手や、NASA、CIAを含む政府組織までもが利用するようになったのだ。アマゾンマーケットプレイスと同じやり方だ。現存するEコマースのプラットフォームを貸し出し、借りた人は料金と手数料を支払えば、ストア内のストアを作ることができる。

これはIT業界でいうところの「フルスタック」の一種だ。フルスタックというのは、ユーザーや顧客と直接やり取りをする、いわゆる「フロントエンド」のインターフェースをデザインし、所有するだけでなく、「バックエンド」のソフトウェアやサーバー、そしてその中間にあるすべての層もカバーすることを指す。アマゾンは本の販売からはじめてビジネスを拡大し、本やその他の商品が製造者から消費者にとどくサプライチェーンのすべての段階で、問題解決をはかり、必要な吸収合併をおこない、統制や活性化をはかってきた。こうして全体の体制が構築された段階で、こんどはその一部をリースすることにしたのだ。▼8

わたしがアマゾン・コムでこの本を一冊注文するとしよう。わたしはアマゾンのサーバー上にあるウェブサイトをおとずれる。AWSのクラウドコンピューティングのソフトウェアを走らせているサーバーだ。取り引きの速度とスムーズさを考えて、おそらくわたしのいるボルティモア北部から最も近いところにあるサーバーに接続されるだろう。「購入を確定」ボタンを押すと、この地域のアマゾンの倉庫、おそらくはボルティモア南東部にあるかつての製鋼所跡地に立つ倉庫の作業員が通知を受けとる。同時に、アマゾンロボティクス社製造のロボットも動き出し、注文した本の入っている棚を丸ごと持ち上げて、棚出しスペースまで運んでいく。そこには人間の作業員が待ちかまえている。

二〇一二年以前なら、キーヴァシステムズという会社の製造したロボットが、この作業をおこなっていただろう。だが二〇一二年にアマゾンはこの会社を買収し、そのすべての作業工程をアマゾンの内部に取りこんだ。理由は単純だ。キーヴァのロボットがきわめて優秀なので、ほかの会社に使わせたくなかったのだ。つぎに本は別の作業員に手渡され、その人は、関連するバーコードのプリントアウトと、梱包方法の指示を受け取る。本は箱、または封筒に詰められ、倉庫中に張りめぐらされたベルトコンベヤーに乗って、配達トラックの待つところへ到着する。トラックは、二〇一〇年代後半までなら、フェデックスのや、UPS（ユナイテッド・パーセル・サービス）のものだっただろうし、郵便公社の場合もあっただろう。しかし最近、アマゾンは物流も拡充している。

今、ボルティモアでは、アマゾンの荷物はほぼ、ロゴつきの紺色のバンで配達される。だが、わが家のポーチにパッケージをとどけるのは、アマゾンの社員ではない。下請け業者の一員で、業者はアマゾンにライセンス料を払って配送ソフトその他のシステムを使用している。一方アマゾンのほうは、ロゴつきの配送バンの一団によって、配送ルートや地図作成の能力を拡充しようとしている。バンのなかには、屋根にレーザーレーダーやカメラをそなえたものがあり、配達しながら町の地図を作っているのだ。アップルやグーグルの持つシステムに追いつこうとする試みだ。そして、もしもわたしの注文によってこの地域の在庫がなくなれば、アマゾン・エアの次回の貨物便で在庫が補充されるだろう。

一方、マスクのアプローチは、彼のほかの会社の経営方針を見てもわかるように、まったく異なっている。ベゾスとアマゾンはシステム全体を念頭に置いて行動することが多いので、成果が抽象的で、形として見えにくいところがあるが、マスクはテクノロジーをガジェットや装置といった、形あるものとしてとらえる。たとえばロケットは、車、トラック、家、ソーラーパネル、バッテリー、衛星などといった事物の仲間だ。マスクが指揮を取る会社では、そういった事物をすべて刷新し、よりよいものに作りかえる。ベゾスは業界全体を、そして世界をいったんばらばらに分解してから、自社の必要性に合わせて組み立てなおすので、時として外の世界に破壊的な影響を及ぼすこともある。それに対してマスクは、単純にそのものの効率をよくし、費用対効果を上げ、よりクリーンにする。ライフスタイルや現状を大幅に変更する必要はない。電気自動車（EV車）とクリーンエネルギーの会社であるテスラにしても、ガソリン車をEV車に、ルーフタイルをソーラーパネルに置きかえただけだ。しかもソーラーパネルはルーフタイルの形までなぞっている。これならどこの持ち家管理組合も文句はいわないだろう。また、衛星によるインターネットサービス、スターリンクも、要するにブロードバンドより高速で、世界中どこからでも接続できるサービスということだ。

マスクとベゾスにはもうひとつ、テクノロジーで世界を築いていくうえで対照的な点がある。それは知的財産の取り扱いだ。アマゾンはロボット工学の会社を買収して、その優秀な知的財産を取得し、同業他社の手に渡らないよう囲いこんだ。一方テスラは、北米でEV車の充電スタンドに関する標準規格を作り、特許を公開してだれでも使えるようにした。自分たちの規格が広まれば、より広範に利用されると踏んでのことだ。同様に大量輸送システムの〈ハイパーループ〉も、マスクが自分の会社からいくつかのレポートを発表してオープンソース化することを明言し、他社でも独自に開発できるようにした。しかしマスクの設立したトンネル掘削会社〈ボーリングカンパニー〉が取りかかった工事では、真空トンネルにリニアモーターカーを走らせる高速鉄道というアイディアが、徐々に、テスラのEV車だけが走れる専用トンネルに変容してしまった。ボーリングカンパニーの最初の試験用トンネルは、スペースXの工場と、カリフォルニア州のホーソン市民空港と、ボーリングカンパニーが買いとった民家をつなぐルートだった。同社は、マスクが二〇一六年、ツイッターに、「交通渋滞が耐えがたい。掘削機を作って、トンネルを掘りたい」と投稿したあと設立したものだ。

マスクが二〇一六年におこなった「人類を複数の惑星に拠点を置く種族にする」の講演では、火星に移住した人がそこで何をするかについては語られなかった。移住の一連の流れは、火星に到達したところで終わり、どんな生活を送るかについては、ほとんど触れられていなかった。しかしソーラーパネルの屋根材をはりつけた一軒家と宇宙を飛んできた自家用車〔マスクは二〇一八年に、ファルコンロケットから火星へ向けて自分の愛車を打ち上げた〕という世界構想がいささか郊外族っぽく感じられるとすれば、それは、この火星移住のひとりあたりの費用としてマスクが見積もっている金額のせいもあるだろう。基準として考えている値段の出どころが、とても具体的なのだ。

火星移住の値段を、アメリカの住宅価格の中央値である二〇万ドルぐらいに設定できれば、自立した文明を築いていける可能性は非常に高いでしょう。もちろん、だれもが行きたいと思うわけではないでしょうし、むしろ行きたがる人は少数かもしれません。それでもじゅうぶんな数の希望者がいて費用を払えるなら、この計画は実現します。スポンサーもさがさないとなりませんが、だれでも貯金をすれば、じゅうぶんにお金を貯めて火星行きの切符を買えるぐらいにはなるでしょう。火星ではしばらくのあいだ労働力不足がつづくはずなので、仕事はたっぷりあるはずです。[9]

この計算式では、家を買う資金をためる余裕が、そのまま文明につながり、それがさらに新しい労働市場に参入する能力につながっている。

翌、二〇一七年の国際宇宙会議の講演では、マスクは火星の生活がどんなものになるか、もう少しくわしく語っている。それによると、火星の地下には真空の地下鉄道が張りめぐらされ、自動運転の

EV車が走り、ソーラーパワーがエネルギーを供給する。そしてこの新世界の指導者は、聖書にちなんだ、とてもめずらしい名称で呼ばれるという案まで語られる。まるで一九四八年に書かれたフォン・ブラウンの『マーズ・プロジェクト』からそのまま取ってきたようだ。マスクは、空中からとらえた火星都市の絵を紹介した。そこそこの大きさの、ひとつずつ形の違うドームが碁盤の目状にならび、互いにトンネルで結ばれるとともに、宇宙港ともつながっている。その宇宙港には、スターシップの着陸船が屹立している。このロケットはスペースXの〈惑星間輸送システム〉の一翼をになっていて、最終的には火星との距離の関係で旅程が短くなる二年ごとに、フォン・ブラウンを思わせるスケールでスターシップの船団を打ち上げる予定だという。このロケットの元の名が、〈火星植民輸送船〉だったというのも、納得がいく。

画家のチェスリー・ボーンステルが一九五〇年代に『コリアーズマガジン』に描いた火星の移民都市の絵を見ると、都市の中心になっているのは、たいてい、すべてを包含するひとつの大きなドームだ。ドームのなかには野菜などを育てる畑や、社会生活をいとなむスペースがあり、それをかこむようにして、少し小さめの建物がつどっている。そこでは人々が、プライバシーを楽しみながら暮らしたり、働いたりする。古い時代によく描かれたこういうドーム型都市には、住民共通のリスクがあった。もしもドームに穴があいたら、みんなでその穴をふさがなくてはならない。しかし、小さなドームよりもむしろ安全かもしれない。ドーム内の空気の量が大きいほど、空気もれが命取りになるまでの猶予が長くなるからだ。したがって大きなドームの場合は、たとえ問題が生じても、それをチームで修理する機会と余裕がたっぷりある。

だがマスクの火星都市には、中心となる施設がないし、公共のスペースやコミュニティ用の施設があるという話もない。ただ個々のモジュールが、火星の風景のなかで四方八方に広がって――スプロールして――いる。この都市はどうやら、個々のドームを各自で管理するという方式のようだから、万が一空気もれなどがあったら、その家の人は待避して、そこへ通じるネットワークは遮断され、復旧を待つしかないということになる。

マスクの世界構想のなかでは、個人主義がどこまでも広がっていくのが当然のようだ。マスクはすでに、愛車のテスラを火星の軌道へ向けて打ち上げている。だれもが自動運転の自家用EV車でトンネル内を走るなら、列車や公共交通機関は必要ない――彼のビジネスモデルはそんな信号を発している。なんなら将来の顧客は、最近発表された〈サイバートラック〉という、装甲車なみの強度をそなえた乗用車のなかで過ごすのもいい。ディストピアSFからそのまま飛び出してきたようなデザインのこの車は、防弾性能をそなえている。鋭角的なデザインは外の世界をきっぱりと拒絶し、医療用レベルのエアフィルターは、伝染病ウイルスや山火事の煙から乗り手を守る。これは、マスクが火星移住によって回避しようと考えている、終末的シナリオに対処するための車なのだ。▼10

彼がテクノロジーを用いて、現状のスプロール現象や郊外化現象を宇宙においてまで標準的なものにしようとしているのも、矛盾をはらんでいる。打ち上げ回数を重ねることによって一回の打ち上げのコストを下げようというマスクの戦略は、経済学者のいう「誘発需要」〈供給増にともなう価格の低下に誘発される需要の増加〉の典型的な例だ。時に人は、何かを手ごろな価格で手に入れられる能力をさずかって初めて、それがほしかったのだと気づくことがある。EV車とソーラーパネルがあれば、郊外の暮らしは楽に、そして便利になる。それで交通渋滞が起きればトンネルをもう一本掘ればいい。マスクの会社は、宇宙でも、スペースXが打ち上げ能力を拡大していることで、すでにスプロール化を起こしている。

スペースXが打ち上げを進めているスターリンクの衛星通信網は、地上の、とりわけ僻地や郊外での帯域幅と接続性を向上させ、インターネットへのさらなる需要を誘発する。しかし同時に地球の低軌道を混雑させることにもつながる可能性がある。本書を書いている時点で、すでにスターリンクの衛星が一二〇〇機空を飛んでいて、そのひとつひとつが小型の冷蔵庫ぐらいの大きさを持っている。スペースXはすでに合計一万二〇〇〇機まで打ち上げる許可を取りつけていて、それだけの能力があることも証明ずみだ。衛星同士の衝突がないかどうか見まもる人たち――たとえば国際宇宙ステーションの乗組員――は、いささか不安にもなるだろう。将来、衛星の玉突き衝突などが起きて、このあたりの軌道が使えなくなるという事態も起こりうる。また、小さな衛星は天文写真に明るい軌跡となって写り、観測のさまたげにもなっている。

しかしマスクは「誘発需要」という概念に対し、複雑な反応を見せる。スペースXの戦略は明らかに誘発需要に頼っているのに、地上の交通渋滞解消のアイディアに対してこの言葉が批判的に用いられると、激しく反発したのだ。EV車用のトンネルを作るという案に対し、交通の専門家が誘発需要の考え方にもとづいて疑問を投げかけると、こういって反論した。「誘発需要などというのは、最悪に意味不明な理論だ。相関関係があるからといって、原因だということにはならない。交通システムが交通需要を上回れば、道路は空くだろう。わたしは渋滞を解消するためならなんでもやる。渋滞は、ほぼだれにとっても悪影響を及ぼすからだ」▼11

このような「認知的不協和」(ふたつの矛盾する信念を同時に抱くことから起こる不安)は、拡大を何よりも尊び、ガジェットの大量投入やそれによる問題解決に救いを求める世界観と緊密な関係がある。破局に対して対策を講じながらも、その対策が逆に破局の呼び水になるかもしれないのだ。交通渋滞を解消するために、高速道路の車線やトンネルを増やすという対策を取ることと同様、世界の破局への対策として機会費用を下げることが逆に破局的な出来事を招くことにつながるかもしれない。

マスクはフォン・ブラウンの構想を継いでいて、第三次世界大戦のような破局を想像するところや、船団を火星へ向けて大々的に打ち上げる構想まで忠実になぞっているが、一方のベゾスは地道にオニールの足跡をたどっている。ベゾスはオニールと同様、月からはじめる。二〇一九年にワシントンDCでおこなった講演で、ベゾスは、またしてもブルーオリジンがひそかに進めていたプロジェクトを公表した。貨物輸送能力を持つ月着陸船の実物大模型で、その名もブルームーンという[12]。

その後、NASAがブルーオリジンと共同し、アルテミス計画の一環としてブルームーンを採用する可能性があることを発表した。アルテミス計画とは、また月に有人宇宙船を着陸させるというNASAのプロジェクトで、二〇二四年の実施を予定している（現在は二〇二六年が目標）。ベゾスもNASAも「現地資源利用」、すなわち月で資源を採掘する可能性をさぐりたいと考えている。それができれば、人類の宇宙飛行の発展をさらに支えることができるからだ。月の表土には酸素とアルミニウムが閉じこめられているが、最も期待が大きいのは水分子の存在だ。

二〇〇八年にインドの月探査船が、長らく推測されていたことを裏づけるデータを得た。月の表面に水の氷が大量にあるらしいことをつきとめたのだ。氷は主に南極周辺のクレーターのなかに集中している。月の南極には、自転と公転の関係で、「永久影」と呼ばれる何十億年も前から太陽の光が差さない部分が存在する。水はもちろん生命にとっても重要だが、別の目的にとってさらに貴重だといえる。南極地域でも、山頂部分はつねに日照があるので、ソーラーパワーで発電することは容易だ。そうなると水の分子は、構成要素である水素と酸素の分子に分解することができ、つぎにそれをまた推進剤と酸化剤として再結合させ、ツィオルコフスキーが提案した制御された燃焼を起こすことができる。つまり月の氷は、ロケット燃料として利用できるのだ。

ベゾスはこういった月資源を、ロケット燃料用にするところからはじめて何もかも利用し、オニール構想のつぎなる一歩を踏みだしたいと考えている。それは、ブルーオリジンの長期構想にある「何百万もの人々が宇宙で暮らし、働く未来」へ向けた、つぎなる一歩である。前出の二〇一九年の講演で、ベゾスは、マスクが二〇一六年と一七年に国際宇宙会議でおこなった講演に、ほぼ直接的に反論した。ベゾスの講演のタイトルは「地球のために、宇宙に出る」だ。このなかでベゾスは、名指しこそしないものの、「複数の惑星に拠点を置いたほうが、地球の破局的な出来事から逃れる可能性が高まる」というマスクの持論に、異論を唱えたのだ。「地球は最高の惑星です。ほかに肩をならべる惑星などありません。わたしたちはすでに太陽系のすべての惑星にロボット制御の探査機を送っていますが、どこよりもいいのは地球なんです[13]」

マスクが提唱するような「プランB」はないと繰りかえすとともに、ベゾスは、オニールがアイザック・アシモフと対談した一九七五年のテレビ番組にも触れる。そのなかでアシモフは、自分やほかのSF作家が惑星表面に住む以外の選択肢を思いつかなかったことを「惑星至上主義」のせいだとした[14]。オニールが提唱するようなコロニーになら、大型の重工業を置く収容力もあるし新たな居住空間を作ることもできる。ほかの惑星や小惑星、または月などは必要ではなく、資源採掘の拠点として利用するくらいだ。ベゾスはまた、オニールが使っていた言葉にも直接言及する。それは、「停滞と変化」だ。

うれしいことに、太陽系に進出すれば、資源は無尽蔵です。わたしたちには選択の余地があります。停滞して配給制を選ぶのか、それとも変化して成長することを選ぶのか。簡単な選択です。わたしたちの望みははっきりしている。ただ、そのためには働かなくてはなりません。太陽系に出ていけば、一兆人もの人間が宇宙で暮らすようになります。太陽系のなかに一〇〇〇人のモーツァルトと一〇〇〇人のアインシュタインが暮らすようになるでしょう。それはものすごい文明です」[15]

ここでベゾスは、〈スタンフォード・トーラス〉や〈オニール・シリンダー〉と呼ばれる宇宙ステーション内部の想像図を何枚か見せる。それはジェラード・オニールとNASAが一九七五年に主宰した夏季ワークショップ用にドン・デイヴィスやリック・ガイディスが描いた絵を現代風にアレンジしたもので、フォトショップか何かを使って文字どおりカット&ペーストしてある。そのうちの一枚は、近代的な大学図書館のそばに赤い羽目板の農家があり、ドローンが畑に水をまいている。

遠くにはアマゾンとブルーオリジンの本社があるシアトルに似た都市が見える。別の絵ではフィレンツェの大聖堂のうしろに北京の紫禁城が見える。もう一枚の絵には、緑豊かな大都市が描かれているが、そこにはノーマン・フォスターが設計したロンドンのガーキンビルらしきものや、モシェ・サフディが設計したシンガポールの高級ホテル、マリーナベイ・サンズらしき建物がごちゃ混ぜに配されている。これらはみな過去に描かれた未来図から取ってきたもので、五〇年近く前に描かれたオリジナルの作品群と比べると、どこか楽観性も未来感も薄く感じられる。[16]

ジェフ・ベゾスが所有し、経営する会社のふるまいを見れば、彼の世界観が感じ取れるし、こういった新しい世界を作り出すうえでの世界構想の性質もわかってくる。この一〇年間で、ベゾスは全米規模のメディアから食料品チェーンに至るまであらゆるものを取得した。そもそもアマゾン自体、いずれはあらゆるものを売る店にしたいという野望を抱いて創設された会社だった。

二〇一七年、ベゾスとアマゾンは北米の各都市につぎのような趣旨のレターを送った。アマゾンは、第二本社を建設する予定である。ついては建設地の選定を進めるうえで、貴市が最適である理由をぜひおきかせいただきたい。選定された地には新たな雇用機会と、屈指の大IT企業の存在にともなう経済的効果がもたらされるでしょう――。この第二本社構想をめぐって、数多くの都市が史上空前の優遇税制などを提示し、誘致合戦を繰りひろげた。最終的に選定されたのは、北バージニアだった。ベゾスの主要な住居地や、ベゾスが二〇一三年に買収したワシントンポスト紙の本社からも遠くない。いっぽうそのころ第一本社のあるシアトルには〈スフィアズ〉と呼ばれる、社員が仕事をし、ミーティングをし、くつろぐこともできるスペースがオープンした。スフィアズは植物園でもあって、世界中のめずらしい植物が集められており、生態系を保護して、その相互作用を研究する研究施設としての意味合いも兼ねている。この施設は、アリゾナ州にある生態系研究施設〈バイオスフィア2〉に似ている。バイオスフィア2は、冷戦時代の終盤に、閉鎖空間のなかで、地球の生物群系をできるだけ多く再現するという趣旨のもとに構築された施設だ。これに資金を提供していたのも、宇宙定住に関心のある資産家で、テキサスの石油王の子孫であるエド・バースだった。

アマゾンとその関連会社に顕著な「フルスタック」の経営方針は、要するにリハーサルなのかもしれない。ベゾスが経営する一連の会社、そしてアマゾンの各階層を構成する、幾重にもつらなる関連企業。これらのなかに、世界構築の実験を見てとることができる。物流、ソフトウェア、情報、ジャーナリズム、都市計画、エコロジー。こうした分野への進出は、各構成要素に対する彼の意図とそれを組み合わせるやり方について、シグナルを発しているように見える。姿形のまちまちなドームが火星上に広がるマスクの都市構想と違って、ベゾスのスタンフォード・トーラスやオニール・シリンダーは、どちらも中心となるひとつの指導体制が、インフラストラクチャから上部構造に至るまであらゆる段階を導く、統一された環境になるだろう。ベゾスが二〇一九年の講演で披露したカット&ペーストの都市は、社屋とそれを取りまく町並みなのかもしれない。宇宙の第三本社ビル、第四本社ビル……。これらの都市にはアメニティから、製品から、ビジネス基盤まであらゆるサービスが、アマゾンもしくはその末裔によって提供されるだろう。アマゾンの最も強力な能力、すなわち手を触れたものすべてを取りこみ、自分の目的に沿うように変換する能力を受けついだ未来の会社によって。

スフィアズがあるのはアマゾン本社ビルのすぐ隣だ。本社ビルは三七階建ての四角いビルで、その名も〈Day One〉という。ベゾスは、自分のオフィスがある社屋はすべて〈Day One〉と名づけている。Eコマースのスタートアップ企業としてはじまったアマゾンの創業精神を思いおこすためのフレーズだ。そこには会社を当時も今も駆り立てる希望とモチベーションが込められている。ベゾスはこう記している。「Day Two には停滞が起こる。つづいて、まとはずれなことが起こる。そのあとには耐えがたい、苦痛に満ちた衰退があり、その先には死が待っている。だからいつも Day One なのだ」[17]

ジェフ・ベゾスが、自分とおなじく停滞を何よりも恐れ、個人の安全がおびやかされること以上に嫌ったジェラード・オニールに、似た者同士の魂を見つけ、影響を受けたのは想像に難くない。変化と発展を重んずるこの精神は、ブルーオリジンの社是にも表れている。「グラダティム・フェロシテル」、ラテン語で「一歩一歩、猛然と」という意味だ。しかし新しい世界の構築の過程が、停滞と死への恐怖とつながっており、さらにスタートアップ企業に見られがちな、発展のために実験をいとわない猛然たる精神とも結びついているのは、危険である。「毎日が Day One だ」という精神ですべての層が構築された世界で生きるのは、どういうものだろう。

宇宙を掘りかえす

マスクもベゾスも、宇宙開発ベンチャーに乗り出すうえで、Eコマースで築いた資産を個人的に投資したし、それを時として別の民間資本でおぎなったり、NASAとの契約や補助金で下支えしたりした。両者にとって、このプロジェクトのリスクは、かぎられたものだった。ふたりともほかに数多くの会社を経営しており、たとえロケット構想が実現しそこねても、ほかの会社が収益を出しつづけると目されていたからだ。だから両者ともその構想全体は宇宙並みに壮大だったが、ちゃんと飛び上がれるロケットが作れなくても、まして着陸できるロケットなど作れなくても、なんとかなりそうだった。

だが、ニュースペースと呼ばれる企業は、ブルーオリジンとスペースXだけではない。両社の成功のおかげで、新たなスタートアップ企業の一団が、さらなるリスクを取るべく参入した。ちょうど二世紀近く前に鉄道が発達しはじめたときのように、先行二社が比較的手ごろな費用のインフラを築いたので、ほかの企業も、収益をあげられそうな、さまざまな活動をする下地が整ったのだ。

そうした活動のひとつで、二〇一〇年代半ばに投資家が期待を寄せていたのが、小惑星の採掘だった。宇宙で資源を採掘し、その場で利用することの利便性は、ツィオルコフスキーのころから明確だった。彼の一九二〇年の小説『地球をとびだす』の主人公たちは、月や小惑星など、宇宙で発見した資源で新しい居住区を作ることの利点を知っていた。ジェラード・オニールとNASAのエイムズ研究センターが構想し、リック・ガイディスが完成予想図を描いた宇宙定住のタイムラインのなかでも、小惑星での資源採掘は重要なステップだった。自転する、威風堂々たる宇宙ステーションの成否はすべて小惑星の採掘にかかっていたし、またこのステーションが、小惑星で働く作業員の住みかにもなる予定だった。ちょうど北米内陸部への路線をひらいた鉄道が、新たな投資家や投機家の目を引いたように、ニュースペース時代になって打ち上げコストが下がりはじめたことで、小惑星採掘への関心が、また高まってきたのだ。

二〇一〇年代前半、ふたつのスタートアップ企業、ディープスペース・インダストリーとプラネタリー・リソーシズが小惑星での資源採掘を目ざすビジネスプランを発表した。両社はベンチャーキャピタルや個人投資家からの資金調達を画策し、ロス・ペローや、グーグルの元CEOふたり、ラリー・ペイジとエリック・シュミットから資金提供を受けた。だが、それだけの後ろ盾があっても、小惑星掘削への道はけわしかった。技術的な問題だけでなく、国際法が目の前に立ちはだかったからだ。「月その他の天体を含む宇宙空間の探査及び利用における国家活動を律する原則に関する条約」は、一般には「宇宙条約」として知られ、国連を通じて一九六七年に発効した。アメリカ合衆国を含む一三四か国が批准、または署名している。この条約はいずれの国家も天体を含む宇宙空間に対して領有権を主張することを禁じている。条約はまた「宇宙空間の探査及び利用がすべての人民のために」おこなわれなければならないと謳《うた》っている。[18] さらに条約の当事国は、自国の非政府団体の宇宙での活動に責任があることも記されている。したがって国際法上、小惑星や月の採掘場に対して「権利の主張」ができるかどうかはあいまいで、小惑星の採掘を投資家に売りこむのは、込み入っているだけでなく、困難だった。

これらの企業がまず取り組み、最大の成果をあげたのは――その作業の大部分は当時プラネタリー・リソーシズの社長だったクリス・ルウィッキーがおこなったものだが――アメリカ政府にロビイングして、宇宙条約の条文を自分たちにとって都合よく解釈してもらうことだった。これが功を奏した。二〇一五年、宇宙活動促進法案が議会で可決され、オバマ大統領が署名したのだ。この法律は、宇宙での領有権の主張は禁じるものの、アメリカ政府と、国民、企業が「宇宙資源の商業的探査と開発」をおこなう権利を認めている。[19] 土地を領有することはできないが、資源を開発して所有することは認める。月の水資源と小惑星の鉱物はそこにあるのだから、開発する能力のある者はしてもよい、と法律で定められたのだ。

ジョージ・サウアーズがハッザ族の写真を見せながら講演をおこなった二〇一九年の宇宙研究機構

のシンポジウムで、ひとりの講演者がクリス・ルウィッキーの功績をたたえた。「財産権ということでいえば、ここに集まったみんなでクリスに拍手を送りませんか。彼の多大な努力によって、二〇一五年の法案が可決されました。あれはとてつもない進歩でした」。宇宙定住推進家で投資家のエヴァ＝ジェイン・ラークがいった。「資源採掘の歴史と先例を見て、所有権がどのように決められてきたかを調べると、法案の採択はとても大切なことです。歴史的に、採鉱者自身が所有権を決めてきました。ハーグの国際司法裁判所が採鉱者にああしろこうしろというようなことは、だれも望んでいないのです」[20]

二〇二〇年にはトランプ大統領が、宇宙活動促進法案よりさらに一歩踏みこむ大統領令を発した。「宇宙資源の回収と利用」の権利を認めたあと、大統領令はさらに進んで「宇宙空間は人間の活動の法的及び物理的に固有の領域であり、米国は宇宙空間をグローバルコモンズ（人類の共有資産）とは見なしていない」[21]と公式に記したのだ。そして、国務長官に対し、諸外国がこれらの条項を受けいれるよう、各国首脳に働きかける権限を付与した。大統領令は「宇宙条例」が宇宙での資源採掘を禁じていると解釈することを明確に拒絶するだけでなく、ほかの条約加盟国にもその拒絶を広めることを目ざすものだった。

宇宙空間を「グローバルコモンズ」と見なさないというトランプ大統領の大統領令は、もうひとつの国連決議にも真っ向から反対していた。一九六七年に宇宙条約が発効したときには、まだ月に降り立った人間がいなかった。それでも国連は、その条約の理念にたびたび立ちかえり、一九七九年には「月その他の天体における国家活動を律する協定」を採択した。一般には「月協定」として知られている。[22]月協定は、宇宙資源の採掘と利用に対する国際的な規制を求め、それによって宇宙空間を正式に国際法の一領域にしている。

トランプは、宇宙が「グローバルコモンズ」であることを拒絶したが、これに類する言葉が国際条約に組みこまれたのは、オランダのハーグで締結された「武力紛争の際の文化財の保護に関する条約」が最初で、その際には「人類の共通財産」という言葉が用いられた。その後「グローバルコモンズ」は、海底、海面、その上の大気にまで拡大され、大気圏を超えた宇宙にまで及ぶと広く考えられるようになった。法律専門家のなかには、人工衛星の上空通過権の承認――宇宙時代の到来を規定した原則――が、事実上、宇宙が共通財産であると認めたことを意味すると論じる者もいる。しかし、オバマとトランプとルウィッキーは、宇宙がグローバルコモンズであるという原則をしりぞけた。ちなみにアメリカは、月協定を批准していない。というか、宇宙船を打ち上げる能力を持つ国はどこも批准していない。この協定に署名しているのは、グローバルサウスやイーストの比較的貧しい小国ばかりだ。ジェラード・オニールの信奉者たちが立ち上げたL５ソサエティが、一九七九年に、この協定を批准しないようロビイングをおこなって、首尾よく希望を通したのだ。

こうした最新の動きがあるなかでも、国家や私企業が宇宙の土地の領有権を主張することは、さすがにだれも許していない。しかし、宇宙の土地には特有の技術的な困難があるため、領有権の問題にはそもそも議論の余地が生じそうだ。月で掘削をおこなうと、あるいはただ宇宙船を着陸させるだけでも、危険が生じ、その活動場所のまわりに立入禁止区域を設ける必要が生じるかもしれないのだ。ドリルや宇宙船の排気などで月の表土をかき乱すと、必ずほこりや、砂粒、小石などが舞いあがる。月には大気がないので、こうした粒子はロケットの推進剤にでも押されたようなスピードで飛びあがり、スピードが落ちない。月は重力が小さいので、粒子は非常に遠くまで飛んでいき、へたをすると軌道に到達して、ほかの宇宙船やステーションのさまたげになりかねない。したがって採掘場や宇宙港のような場所では、やはり運営にあたる企業や政府が、月で作業中のほかの人々に危険が及ばないよう、半径七～八キロのテリトリーを確保する必要が出てくる。そうやって月や小惑星の一部に事実上の領有権を設定する国は、けっきょくのところ科学的施設を設けて、安全のため部外者の立ち入りを禁じることになるだろう。あるいは月協定が求めているような、開発を律する国際レジームのようなものが、やはり必要になるかもしれない。

ジョージ・サウアーズは、二〇一九年の宇宙研究機構の講演で、宇宙とその資源へのアクセスの問題を「革命」という視点から語った。農業革命、産業革命などが起こるたびに、より多くの人々が、より多くのカロリーと領域を手に入れた。しかしハッザ族は大地溝帯周辺の地域で狩猟生活を送ることで、じゅうぶんなカロリーと領域を得ている。ハッザ族の習慣に、余った食料は分け合うという厳格な掟がある。そのおかげで、だれもが必要なだけのカロリーを得ているのだ。領域もじゅうぶんに得ている。彼らが生活し、動きまわる面積は、ひとりあたりおよそ一平方マイルだ。地球上の人間のだれもがハッザ族ほどの面積を得るとしたら、地球があと一三六個必要だ。ハッザ族が生活する土地の大部分は国立公園や鳥獣保護区にあり、国連から人類の共通遺産に指定されているところもある。しかしタンザニア政府はハッザ族をこれらの保護区での禁猟から除外している。それは、彼らが動物を獲りすぎないよう自己規制する能力を証明してきたからでもあるし、人間という捕食者がいることによって、ほかの動物も狩りをしすぎないようになるからだ。ハッザ族は、余剰を生んで売ったり交換したりすることがないので、タンザニアの税金も免除されている。

サウアーズの指摘する「革命」は、実際には、マスクが複雑な受けとめ方をしている誘発需要によるものだ。ハイウェイの車線を増やせば車の交通量が増えるように、ロケットの打ち上げを増やせば、打ち上げの需要がさらに増える。そして宇宙資源を採掘できるようになれば、月や小惑星を採掘する需要が生まれるだろう。サウアーズが示した数字は、ひとりあたりのカロリーだけで、その分配の不均衡は表していない。カロリーの存在だけでは人間の苦しみは解決できない。人間の数が増えるだけだ。ベゾスは一兆人の人間が宇宙で暮らし、そのなかに「一〇〇〇人のモーツァルトと一〇〇〇人のアインシュタイン」が生まれるという希望を述べたが、それに応じてふくらむ問題を回避できなければ、「ものすごい文明」にはならない。ほかの変数が変わらないと仮定すると、一兆人が宇宙で暮らす世界では、毎日三〇〇万人が餓死することになるだろう。

二〇一九年のシンポジウムでは、サウアーズにつづいて、プラネタリー・リソーシズの社長を退任したクリス・ルウィッキーが登壇し、宇宙での資源採掘について話をした。彼も産業革命とそれにともなう人間と世界のかかわり方の変化に触れたが、つづくスライドでは宇宙での生活について、人間の望みと活動そのものは、さほど変わらないという話をした。「たいして変わらないと思いますよ。宇宙に出たからといって、今まで見たことのない、明るい未来があるわけじゃありません。わたしたちが、いつもやってきたことをつづけるだけです」。宇宙に出る理由は人それぞれだ、と彼は予想する。「趣味でという人もいれば、娯楽としてという人もいるでしょう。でも生活がかかっているからという人もいるだろうし、何かから逃げて宇宙に出る人もいるでしょう[23]」

つまり未来は、あまり代わり映えがしないということだ。しかしニュースペース企業の目標とその表現は、新しく、よりよい世界を追いもとめるという望みと、今現在の世界とうまく折り合いをつけながらやっていくという望みのあいだで板ばさみになっている。つまりこうした新世代の宇宙飛行企業および宇宙資源開発企業は、顧客によって送る信号を変えるという複雑なやり方をつづけているのだ。理想家やビジョナリーに対しては、何もかも変わるしすべてがよくなるといって支持を取りつける必要があるし、投資家や政府には、基本的には何もかも今のままだといって安心させなくてはならない。

革命とは、人間とその世界とのかかわり方を変えるものだ。農業革命がそうだったし、産業革命もそうだった。宇宙資源革命もそうなるだろう。しかしアーシュラ・ル＝グウィンもいうように、人間がその範疇を広げなければ――共通財産の範疇だけでなく、テクノロジーというものの範疇も広げなければ――現状が変わることはないだろう。

ルウィッキーは、何かから逃れて宇宙に出る人もいるという話をしたあと、プラネタリー・リソーシズで学んだ教訓について語った。下院とオバマ政権にロビイングし、宇宙条約の条文について、首尾よく宇宙資源の開発をおこなう権利を認めさせたものの、そこでプラネタリー・リソーシズもディープスペース・インダストリーも、資金が尽きてしまった。通常、スタートアップ企業が一段階レベルアップするのに必要な一〇年という年限のなかでは利益をあげることができず、両社とも二〇二〇年までに資産を売却した。今、ルウィッキーはコンセンシスというブロックチェーンと暗号通貨のテクノロジーを開発する会社に勤めている。宇宙資本主義を自力で乗りきるべく、長期にわたる研究開発をおこなうには、従来の資金調達の枠組みでは無理だとルウィッキーは嘆く。ベンチャーキャピタルや債券市場というものについて、彼は、かつてル＝グウィンがテクノロジーとはもっと幅広いものだと述べたことを想起させるように、こう語っている。「ベンチャーキャピタルや債券市場も、わたしたちがかつて作り出したものです。特定のテクノロジーの問題というよりも、こういう金融工学の特別な一面こそ、新たな発明が必要な分野なのかもしれません」[24]

一九六七年の宇宙条約は、ほかに類を見ない文書だ。明確にユートピア的な目標や重要事項を記していて、これならばル＝グウィンもよしとしたのではないかと思わされる。彼女は「『テクノロジー』にまつわる苦言」で「テクノロジーは人間が物質世界と積極的にかかわるための手段である」と書いた。[25]そして宇宙条約は、宇宙の過酷で危険な現実とかかわるための手段だ。とりわけ第5条は、人間がそうした危険な環境に身を置いた結果生じることについて、相互援助の要請を記している。

条約の当事国は、宇宙飛行士を宇宙空間への人類の使節とみなし、事故、遭難又は他の当事国の領域若しくは公海における緊急着陸の場合には、その宇宙飛行士にすべての可能な援助を与えるものとする。宇宙飛行士は、そのような着陸を行ったときは、その宇宙飛行士の登録国へ安全かつ迅速に送還されるものとする。

いずれかの当事国の宇宙飛行士は、宇宙空間及び天体上において活動を行うときは、他の当事国の宇宙飛行士にすべての可能な援助を与えるものとする。

条約の当事国は、宇宙飛行士の生命又は健康に危険となるおそれのある現象を、月その他の天体を含む宇宙空間において発見したときは、直ちに、これを条約の他の当事国又は国際連合事務総長に通報するものとする。[26]〔中央学院大学地方自治研究センター訳〕

あなたが宇宙にいるときに、危険や被害が起こりうると、あるいは実際に起きていると知ったら、必要とする人に危険を知らせたり、救いの手を差しのべたりしなくてはならない。宇宙条約や、商業的宇宙活動推進法、あるいはトランプの大統領令の法的解釈では、水の氷をロケット燃料に利用したり、鉄を用いてロケットエンジンをこしらえたりする権利が保障されている。そして宇宙条約の第5条は、水を飲用に用いたり食物からカロリーを得たりする権利を保障していると読める。それを得られないことで、命や健康への危険が生じる場合もあるのだから。

NASAのエコノミストで『長い宇宙時代』の著者でもあるアレグザンダー・マクドナルドは、宇宙科学界では、宇宙条約のことを「われわれの憲法」と呼ぶ人もいると語っている。[27]基本的な、共通の価値観がまとめられた政治テクノロジーの文書で、共通の目的を果たすために使用することができるものだからだ。この政治テクノロジーのなかにひそむ可能性を宇宙の未来に生かせば、その世界はハッザ族の生活に、より近いものになるかもしれない。だとしたら、プラネタリー・リソーシズや、ブルーオリジン、スペースXほか、これから来るニュースペースの新興企業は、自分たちのテクノロジーを今ある制度に合わせるべきで、あの文書を自分たちの目的に合わせていじくりまわすのはやめたほうがいい。そんなことをすれば、また広範囲を飛びまわるロケットの破壊的な力を規制しないまま、ミサイルに作りかえるようなことが起こるだろう。

イーロン・マスクは初期の打ち上げ失敗をRUD (Rapid Unscheduled Dissamblies)——予定外急速分解——と呼んでいた。だが爆発が静まり火が消えれば、スペースXのエンジニアたちは作業にもどり、よりよいロケットを組み立てる方法を考えはじめる。人間が作ったものはなんであれ、分解したり、作りかえたりすることができる。貧困、住居の喪失、飢餓、物資の欠乏。これらを、人間の性質にともなう致し方のない弊害だなどと、悲観的に、あるいは冷ややかに分析したところで、問題は解決しない。

それは誘発需要の問題だ。そして破綻そのものが、技術者がよく注意しなくてはならないシグナルなのだ。だがそういう問題のない世界を作っていくための法的、政治的なテクノロジーは、すでに存在している。人類の共通財産、人権、そして相互の安全を守ること。今は、それらが正しく組み合わされていないだけなのだ。

おわりに――別の物語を見つけること

というわけで、なぜわれわれは宇宙で暮らすことを考えるべきなのだろうか？　ここで紹介した七つの歴史の物語は、そのごく一部に答えるものでしかない。目録としてははなはだ不完全だが、限りある目録ゆえに、仕方のないことかと思う。――

ニコライ・フョードロフと、教え子のコンスタンティン・ツィオルコフスキーは、人間存在を時間のうえでも空間のうえでも無限に引きのばしたいと願い、そのためにあらゆる変化を起こしてでも、宇宙を人間にとって最適な環境にしようと考えた。惑星上であれ軌道上であれ、初期のロシアのコスミストが構想する宇宙は、新たなテクノロジーによって実現するものだった。しかし、その新たな能力で地球と宇宙が変貌を遂げれば、あとはすべてが、そのままつづいていく。その無変化は、必要とあらば力ずくで固定される。J・D・バナールとアレクサンドル・ボグダーノフは、発展と変化を最大限に引き起こすことを提唱し、彼らの構想する世界には、つねに破綻と革新があった。けれどもそれは、万人の万人に対する闘争などではなかった。互助を重んじて、思想、事物、生命力の自由なやり取りを大切にし、他者との平和的共存を尊重していた。そういった価値観が、力の引きおこす害悪を軽減することにつながるわけで、そうでなければ、彼らの構想する太陽系やその先の宇宙での共同生活は破綻し、瓦解するだろう。

ヴェルナー・フォン・ブラウンは、害悪を減らそうとは考えなかった。彼の考えでは、宇宙に出てそこに滞在する能力を得るには、苦痛、恐怖、奴隷労働、そして彼自身予見していた破滅的な戦争の時代をくぐり抜けることがどうしても必要だったのだ。そうした破滅的な核戦争は、J・D・バナールがなんとか食いとめようとして、後半生をささげたものだった。フォン・ブラウンはドイツ帝国の建設を目ざす独裁者のもとで仕事をはじめ、戦後は一転、アメリカに拠点を移して、そこで仕事をつづけた。ドイツもアメリカも、フォン・ブラウンのロケットに長期的な期待をかけていた。しかし彼自身は、雇い主を助け、そして自分自身を助けて火星に到達するには、まず最初に惑星ドーラを通過せざるを得ないと考えていたように見える。一方、彼の友人、アーサー・C・クラークは、宇宙科学に関する作品やSF小説を通じて、植民地主義や征服思想にもとづいた――フォン・ブラウンのような――世界構想を批評した。クラークの世界は謎に満ちていて、真っ向からの攻撃性は寄せつけない。テクノロジーを暴力的に使って、謎の遺物を核爆弾で吹き飛ばしても、それは単によそのだれかに――大きく、冷淡で、非情な、人間の意味づけや目的からかけ離れたところにいるだれかに――信号を発することにしかならない。クラークの宇宙では、力を振りかざしても何も得られないのだ。

ジェラード・オニールは、もっととらえどころがなかった。一九七〇年代に、彼は個人が宇宙で解放されるという未来像を発信して、ティモシー・リアリー（幻覚剤の伝道師）やスチュアート・ブランド（『全地球カタログ』）といった、ポスト・カウンターカルチャーの大物たちの心をつかんだ。ところがのちの著作では個人投資家や支持者に向けて、企業の自由な活動の利点を強調するようになる。政府や規制というものに懐疑的でありながら、下院に対しては、宇宙産業への投資が政治的な見返りを生むであろうとためらいなく語った。オニールはSFも、発想の源としてまた語り口として、場面に合わせて利用したり使用をひかえたりした。場面や受け手に合わせてモードを切りかえることに長けていたのだ。それに比べると彼の支援者でもあったNASAは、自分たちが、厳然たる現実とエンジニアリングだけでなく、柔らかいユートピアも扱う商売をしているのだと、きちんと理解していなかったように思える。NASAは、差別の撤廃と宇宙開発について、抱負に満ちたシグナルを発してきたものの、その歴史は複雑で、現代の政治状況のなかで包摂的な未来を築くことが、一筋縄ではいかないことを思い知らされる。

いわゆるニュースペースのさまざまな企業は、先達から得られる教訓などを学び、巧みにメッセージを発信するようになった。だが、彼らとて、何もかも心得ているわけではない。ニュースペース企業は「希望」を活用するすべを知っている。一方ではコスミストのように現状をそのまま拡張する希望を語り、他方では絶え間ない変化と永遠の〈Day One〉への希望を語る。人々の抱く理想的な価値観——自由、探検、無限の可能性——を説いて支持を集めることもできるし、個人的に利益を得たいという人々の欲求や動機に働きかけることもできる。そしてフォン・ブラウンたちのように、少しばかり終末的な恐怖感を織りまぜて、投資家の尻をたたく。しかし、こうしてあまりにも多くの顧客層に同時にいい顔を見せて手を広げすぎると、ニュースペースの世界観には穴や物足りなさがあると感じられてしまう。アーシュラ・ル゠グウィンも指摘するように、「テクノロジー」という言葉をせまくとらえていると、落とし穴がある。

少し前から最近にかけてのこうした宇宙の物語は、二一世紀初頭の視点で記録した地球の物語でもある。わたしたちは、そこにさらなる未来の物語をつけ加えていけばいい。人間が宇宙で永遠の生命を得るという夢が達成できるかどうかはわからないが、人々がそういう未来を追求しつづけることはまちがいないだろう。そうした試みのなかで、さまざまな世界観が披露されるだろうし、その数は多ければ多いほどいい。SFも宇宙科学も、説明や一貫性やもっともらしさをもたらしてくれるものだ。それによってセンス・オブ・ワンダーをがっちり支えるつもりが、逆に説明過多になり、驚きをそこなってしまうこともある。しかし宇宙にはもっと別のものを受けいれる余地もあるはずだ――答えだけでなく問いも受けいれ、繰りかえしだけでなく相違も受けいれ、説明して終わりにするだけでなく、別の可能性も受けいれる、そんな宇宙観《プラネタリー・イマジネーション》を受けいれる余地が。そうした別の物語が、技術的な話だけではとらえきれない、豊かで、価値のある、おもしろい生き方を提示してくれるかもしれない。

ボタンを押す

それにしても、ロケットのサプライチェーンや後方支援には、数多くのロケット建設者や、科学者、エンジニア、専門家がいるにもかかわらず、だれも世界構築の本質的なあり方や、「テクノロジー」という語の解釈を広げる方法をはっきり認識していないことに驚かされる。アポロ11号の打ち上げ前日、NASA長官のトマス・O・ペインが、ラルフ・アバナシー牧師にいった言葉を思い出してほしい。「明日、月ロケットの発射ボタンを押さなければ貧困問題が解決するというなら、ボタンは押しません」。ペインは「テクノロジー」という言葉の周囲に、越えられない線を引いていた。線の内側――ロケットや軌道や物理的な力やボタンがある「こちら側」――は、テクノロジーで、線の外側――社会的、政治的な力が別の宇宙を征する「あちら側」――は、テクノロジーではないと。だが住宅政策、オペレーション・ブレイクスルーを見てもわかるように、いくら技術的な仕組みがそろっていても、経済的、社会的ソフトウェアがしっかり機能しなければ、住宅問題のようなものは解決しないのだ。

イーロン・マスクも、ボタンにからめたコメントをしたことがある。民間宇宙開発の最大のライバルについての感想をきかれたとき、こう答えたのだ。「たとえブルーオリジンをこの世から消せるボタンがあっても、そのボタンを押すつもりはない。ジェフが自分の仕事をしているのはいいことだ」[2]。ペインやマスクのコメントは、いかにもテクノクラートの発想らしく、こんな簡単な、きわめつけの願望実現装置があればいいのにという思いが伝わってくる。世界の問題がボタンひとつと、それを押すか押さないかという決意ひとつに還元されればいいという発想だ。このふたつのボタンの向こうには、敵と目される相手がいる。貧困、不景気、競争相手。しかしボタンを押すか押さないかの選択——すなわち英雄として月に人間を送るか、あるいは地上の、手に負えなさそうな社会問題を解決するか——は、実際には二者択一ではなく互いにがっちりとからみあっている。

二〇一九年、学生活動家のモーガン・ポーレットが「ベゾスは世界の飢餓を終わらせることにしたか？（Has Jeff Bezos Decided to End World Hunger?）」というツイッターアカウントを作成した。この章を書いている時点で、彼は一〇万人以上のフォロワーを獲得しており、アカウントのプロフィールには、地球の弱者や飢えに苦しむ人に食料を供給するには年間一一〇億ドルかかるという研究結果と、ベゾスの資産が二〇〇〇億ほどあることが記されている。アカウントは毎日少なくとも一度は更新され、「ベゾスは、きょう、世界の飢餓を終わらせることはしなかった」などと伝えている（二〇二四年時点では、すでにこのアカウントは存在しない）。二〇一八年の『ビジネスインサイダー』のインタビューによれば、ベゾスはどうやら貧困と飢餓を終わらせるボタンを押す気はないようだ。「これだけの莫大な資産の使い道といったら、アマゾンのかせぎを宇宙旅行につぎこむことぐらいしか考えられませんね」[3]

マスクとベゾス、地球上で最大の資産を持つ個人の座をめぐって抜きつ抜かれつの激戦を繰りひろげている両者は、それでも互いを必要としている。ライバル……というより、スケープゴートとして。同様に、何百万もの人たちが宇宙で暮らしたり働いたりする未来を作るというベゾスの構想も、地球上に貧困が存在することを必要としているといってもいい。宇宙定住構想は、間接的に問題の解決策になりうるし、また地球上の貧者にとって、別の選択肢にもなりうるからだ。それとおなじく、宇宙開発競争時代のNASAも黒人と、黒人宇宙飛行士を必要としていた。その必要性がうかがわれたのは、冷戦中の両国で、不遇な黒人スタッフを利用して政治的に得点をかせごうという意図が見えたときだった。アメリカではケネディがエド・ドワイトを宇宙飛行士候補者に指名したし、ソビエト連邦ではブレジネフがアルナルド・タマヨ・メンデスを宇宙飛行士にした。

　学者で評論家のイターシャ・L・ウォマックは二〇一三年の著書『アフロフューチャリズム――ブラック・カルチャーと未来の想像力（*Afrofuturism*）』（押野素子訳、フィルムアート社、二〇二二年）で映像作家のコーリーン・スミスの言葉を引用している。「ブラックネスはテクノロジー。現実じゃない。それは構造物なんです[4]」。ル＝グウィンの抱く「テクノロジー」の概念とも響きあうこのとらえ方は、著名な黒人作家、ジェームズ・ボールドウィンの作品にも登場する。ボールドウィンは折に触れ、アメリカ社会において弱い立場にある黒人の姿を、組み立てたり解体したりできる構造物だと表現してきた。二〇一六年のドキュメンタリー映画『私はあなたのニグロではない（*I Am Not Your Negro*）』のなかで使用されたインタビューではつぎのように語っている。「白人は自分自身に問わねばならない。なぜ〝ニガー〟が必要だったのか?」……そもそもなぜそんな存在を生み出したのか。「白人は自分の胸に聞いてほしい。白人がニガーを生み出したのです。何のために？　それを問えれば未来はあります[5]」

スペース・イズ・ノー・プレイス

ウォマックの『アフロフューチャリズム』はアフリカの離散《ディアスポラ》の視点からSFを読みなおす試みでも

ある。今も植民地主義と奴隷制の爪跡が残る世界からの視点で見ると、エイリアンの侵略、タイムトラベル、宇宙への逃走というストーリーが新たな意味合いを帯びてくる。テクノロジーの「進んだ」ヨーロッパ人が地球の大半を支配した時代、それを生きのびた非白人の子孫にとって、ユートピアとディストピア、過去と未来、フロンティア、そして世界の始まりと終わりの物語は、作り話ではなく、むしろ歴史的、科学的な事実を呼びさますものだ。ウォマックのレンズを通して見ると、ミュージシャンで映画制作者のサン・ラーが、別の宇宙時代から来た予言者であるかのように、あらためて輝きを増す。サン・ラーは土星からやってきた使者というキャラクターでアーティスト人生の大半を過ごした。一九七四年のSF／哲学／ジャズコンサート映画『スペース・イズ・ザ・プレイス（*Space Is the Place*）』は、黒人のティーンエイジャーから投げかけられた「あなたって本物？」という問いへの答えとして作られた作品だ。このなかでサン・ラーは、自分も含め、すべての黒人が神話だと語っている。

わたしは本物じゃない。きみとおなじだ。きみはこの社会に存在してない。存在していたら、黒人は、平等権など求めていないだろう。きみは本物じゃない。本物だったら世界の国々でも地位があるだろう。わたしたちは神話だ。わたしは実体としてではなく、神話としてきみの前に現れる。黒人はみんなそう。神話なんだ。わたしははるか昔、黒人が見た夢のなかからやってきた。きみの祖先がわたしをつかわしたのだ。▼6

サン・ラーは、黒人は構造物でテクノロジーだというアイディアからはじめて、作り物であるからこそ、自分の手で自分を作りかえ、宇宙からの使者として若者の前に立つ。映画の幕開けの歌はこうだ。「世界は終わったと、まだ気づいていないのかい？」

映画のなかでサン・ラーは、アメリカの黒人に、自分の見つけた新しい惑星に移住するようすすめるという使命を持っている。「ここの音楽は変わっている。地球とは波動が違う。銃声、怒り、いらだち。それが地球の音だ。地球には理解者がいない」。彼は新しい惑星に、「宇宙の、別の場所に」、白人のいない黒人だけのコロニーを作るという。手はじめに、彼は時間の流れが終わったといって一九四〇年代のシカゴにもどり、移住者をつのりはじめる。

サン・ラーを妨害しようとする敵がふた組いる。ひとつは〈監視者〉。白人文化に協力する黒人で、人生や可能性を伸ばせない場所に、ほかの黒人を引きとめようとする。監視者は、幸福感に満ちたオーバービュー効果を、監視衛星による恐怖に満ちた上空通過と、上空からの無作為な死に変えてしまう。「監視者は、ほしいものは必ず手に入れる」。サン・ラーはＮＡＳＡのエージェントにも追われている。エージェントはひそかに、彼が地球人に説くコスミスト的なスローガンに耳をすませ、それを録音しているのだ。サン・ラーの売り文句は、ＮＡＳＡが及びもつかないほど優秀なシグナルを発している。「みんなが地球で望んで得られなかったものはなんでも、宇宙で手に入る」

地球に対するサン・ラーの批判は、ユートピア主義の利用目的に対する批判でもある。地球は欲望をはぐくむ。映画のなかの「監視者」のように、権力を持つ者が欲望をあおり、それを食い物にするのだ。映画では監視者に従った者たちが自分の望むものを差し出され、最後に肩すかしを食う場面が何度も描かれる。よく知られているように「ユートピア」という言葉は、一六世紀の人文主義者、トーマス・モアが、ギリシア語の「よい場所」と「どこにもない場所」を組み合わせて作ったものだ。サン・ラーの宇宙観では、地球は白人の手でユートピアとして作りかえられた場所だ。一方、宇宙は――黒く、果てしなく、虚空に波動が満ちた宇宙は――地球に地獄を見た者たちにとってのユートピア《どこにもない場所》になりうる。「宇宙には上も下もない」とサン・ラーはいう。「宇宙は底なしの穴だ」

ユートピアとディストピアは、はっきりと定まったカテゴリーではない。入れ替わることもあるし、相互依存もしている。アメリカ大陸の「新世界」というユートピアは、大量殺戮と奴隷制と奴隷貿易によって建設された。それ自体が多くの人の命をうばった地獄だった。そして小惑星での資源採掘というユートピアの夢が、なぜ生きるために働く人々や、生きのびるために地球から逃げてきた人の姿まで想起させるのかという謎も、ユートピアとディストピアが相互依存していることを考えれば納得がいく。この世界観のなかでは、地球から命がけで逃亡してきた弱い立場の難民が必要だし、現実的でもある。投資への見返りをとにかく広げようという現在の経済構造が宇宙にまで広がるとしたら、資本主義は、欲望と必要性を持つ人々を食い物にしなくてはならない。ユートピア思想を利用して、社会階層を定着させようとする人たちは、いかにももっともらしい顔をしてこれが現実ですなどといってのける。権力の座にある者は、現状をそのまま追認して、自分たちにとって理想の世界を建設し、これが人間の本質だと称するのだ。そしてこのよき世界では、二〇一五年のロビイングのおかげで、小惑星を採掘してもハーグからおとがめは出ない。

宇宙軍

二〇一九年一二月、トランプ大統領は、アメリカ合衆国宇宙軍法に署名し、アメリカ軍の新たな軍種を創設することになった。宇宙科学界と軍事戦略界の一部での長年の念願が果たされた形だ。一九五八年二月、NACAがNASAになる八か月前、アイゼンハワー大統領は、アーパ（ARPA）こと高等研究計画局（Advanced Research Projects Agency）を設立した。その主要な目的は、のちに名称が「国防」を冠してダーパ（DARPA）こと「国防総省高等研究計画局」になったのを見てもわかるとおり、スプートニク後の冷戦期に、国防総省のために宇宙科学の研究開発を進めることだった。一九五七年から五八年にかけての国際地球観測年には、ソ連の衛星スプートニクとアメリカの衛星エクスプローラー1号が打ち上げられたが、この間、宇宙開発に対する軍部と文官の緊張が高まっていた。これらのロケットは、ゆくゆくは、科学のために用いるのか、それとも戦争に利用するのか？

　宇宙開発競争はもちろん冷戦を抜きにしては語れない。その時期の大半、宇宙がらみの軍事力は、ダーパの研究にもとづいて空軍がつかさどっていた。アメリカ宇宙軍は、こうした現実政治《レアルポリティーク》の置き土産だ。だが、もっと深いルーツはSFにある。宇宙で国益を守る軍種を最初に宇宙軍と呼んだのは一九三五年に『アスタウンディング・ストーリーズ』誌に連載されたJ・W・キャンベルの『最強のマシン（*Mightiest Machine* 未訳）』かもしれない。それにつづくのがヴェルナー・フォン・ブラウンの『プロジェクト・マーズ』だろう。この小説では「アメリカ合衆国宇宙軍」が、陸・海・空軍と同等の地位を築いている。[7] 宇宙軍の存在によって、アメリカは第三次世界大戦で、東側の共産圏諸国に勝利をおさめるのだ。

　一九六〇年にアーサー・C・クラークは雑誌『プレイボーイ』のインタビューで、アメリカの宇宙軍が太陽光線をさえぎる兵器を開発し、それで敵国に脅しをかけるというアイディアに言及していた。[8] トランプの宇宙軍は、ここにあげた架空の宇宙軍とおなじく、古い時代に未来の軍隊として構想されたような存在で、まるで古典的SFシリーズを焼き直してリアルなタッチの現代劇にしたかのようだ。宇宙軍のウェブサイトや報道発表で使われている文言は、小説やパロディすら超えている。宇宙は新たな「戦域《シアター》」であり、アメリカは宇宙での「支配」と「優位性」と「覇権」を保つために宇宙軍が必要だというのだから。[9]

　財産権が資本主義の根幹だとすれば、オバマ政権の宇宙活動促進法（宇宙で獲得した資源の所有を認める）と、トランプ大統領の二〇二〇年の大統領令（宇宙がグローバルコモンズであることを拒絶）が支持した、宇宙で資源を採掘し所有する権利は、宇宙経済の基本だといえる。となれば、アメリカの国益に資するため、宇宙での採掘権と所有権を守る能力を持つ宇宙軍の活用へと進むのは理の当然だ。宇宙軍の支持者は、新興国の中国や、かつてのライバルで宇宙では古株のロシアが、宇宙での所有権をおびやかすのではないかと感じている。

それはフォン・ブラウンが『プロジェクト・マーズ』のなかで、宇宙軍が対決することになると想定した脅威に通じる。だがおそらくアメリカ宇宙軍も、国家を超越するような動きをするだろう。先に述べたように、宇宙船の離発着や資源採掘で生じる悪影響から人々を守るため、専用の立入禁止地区のようなものが必要になるとしたら、それを取り締まるための機関がいる。宇宙がグローバルコモンズであることを拒絶した以上、宇宙軍がその役割を果たすことになるのではないか。将来、月や小惑星で資源採掘をする人々が現状を保とうとするなら、宇宙軍がその役割を務めるのは想像に難くない。今は、「支配」というパラダイムが支配的なのだから、根底からくつがえりでもしないかぎりは、それがつづいていく。

歴史が示すように、人類の宇宙定住構想は、当初から支配や殲滅といった恐怖と切りはなすことができなかった。オニールの構想を継ぐL5ソサエティは、一九八〇年代にレーガン政権との結びつきを模索していた。当時レーガン政権は、「スターウォーズ構想」として知られる戦略防衛構想を打ち出し、プロクシマイヤー上院議員による宇宙開発予算のねらい撃ちから逃れようとしていた。[10] 拡大主義で、植民地主義で、資源採掘に重きを置く世界構想にとって、軍事的支配は、表立っては語られないものの、欠くことのできない要素だ。そして宇宙での生活を描き、推進する際に用いられる言葉も、こうした考え方を強調するようなものが多かった。[11] 一九五〇年代にフォン・ブラウンは、核による大量殺戮の恐怖をうまく利用しながら、軍や一般大衆に向けてみずからの構想を語り、支持を広げていった。こうした戦略的な協調関係を見れば、宇宙定住構想の支持者に対し、またしても同じ問いを投げかけざるを得ない。自分たちの構想を実現するために、あなたがたはどんな世界を作ろうとしているのか、あるいは少なくとも、どんな世界なら受けいれるのか？

　とめどなく広がり、どこまでも探検したいという欲求は、本書が語るような物語のなかでは、当然のこととして提示される場合が多い。この衝動は、いくつかの人間の文化にはたしかに存在するが、けっして万国共通のものではない。考古学者で、人間の住居やその歴史を研究し、宇宙にまで研究対象を広げるアリス・ゴーマンによれば、「好奇心」や「探検への情熱」といった特性を「人間の本質」ととらえる見方は、先住民を「人間以下のもの」におとしめ、彼らの土地を「無主の土地《テラ・ヌリウス》」に仕立てて、植民と収奪をおこなうのが正当であるという言説を打ち立てることに利用されてきた。[12]土地開発の現場には、ある土地の有効性が最高度に発揮される使い方を指す「最有効使用」という考え方がある。この世界観によれば、先住民が、土地の新たな利用法や、別の場所に何があるかについて興味がないのなら、好奇心旺盛で拡張の意欲に富んだ人間がその土地を利用してもかまわないということになってしまう。

　しかし新たな領地に移動して、資源を掘りつくし、枯渇したらまた別の場所に移動するというやり方では、長期にわたって生きのびていくことはできない。二〇一九年、国際宇宙航行アカデミーの機関誌『アクタ・アストロノーティカ』で、ハーバード大学の天体物理学者、マーティン・エルヴィスとロンドン大学キングズ・カレッジの倫理学者トニー・ミリガンが、経済の指数関数的な成長と、誘発需要の原則にもとづいて、宇宙資源の利用に関する提言を発表した。宇宙経済の成長率を穏当に三・五パーセントと仮定しても、現在太陽系に埋蔵されている鉱物資源は比較的短期間で――五〇〇年たたないうちに――枯渇してしまうと彼らは推測する。[13]需要の曲線は右肩上がりで、急速に上昇していくからだ。

それならば、これ以上資源開発をしたらあと戻りできないという量に達した時点で警報を発するように、あらかじめ定めておいたほうが賢いのではないか、と著者たちは語る。人間は、指数関数的な増え方や、その大きさを直感的に把握するのが得意ではない。そのことは、新型コロナのパンデミックを通じて思い知らされた。それを念頭に、著者たちは、採掘可能な資源の八分の一を使った時点で警報を発するよう決めておくのがよいと提言する。その時点ならまだ、宇宙経済を改革して、より定常的な形にもっていくことが可能だからだ。採掘量が、指数関数的に倍々ゲームで増えるとすると、宇宙資源の開発をはじめてからわずか四〇〇年程度で、採掘可能量の八分の一を消費してしまいそうだ。たとえ無限の宇宙進出というユートピアが達成されても、この時点でだれもブレーキをかけなければ、それから一世紀もたたないうちに、ローマクラブの警告するような破綻が、太陽系全体に広がりかねない。

だが資源開発をはじめて四〇〇年後に制限をかけるのが賢いなら、それ以上に賢いのは、今、制限をかけることではないか。論文は、乱開発を進めて破綻へ突き進んだ場合、「既得権益や利害の対立」が生じる危険性にも注意をうながしている。実際、宇宙資源に投資している主体同士のそうした対立は、小惑星の資源開発で予測されている事態であり、アメリカ宇宙軍が守ろうとしているものでもある。そもそも地球は、宇宙に存在している。絶え間ない成長は、本質的に持続可能ではないし、計画的におこなうとしてもやはり無理がある。四〇〇年後の宇宙で成長を意図的に制限すること、あるいは少なくとも制限を意図的に増やしていくことが賢明なのであれば、現在の地球でそれをおこなうことも賢明だろう。

成長促進派のベゾスやオニールのような人たちは、成長を制限することはそもそも割に合わないというだろう。宇宙飛行士のルシアン・ウォルコウィッツは、「宇宙で起こることは地球でも起こる」という警句を口にしているが、誘発需要と指数関数的成長の数字が向かう先を見ると、変化を取りいれずに現状のまま拡大をつづければ、苦しみを増幅させるばかりだということがわかる。そうすれば、「地球で起こることは宇宙でも起こる」ということになるだろう。[14]

今のところ、宇宙定住のパラダイムとしては、地球モデルの世界構想をそのまま新世界に持っていこうとするものがほとんどだ。しかし、外へ持ち出す前に地球的な世界観を修正してはどうだろう？採掘、拡張、植民地主義を旨とし、強力な力――宇宙軍――で成長を支えようとすれば、破綻に至る可能性がどんどん大きくなる。J・D・バナールも、ほかの核兵器反対派の人たちも指摘していたように、能力を手に入れれば、それを使用するまではあと一歩なのだ。そして宇宙での永住を果たすために開発が必要な能力は、強力であると同時に危険でもある。ほんの一瞬だけ、宇宙定住につきものの未知の要素――アーサー・C・クラークやストルガツキー兄弟が正面から取り組んだ問題――を忘れてみよう。たとえわれわれ、宇宙に関心を持つ者たちが、既知の事象だけを相手にしたとしても、宇宙に版図を拡大して永住するためには、さまざまな能力を開発することが必要で、それはまた、何十億という人の命を奪いかねない力でもある。

乱雑ななかで生きる

人間がどこかに腰を据えて定住しなくてはならないのなら、いっそ未知のものに――楽天的思考では目をそらしがちな欠損や空白に――腰を据えて取り組むのはどうだろう。それはたしかに乱雑さを容認する思考法かもしれない。しかし、明確に割りきって指数関数的成長を目ざし、人間とはこんなものだと決めつけながらユートピア建設を目ざす思考法が、本質的に致死性をはらんでいるとするなら、乱雑さを受けいれる思考法は、むしろ生のいとなみに寄りそっている。

SF作家のブルース・スターリングは、サイバーパンク運動の旗手で、このジャンルの重要なアンソロジーである『ミラーシェード』〔小川隆訳、早川書房、一九八八年〕の編者でもあった。このスターリングが一九八〇年代に生み出したのが、太陽系をまたにかけた未来史「機械主義者／工作者」シリーズだ。ジェラード・オニールの構想を土台にしながらも、猥雑な、崩壊しかけた世界を描いている。この宇宙にはオニール・シリンダーのようなステーションはあるものの、腐食性の細菌やコケがはびこっているし、犯罪組織が幅をきかせて、劇を上演したりする。小惑星の採掘はドリルや爆弾などで力まかせにおこなうのではなく、遺伝子操作で腐植酸やプラスチックを生み出し、それで岩をくだいて、時には彫像まで作り出す。

一九九五年にこの「機械主義者／工作者」の作品をまとめて出版した『スキズマトリックス・プラス（*Schismatrix Plus*）』〔『スキズマトリックス』単体では邦訳があるが、この集成は未訳〕の序文でスターリングは、彼の世界構築にインスピレーションを与えたものについてこう書いている。「『機械主義者／工作者』の作品を書きはじめたころ、わたしはSF作品を大量に読むのをやめていた」。代わりにスターリングが読んで一番影響を受けたのが、J・D・バナールの『宇宙・肉体・悪魔』だった。この本をスターリングは「宇宙に関する思索のみごとな傑作」と評している。[15] スターリングは、サイバーパンク運動の同志である『ニューロマンサー』のウィリアム・ギブスンと同様、オニールのパラダイムや清潔でぴかぴかの『アスボーン未来図鑑』的な世界を批評し、解体するために、一層古いイメージを用いている。

スターリングがあげた二冊目の本は、物理学者フリーマン・ダイソンの『宇宙をかき乱すべきか――ダイソン自伝（*Disturbing the Universe*）』〔鎮目恭夫訳、筑摩書房、一九八二年〕だ。冷徹な計算にもとづいて保身や出世をはかるのではなく、時に乱雑でありながら悩みや障害を超えて人生を切りひらいていくさまが描かれている。経験的建築論の研究者レイチェル・アームストロングも、フリーマン・ダイソンの世界観を土台にして宇宙定住の構想を練っている。オニールと違うのは、未来の宇宙ステーションから「害虫」を閉め出すといった不可能な作業をあきらめ、はじめから虫を呼びこもうと考えるところだ。「病院のように清潔で、殺菌消毒された環境ではありません。宇宙船にたまたま入りこんだ微生物の乗客を殺菌したりはしないのです。もっときたなくて、汚染されていて、驚きに満ちています」[16]。アームストロングは二〇一七年の著書『スターアーク――生きて、自立する宇宙船（*Star Ark: A Living, Self-Sustaining Spaceship* 未訳）』で、泥や、乱雑さや、バクテリア、土壌などのことを、ただのつけ足しではなく、宇宙探検と定住に必要なものと語っている。

そして、宇宙で生きることの最も明快なパラダイムを語っているのは、ひょっとすると、二〇一七年に開設されたポッドキャスト〈インターギャラクティック・レイルロード〉かもしれない。マイクとマックスという名前以外は正体不明のホストのもとにさまざまなゲストがおとずれ、マルクス主義的な宇宙観を語るという番組だ。彼らの宇宙観のもとになっているのは、フョードロフや、ツィオルコフスキーや、ボグダーノフのコスミズムで、それが「だれもが永遠に生きてどこへでも行く」未来へとつらなる。「バイオコスモポリタン、死の行進」というエピソードでは、まるで声明文を読みあげるような調子で、宇宙旅行に対する思いを語っている。

まず第一に、宇宙旅行には人間だけでは行かず、生物圏《バイオスフィア》をともなっていく。第二に、探訪する世界は地球とおなじくどこも尊い。一番の目的はその世界を破壊することではなく、交流できるようにすることだ。もしもこの二番目の目的を果たせなければ、その場所にたくわえられていた知識や叡智を失い、地球生活の模倣品で置きかえることになる。それも、植民地主義を押しつけたせいで、少し安っぽくなり、意味が減じた模倣品で。ここにはたしかに、探索か尊重かという基本的な葛藤がある。けれどもそれは矛盾ではない。われわれは、宇宙に行かなくてはならない。だが同時に、到着したらその新しい世界を尊重しなくてはならない。その心構えを持つことが人間には荷が重いというなら、人間はもう少しがんばって向上するべきだ。宇宙は広大で、生きている。そしてわれわれはバイオコズム、すなわち生きた宇宙の一部なのだ。[17]

違いと困難を受けいれる——求めさえする——という、この明確で徹底した意志は、宇宙の暮らしについての対話に新鮮な風を吹かせてくれる。もうひとりポスト・コスミストで宇宙や宇宙人にのめりこんだマルクス主義者に、J・ポサダスという人物がいた。研究者のA・M・ギトリッツは、ポサダスのような思想を「ゼノフィリア(異人愛)」と呼んだ。二〇二〇年に出たギトリッツの評伝によれば、ポサダスはアルゼンチンでトロツキスト政党の指導者をしており、冷戦期には、ソビエト連邦が核の先制攻撃をしかけることを望んでいた。[18] そこから戦争がはじまれば、革命が起きて世界中にマルクス主義が広まり、うまくいけば文明の進んだ異星人の注意も引けるかもしれないというのだ。異星人も共産主義者に決まっているとポサダスは考えていた。

異星人と宇宙に対するポサダスの興味は、彼の死後に、ふたりの信奉者、ダンテ・ミナゾーリとポール・シュルツが取りあげ、それぞれの執筆や活動のなかで、その異星人論をさらに発展させていった。[19] 特にシュルツは、スウェーデン人でUFOとコンタクトしたという捏造家のエドゥアルト・アルベルト・〝ビリー〟・マイヤーにも惹かれ、ポサダスのいう共産主義の宇宙人とマイヤーのいう進んだ異星種族とをつなぐ仕事をした。マイヤー自身も、本書で取りあげたものを含め、いくつかのエピソードをつなぐ働きをしていた。異世界への入り口である超空間を撮影したという触れこみの写真は、実際にはＮＡＳＡのテレビ番組から撮ったもので、ジェラード・オニールが一九七五年にエイムズ研究センターの夏季ワークショップ用に描いた絵だった。また、ＵＦＯをとらえたという別の写真は、ゴミ缶のふたで撮影したものだとマイヤーの前妻が暴露したが、それでもテレビドラマ『Ｘ－ファイル』にポスターとして登場し、超常現象を捜査するフォックス・モルダー捜査官のオフィスの壁に貼られていた。ポスターには「信じようぜ」という前向きなスローガンがつづられ、これがギトリッツの書いたポサダスの評伝のタイトルにもなった。[20]

スローガンといえば、宇宙探査に反対する政治団体の「逃避を許すな」というスローガンもあった。二〇一九年にシアトルで開催された〈セイリッシュシー・宇宙開発反対シンポジウム〉のモットーであり、声明でもあるスローガンだ。このシンポジウムは「宇宙開発に異を唱える初のイベント」[21]で、主宰者は、ジェフ・ベゾスのアマゾンとブルーオリジンのお膝元であるシアトルで開催することによって、ニュースペース企業の資本主義的な動きだけでなく、宇宙旅行や宇宙定住という計画全体を批判し、異を唱えるメッセージが伝わるよう望んでいた。彼らの「逃避反対主義」という観点から見ると、人間の暮らしを宇宙に広げる能力を持つことは、利点よりも弊害のほうが大きい。地球から離れて宇宙へ向かう道筋を作ることで、現在の階級社会をそのまま宇宙に持ちこむばかりでなく、新たな搾取と破壊が危険なほど大々的におこなわれる可能性を生むと彼らは恐れているのだ。

ＮＡＳＡの、宇宙開発に関するユートピア的なアピールのひとつは、だれもが参加できる可能性がある、というものだ。だからＮＡＳＡにとって、黒人宇宙飛行士の存在は重要だ。能力主義と未来への参画という意味で、黒人宇宙飛行士は、ＮＡＳＡが一般大衆に発信するユートピア的なシグナルを裏づけると同時に、複雑なものにもしている。宇宙旅行が民営化され、宇宙へのチケットと人間の未来の可能性が、ジェフ・ベゾスのいうように「アマゾンのかせぎ」で買えるようになると、未来について楽観的でいるのはむずかしくなる。超越体験が商品化されるかと思うと、気がめいるではないか。ニュースペースという能力が生まれ、この分野の企業やアクターが「革命」、「無限の可能性」、「新しい生活様式」といった概念を旗印にしているところを見ると、ユートピア主義の活用法がよくわかる。

こうした状況に対するひとつの反応は、誤ったリアリズムを当然のように受けいれてしまうことだろう。金持ちとエリートはなんでもできるが、どうせ庶民には手がとどかないのだ、と。しかしそれでは、「リアリズム」によってほかのだれかのユートピアを追認してしまうことになる。一方、逃避反対主義者たちは、エリートが手にしたユートピア的能力、すなわち地球を離れるチャンスが、地球でのディストピア的状況を加速することにつながると主張する。しかし、こうした反対派とニュースペースは、互いを必要としてもいる。逃避反対主義者は、ニュースペースや宇宙軍の存在を一種の攻撃目標にしている。この限られ、閉ざされたゼロサム世界のなかでは、宇宙旅行に割《さ》く費用の一ドルが、貧困や異常気象との戦いについやすべき費用から直接割かれたものになるというのがその論拠だ。一方、宇宙旅行(民間であれ公共であれ)への反対論は、ベゾスとオニールが忌みきらう定常的社会を目ざすもので、経済の停滞につながると簡単に結論づけることができる。だから民間の宇宙開発論者は、自分たちがいかに躍動感を持って未来を目ざしているかという世界観をとうとうと語る。実際には、彼らは世界の現状をただ無限に引きのばそうとしているにすぎないのだが。

しかし実のところ、世界はもっと豊かで、複雑で、雑然としている。宇宙にあるほかの世界も同様だ。ひとくちに宇宙定住計画といっても、乱雑さからはじまり、極端な、あるいは常識はずれなアイディアまで含んだものにはパワーがある。冷笑的なリアリズムや、科学法則がすべてだという自然論を否定し、笑いとばせるというパワーだ。このような計画は、ユートピアかディストピアかという、共依存状態にある二元論――こっちはわたし向け、そっちはあなた向け――も、しりぞける。宇宙にも地球にも、もっといろいろなものがあるのだ。彼らはユートピア主義を、本来の強みに従って利用する。リアリズムを覆いかくすことを目ざすのではなく、豊かなもの、一見不可能なものを要求することで、現実を批判し、突きくずし、変更しようと試みる。生態系を包含する生宇宙主義《バイオコスミズム》の世界でなら、ポッドキャスト〈インターギャラクティック・レイルロード〉のホストがいうように、「だれもが永遠に生きてどこへでも行く」ことができるのだ——ジェフ・ベゾスでさえも。

今、手にしているもの

米軍の新たな軍種として創設された宇宙軍にはそれなりの意気込みがあるだろうが、宇宙というのは、ひとつの軍隊《フォース》で支配したり、勝利をおさめたりできるような戦域ではない。むしろ宇宙には多様な力《フォース》や方向性があまねく存在していて、そのどれもがていねいに追いかけるだけの価値を持っている。文化人類学者のオーマン＝レーガンは、ウェブマガジン「サピエンス」に寄稿した二〇一七年のエッセイ「宇宙で生きのびるための鍵」で、宇宙でのサバイバルに必要ないくつかの能力を列挙している。「必要なツールはそろっている。今はそれを使うときだ」というのがその趣旨だ。宇宙という環境では、つねに生存がおびやかされるとオーマン＝レーガンはいう。だから、ある種の価値観や生き方が優先される。たとえば居住可能な環境を尊重し、大切に守ること、多様な視点や意見や背景を維持し、育てること、科学に投資するとともに、芸術や文化にも力をそそぐこと、そして互いに助け合うこと。プラネタリー・リソーシズの元社長クリス・ルウィッキーが触れたように、何かから逃れて宇宙に来た人がいる場合は特にそうだ。[22]

オーマン＝レーガンのあげた項目は、従来は「テクノロジー」と考えられてこなかったが、アーシュラ・K・ル＝グウィンも提言したように、そのなかに含めて考えるべきものだ。今、人間と環境の橋渡しに使われているこうした政治的、社会的テクノロジーも、やはり宇宙に持っていくべきだ。こうした理想主義的な価値観は、そもそも今の世界では尊重されていない。だが「地球で起こることは宇宙でも起こる」し、そこから導けるのは、「地球で起こるべきでないことは、宇宙でも起こるべきではない」ということだ。

宇宙科学には「惑星保護」という概念がある。探査の過程で互いの惑星を汚染しないよう確認しながら進める手続きのことだ。たとえば火星行きの宇宙船を組み立てる際には決まった手順があるし、人間の科学者が火星でサンプルを収集し、地球へ持ちかえる際にはまた別の手順があって、万が一火星に生命体があった場合に、それが地球の生命に害をもたらさないよう確認する作業がおこなわれる。

二〇二〇年、学際的な研究者のグループが、ある論文を発表した。惑星保護の概念を広げることは可能だし、そうすべきだという趣旨の論文で、生命体による汚染を防止するだけでなく、有害な倫理観や思想を宇宙に持ちこむことによって悪影響が広がらないよう阻止するか、影響を軽減する施策を採るべきだと主張している。とりわけ著者たち(ルシアン・ウォルコウィッツもそのひとりだ)が、宇宙でも地球でも起こしてはならないと強調するのは、植民地主義、資源の乱開発、搾取、生命や多様性の価値を無視した資本主義などを恒久化させることだ。[23]

オーマン＝レーガンの提言もこの論文の提言も、ル＝グウィンのいうテクノロジーの概念を、未来の宇宙での暮らしに関する重要な課題に、みごとに適用している。しかもこれらの提言は、われわれの地球観と宇宙観が、いかに密接にからみあっているかを明らかにしてくれる。地球と宇宙は、分かれていて対立するものではない。人間がどちらかに住むことを考え、実行すれば、もう一方にも影響を及ぼすのだ。だから、宇宙の暮らしに何が必要で何をしりぞけるべきかを考えることは、地球の暮らしにとっても必要だ。

もしもこれらの項目をきちんと受けとめて宇宙探査と宇宙定住に適用することがなされなければ、宇宙開発を自分たちの望む形にしようと、虎視眈々とねらう勢力につかまってしまうだろう。現状では、軍事的かつ資本主義的なパラダイムが、宇宙開発の世界では一歩先んじている。なにしろロケット自体、ドイツのV2ロケットとして飛んだのが最初なのだ。しかし、ほかの「テクノロジー」も追いすがる。援助、送還、危険の通報、人類の共通財産という神聖な価値観を奉じた宇宙条約と月協定。これらは、ある意味、不死を求めるバイオコスミストや、万人の願いをかなえる『ストーカー』の黄金の玉のように、不合理でばかげたものかもしれない。しかし見方を変えれば、こうした価値観の表現と、そのシグナルこそ、まさしくユートピア主義が果たすべき役割——リアリズムを真っ向から否定すること——を果たしている。

今、必要な批判的活動は、二〇一五年の宇宙活動促進法（宇宙で獲得した資源の所有を認める）や、二〇二〇年のトランプ大統領の大統領令（宇宙がグローバルコモンズであることを拒絶）のような動きを拒絶することだ。どちらも宇宙条約や月協定の枠組みを骨抜きにし、資本と搾取が地球外でもまん延することにつながってしまう。人は宇宙に行ってもよい、と条約の文書は述べている。地球を離れてもよいが、その代わり、われわれは人間の共通財産に対して責任を持たなければならない。有害な価値観を別の世界に輸出してはならない。そのような価値観が宇宙で当たり前のものになってしまったら、その影響は宇宙にも、そして地球にも及んでしまう。宇宙条約と月協定を真剣に受けとめることは、この条約の価値観がいたるところに広まるべきだと認識することにほかならない。これらの条約と、そこに記されている行為は、人間に現状を批判する能力を与えるものだ——宇宙でこのような行為が可能で、おこなわれるべきなら、なぜ今地球上ではおこなわれていないのかと。

こういったテクノロジー——現存するものも、新たに作られたものも、待望されるものも含めて

――は、新世界の一部を成すものだ。そのツールを使えば、「われわれ」つまり宇宙へ行くことに興味を持つ人間は、全人類を包含する新たな「われわれ」を作り出すことができる。そのための構成要素の選び方はもちろん重要だが、組み立て方も、そしてできあがった構造の明快さも大切だ。建築では、部分と全体を組み合わせ、建物にかかる力の流れをうまく解決して、居住できるスペースを作り出す。構造とその解決、そしてその背景にある抽象的な思考は、実際にできあがった建築に、うれしいほどはっきりと表れるものだ。世界を構築するとき、表現と希望と構想力は、それが宇宙にまつわるものであれ、それ以外のものであれ、実際にできあがった建築に匹敵するほど、大切なものなのだ。

謝辞

真空の空間では何も起きないこともあるし、逆にすべてのことが起きる場合もある。本書を生み出した外なる空間と内なる空間は、どちらも充実し、思いがあふれていた。わたしの心と頭の空間を占めているのは、まず第一に、妻のマリアン・エイプリル・グリーブズだ。一〇年以上前からともに世界を築いてきたし、今後も何十年ものあいだ、お互いに充実した時を過ごしていきたい。マリアン、これからもよろしく。

ヴァーソ社の担当編集者レオ・ホリスにはいくら感謝してもし足りない。レオはこのプロジェクトの管制官を務めてくれた。はじめからわたしの企画書を鋭い目で読みこんで信じてくれ、プロジェクトの立ち上げ後は、ときおり「ん？」と片眉を上げて、軌道修正してくれた。おかげでこの本は、正しい経路を飛びつづけることができた。ダンカン・ランスレムとサム・スミスをはじめ、ヴァーソ社のチーム全員にも深く感謝している。それから、アダム・グリーンフィールド。彼がいなければ本書は存在していないだろう。理由はたくさんあって、彼にはわかっているはずだ。アダム、ありがとう。

概念や考え方、研究結果、運動の話などを快くシェアしてくださった方々にも心から感謝をささげる。なかでも〈ジャストスペース・アライアンス〉の創設者、ルシアン・ウォルコウィッツとエリカ・ネズヴォルドには特に感謝している。ふたりを通じて、長年、宇宙開発を愛しながらもきびしい問いを発することをやめず、逆に、問いつづけ批判しつづけることによって、宇宙への情熱をさらに深める多くの人たちと出会うことができた。マイケル・オーマン＝レーガンも、この幅広く学際的なグループの一員で、つねに問いを投げかけている。心をひらき、心を配って仕事にのぞむ彼の姿にはいつも刺激を受け、尊敬の念を抱いている。また、正体不明のふたりのホスト、マイクとマックスが展開していたポッドキャスト〈インターギャラクティック・レイルロード〉（現在は更新停止中）からも多大な刺激を受けた。ひとえにこのポッドキャストのおかげで、わたしはまた楽観的な人間に――だいたいは生宇宙主義《バイオコスミズム》についてだが――なることができた。

　ほかにも多くの友人や同僚がわたしと会話を交わし、問いをやり取りし、考えたり書いたり話したりするよう、うながしてくれた。とりわけ、エリーズ・ハンチャックの、空、大地、波、嵐に関する話や、マニュ・サーディアのプレートテクトニクスの話にはいつも惹きつけられる。レブ・ブラティシェンコは、二〇二〇年にカナダ建築センターが主宰したシンポジウムで講演するよう、わたしに声をかけてくれた。そのときにまとめたことの多くが、本書の第4章の土台になっている。ジェフリー・S・ネズビットと話ができたことにも感謝している。彼とガイ・トランゴスが二〇一九年に編纂した本〈*New Geographies 11: Extraterrestrial*〉に寄稿させてもらった内容は、本書の第1章をまとめるにあたっての予行演習になった。リディア・カリポリティ、ベンジャミン・ブラトン、エド・ケラーも、貴重な対話相手になってくれた。とりわけ、学生と対話する場を設けてくれたことに、とても感謝している。友人や編集者のデイヴィッド・ダドリー、トリー・ボッシュ、ジャスティン・マガーク、マット・ショー、サミー・メディーナ、ケイト・ワグナー、アマンダ・コルソン・ハーレーの仕事も、本書を執筆するうえで大いに参考にさせていただいた。モニカ・ベレヴァンは、自身が運営するサイト〈ラプサス・リマ〉にエッセイを書くようすすめてくれ、そのエッセイが、第2章でJ・D・バナールについて書きたかった物語の出発点になった。ジョーダン・ビム、アレクサンドラ・ヤシュカ、サイモン・キム、ケラー・イースタリングのかけがえのない仕事と、彼らとの対話にも心から感謝を。またイングリッド・バリントンは、ポッドキャスト〈リップ・コープ〉でわたしにインタビューして話を引き出してくれた。おかげで第7章のニューススペースについての考えが明確になった。

インターネットを通じてしかやり取りしていない方々からも、数々の助言や情報を授かり、それによって構築を目ざすものの欠落部分を埋めることができた。ジャスティン・パーシャーは、NASAのジェシー・ストリックランドのエピソードを語ってくれた。テイラー・ジェノヴィーズ、トム・エリス、アシフ・シディキはソ連の宇宙開発についていろいろ教えてくれた。エドワード・ガイモントは、宇宙科学と謎の事物——古代の宇宙人や未確認動物学など——のあいだに広がる豊かな空間に身を置いていて、いつも助けてくれる。アレックス（@ExAstrisUmbra）には、宇宙定住の物理学について貴重な話をたくさんきかせてもらった。フェイスブックのグループ〈スペース・ヒップスターズ〉のメンバーと、創設者のエミリー・カーニーは、宇宙の歴史について造詣が深く、いつも貴重な話をきかせてくれた。感謝しています。

本書を書きあげるまで、長年にわたってわたしの仕事を支えてくださった方々の名前をあげれば、それだけでもう一冊本ができてしまう。だがその長いリストには、確実につぎの方々の名前があがるだろう。ジェレミー・カーゴン、エンリケ・ラミレス、アラン・スマート、ジャスティン・セント・P・ウォルシュ、ジェシー・ケイト・シングラー、ダミアン・パトリック・ウィリアムズ、アリス・ゴーマン、ディヴィヤ・パソード、レッカ・ガル、ナタリー・B・トレビーニョ、エリー・アームストロング、ビリー・フレミング、ジェイムズ・グレアム、フェリシティ・スコット、ヴィヴィアン・リー、マーガレット・グレボウィッツ、ジェイ・オウエンズ、ジョン・マクモロウ、モリー・スティーンソン、ギャロ・カニザレス、ジョイス・ウォン、ジョセフ・アルトゥラー、ジュリア・セドロック、ファビアン・ジラーディン、ブレンダン・C・バーン、ティム・モーガン、マーク・ミラー、スコット・スミス、ダニエル・バーバー、ジェフリー・モンテス、アラン・スマート、デイヴィッド・グリンスプーン、マット・ショー、ブライアン・ボイヤー、そしてトム・モラン。最後にモーガン州立大学建築・設計学科の学生と同僚の先生方の支援にも感謝申しあげる。

本書をわたしの父母であるキム、リー・アン、そしてデイブにささげる。

二〇二一年五月、ボルティモアにて

注

はじめに――宇宙で生きる能力

1 2016年に著者がほかの8人のアーティストと、この縮尺で作成したインスタレーション〈ボルティモアグランドツアー *The Baltimore Grand Tour*〉を参照。ひとりがひとつの惑星を担当した。

2 Gary Westfahl, "The Case against Space," *Science Fiction Studies* (July 1997).

3 この問いと、そこからさらに生じる数多くの疑問についてはErika Nesvold's 2017–18 podcast, Making New Worlds, makingnewworlds.comを参照のこと。

4 Le Corbusier, *The Modulor: A Harmonious Measure to the Human Scale Universally Applicable to Architecture and Mechanics*, 2nd ed. (London: Faber, 1954), 56.〔ル・コルビュジェ『モデュロール――建築および機械のすべてに利用し得る調和した尺度についての小論』吉阪隆正訳、鹿島出版会、1976年〕

5 Brian Eno, "The Big Here and Long Now," *The Long Now* (blog), longnow.org.

6 Dipesh Chakrabarty in conversation with James Graham, "The Universals and Particulars of Climate," in *Climates: Architecture and the Planetary Imaginary*, James Graham, Caitlin Blanchfield, Alissa Anderson et al., eds. (New York: Columbia Books on Architecture and the City / Lars Müller, 2016), 21–32.

7 Saskia Sassen, *Territory, Authority, Rights: From Medieval to Global Assemblages*, rev. ed. (Princeton, NJ: Princeton University Press, 2008), 7–9.〔サスキア・サッセン『領土・権威・諸権利――グローバリゼーション・スタディーズの現在』伊豫谷登士翁監修、伊藤茂訳、明石書店、2011年〕

8 Lisa Messeri, *Placing Outer Space: An Earthly Ethnography of Other Worlds*, Experimental Futures (Durham: Duke University Press, 2016), 12.

9 Mika McKinnon, Twitterへの投稿。January 18, 2020, twitter.com/mikamckinnon/status/1218716524795568128.

10 Lucianne Walkowicz, "What Happens in Space Happens on Earth," *Slate*, June 22, 2018, slate.com.

1 コンスタンティン・ツィオルコフスキーとレンガの月

1 Nikolai F. Fedorov, Elisabeth Koutaissoff, and Marilyn Minto, *What Was Man Created for? The Philosophy of the Common Task* (London: Honeyglen, 1990).〔フェオドロフ『共同事業の哲学』高橋輝正訳、白水社、1943年（抄訳）あり〕

2 Fedorov, Koutaissoff, and Minto, *What Was Man Created for?*, 33.

3 Nicholai Fedorov, "The Common Task," in *#Accelerate: The Accelerationist Reader*, Robin

Mackay and Armen Avanessian, eds. (Falmouth, UK: Urbanomic, 2019).

4 Konstantin Tsiolkovsky, *Beyond the Planet Earth*, Kenneth Syers, trans. (New York: Pergamon, 1960).〔ツィオルコフスキー『地球をとびだす』飯田規和訳、伊藤展安絵、岩崎書店、1970年など〕

5 Edward Everett Hale, *The Brick Moon and Other Stories* (New York: Astounding Stories, 2017; repr.).

6 これと、ひとつ前の引用は、どちらもHale, *Brick Moon*, 11–12より。

7 China Miéville, *October: The Story of the Russian Revolution* (London and New York: Verso, 2017).〔チャイナ・ミエヴィル『オクトーバー——物語ロシア革命』松本剛史訳、筑摩書房、2017年〕に収録されたエピソード。

8 Hale, *Brick Moon*, 24.

9 Hale, *Brick Moon*, 30.

10 Tsiolkovsky, *Beyond the Planet Earth*, 122.

11 これと、ひとつ前の引用文は、以下のエッセイKonstantin Tsiolkovsky, "The Future of Earth and Mankind," reprinted in Boris Groys, ed., *Russian Cosmism* (Cambridge, MA: e-flux/MIT Press, 2018). 113–31〔コンスタンティン・ツィオルコフスキー「地球と人類の未来」(乗松亨平訳、ボリス・グロイス編『ロシア宇宙主義』乗松亨平監訳、上田洋子・平松潤奈・小俣智史訳、河出書房新社、2024年所収)〕より。

12 Tsiolkovsky, "Future of Earth and Mankind."〔ツィオルコフスキー「地球と人類の未来」(乗松亨平訳、グロイス編『ロシア宇宙主義』所収)〕

13 See Peter Lang et al., eds., *Superstudio: Life without Objects* (exhibition catalogue) (Milano: Skira, 2003).〔「12の理想都市」『都市住宅』(1971年9月号、鹿島出版会)に掲載〕

14 Keller Easterling, Enduring Innocence: Global Architecture and Its Political Masquerades (Cambridge, MA: MIT Press, 2005), 47.

15 Hale, *Brick Moon*, 28.

16 Hale, *Brick Moon*, 15.

17 Hale, *Brick Moon*, 28.

18 Fedorov, Koutaissoff, and Minto, *What Was Man Created For?*, 79.

19 この項はすべて Tsiolkovsky, *Panpsychism, or Everything Feels*, reprinted in Groys, *Russian Cosmism*, 134–55〔ツィオルコフスキー「汎心論、あるいはすべてのものは感覚をもつ」(乗松亨平訳、グロイス編『ロシア宇宙主義』所収)〕による。

2 J・D・バナール、赤い星、そして〈異能集団〉

1 Ritchie Calder, "Bernal at War," in *J. D. Bernal: A Life in Science and Politics*, Brenda Swann and Francis Aprahamian, eds. (London and New York: Verso, 1999), 160–90を参照。

2 J. D. Bernal, *The World, the Flesh and the Devil: An Enquiry into the Future of the Three Enemies of the Rational Soul* (London and New York: Verso, 2017; repr.).〔J・D・バナール『新版　宇宙・肉体・悪魔——理性的精神の敵について』鎮目恭夫訳、みすず書房、2020年〕

3 Bernal, "I: The Future," in *The World, the Flesh and the Devil*, 3–10.〔バナール『宇宙・肉体・

悪魔』11頁〕

4 Nicholas de Monchaux, *Spacesuit: Fashioning Apollo* (Cambridge, MA: MIT Press, 2011).

5 de Monchaux, "Cyborg," in *Spacesuit*, 67–78.

6 Bernal, "III: The Flesh," in *The World, the Flesh and the Devil*, 29–47.〔バナール『宇宙・肉体・悪魔』38頁〕

7 Calder, "Bernal at War," 160–90.

8 McKenzie Wark, "From Architecture to Kainotecture," *e-flux Architecture*, Accumulation (September 2018), e-flux.com.

9 J. D. Bernal, "D-Day Diaries," in Swann and Aprahamian, *J. D. Bernal*, 196–211. この思索についてさらに知りたい方は、わたしのブログ "Under the Beach, the Bernal Spheres," *Lapsus Lima* (ブログ), July 17, 2019, lapsuslima.comを参照のこと。

10 Alexander Bogdanov et al., *Red Star: The First Bolshevik Utopia*, Soviet History, Politics, Society, and Thought (Bloomington: Indiana University Press, 1984), 27.〔ボグダノフ『赤い星』(大宅壮一訳、新潮社、大正15年の訳書あり〕

11 Bogdanov et al., *Red Star*, 53.

12 Bogdanov et al., *Red Star*, 53.

13 Bogdanov et al., *Red Star*, 54.

14 天文学者で惑星科学者のカール・セーガンは、世界中の大衆が火星に運河があるという話を信じたことについて、著書(Carl Sagan, *Cosmos*, 1st ed. (New York: Random House, 1980), 105–34)〔カール・セーガン『COSMOS』上・下、木村繁訳、朝日新聞社、1980年〕とテレビ番組の『COSMOS』で語っている。

15 Bogdanov et al., *Red Star*, 44.

16 Bogdanov et al., *Red Star*, 66.

17 J. D. Bernal, "Preface," in *World without War*, 2nd ed. (London: Routledge & Kegan Paul, 1961).〔J・D・バナール『戦争のない世界』上、鎮目恭夫訳、岩波書店、1959年「まえがき」〕

18 Ludwig van Bertalanffy, *General System Theory: Foundations, Development, Applications*, rev. ed. (New York: Braziller, 2003).〔フォン・ベルタランフィ『一般システム理論——その基礎・発展・応用』長野敬・太田邦昌訳、みすず書房、1973年〕

19 J. D. Bernal, quoted in Bertalanffy, *General System Theory*, 5–6.〔『一般システム理論』冒頭にて、J・D・バナール『歴史における科学』鎮目恭夫訳、みすず書房、1967年の引用、『一般システム理論』3頁〕

20 Bernal, *The World, the Flesh and the Devil*, 7.〔『宇宙・肉体・悪魔』鎮目恭夫訳、6–8頁〕

21 Alexander Bogdanov and George Gorelik, *Essays in Tektology: The General Science of Organization* (Seaside, CA: Intersystems, 1984).

22 Bogdanov et al., *Red Star*, 79–80.

23 Bogdanov et al., *Red Star*, 80.

24 セーガンがテレビ番組『COSMOS』の冒頭で読みあげるナレーションの一節。書籍版とは少し異なっている。1980年9月28日放送分。YouTubeで見ることができる。*Cosmos: A Personal Voyage*, episode 1, "The Shores of the Cosmic Ocean," Adrian Malone, dir., aired September 28,

1980.

25 Bogdanov et al., *Red Star*, 113–16.

26 Bogdanov et al., *Red Star*, 86.

3 ヴェルナー・フォン・ブラウンの宇宙征服

1 Dwayne A. Day, "The von Braun Paradigm," *Space Times*, December 1994.

2 Wernher von Braun, "Introduction," in Willy Ley, *Beyond the Solar System* (New York: Viking, 1964), xvii.

3 John F. Kennedy, "Address at Rice University on the Nation's Space Effort," Houston, Texas, September 1962.

4 Hermann Noordung, *The Problem of Space Travel: The Rocket Motor*, Ernst Stuhlinger and Jennifer Garland, eds. (Washington, DC: NASA History Office, 1995), 123.

5 Michael J. Neufeld, " 'Space Superiority': Wernher von Braun's Campaign for a Nuclear-Armed Space Station," *Space Policy* 22:1 (February 2006), 52–62. 宇宙開発競争と軍拡競争の暗黙のつながりを早い時期に示したのがフォン・ブラウンの仕事だということを、より詳細に記述したものとしては、以下を参照のこと。Neufeld, *Von Braun: Dreamer of Space, Engineer of War*, 1st ed. (New York: A.A. Knopf, 2007).

6 Cornelius Ryan, "Man Will Conquer Space Soon," *Collier's*, January 1952.

7 "National Security Council, NSC 5520, Draft Statement of Policy on U.S. Scientific Satellite Program," May 20, 1955, Presidential Papers, Dwight D. Eisenhower Library.

8 Frank White, *The Overview Effect: Space Exploration and Human Evolution*, 2nd ed. (Reston, VA: American Institute of Aeronautics and Astronautics, 1998).

9 最近になって、「オーバービュー効果」の語られる枠組みや背景をより深く検討しようという研究者も出てきた。Jordan Bimm, "Rethinking the Overview Effect," *QUEST: The History of Spaceflight Quarterly* 21:1 (2014) などを参照のこと。

10 Wernher von Braun and Henry J. White, *Project Mars: A Technical Tale* (Burlington, ON: Apogee, 2006), 82.

11 von Braun and White, *Project Mars*, 80.

12 von Braun and White, *Project Mars*, 75.

13 von Braun and White, *Project Mars*, 88.

14 Asif A. Siddiqi, *Challenge to Apollo* (Washington, DC: NASA History Division, 2000), 27.

15 von Braun and White, Project Mars, 177.

16 Yves Béon, *Planet Dora: A Memoir of the Holocaust and the Birth of the Space Age*, Michael J. Neufeld, ed. (Boulder, CO: Westview, 1998), 14.

17 Béon, *Planet Dora*, 76.

18 Béon, *Planet Dora*, 78.

19 Béon, *Planet Dora*, 90.

20 Béon, *Planet Dora*, 153.

21 Neufeld, *Von Braun*, 121.

22 この箇所とひとつ前の引用は、いずれも以下の本から採取。von Braun and White, *Project Mars*, 204.

23 J. D. Bernal, "D-Day Diaries," in *J. D. Bernal: A Life in Science and Politics*, Brenda Swann and Francis Aprahamian, eds. (London and New York: Verso, 1999), 196–211を参照。

24 Béon, *Planet Dora*, 247.

4 アーサー・C・クラークのミステリー・ワールド

1 John Clute and Peter Nicholls, eds., *The Encyclopedia of Science Fiction* (New York: St. Martin's Griffin, 1995), 230.

2 Arthur C. Clarke, *Profiles of the Future: Enquiry into the Limits of the Possible* (New York: Harper & Rowe, 1962), 14.

3 Arthur C. Clarke, "Introduction," in Simon Welfare, John Fairley, and Arthur C. Clarke, *Arthur C. Clarke's Mysterious World* (London: Collins, 1980)〔サイモン・ウェルフェア、ジョン・フェアリー『アーサー・C・クラークのミステリー・ワールド』南山弘訳、角川書店、1986年〕を参照。

4 Arthur C. Clarke, *The Sentinel: Masterworks of Science Fiction and Fantasy* (New York: Berkley Books, 1983), 93.〔アーサー・C・クラーク『前哨』小隅黎ほか訳、早川書房、1985年〕所収。

5 Arthur C. Clarke, *2001: A Space Odyssey* (New York: New American Library, 1968), 167.〔アーサー・C・クラーク『2001年宇宙の旅』伊藤典夫訳、早川書房、1977年、240頁〕

6 Welfare, Fairley, and Clarke, *Mysterious World*, 56.〔ウェルフェア&フェアリー『アーサー・C・クラークのミステリー・ワールド』南山宏訳、73頁〕

7 この引用部分と前段の要約はこちらから。Welfare, Fairley, and Clarke, *Mysterious World*, 67.〔ウェルフェア&フェアリー『アーサー・C・クラークのミステリー・ワールド』、85頁。中の引用部分は『スリランカから世界を眺めて』小隅黎訳、サンリオSF文庫より〕

8 この引用部分と前段の引用は、こちらから。Iain Banks, *Excession* (London: Orbit, 1996).

9 Arthur C. Clarke, *Rendezvous with Rama* (London: Gollancz, 1973).〔アーサー・C・クラーク『宇宙のランデヴー』南山宏訳、早川書房、1985年〕

10 Arthur C. Clarke, *Imperial Earth: A Fantasy of Love and Discord* (London: Gollancz, 1975).〔アーサー・C・クラーク『地球帝国』山高昭訳、早川書房、1985年〕

11 Arkady Strugatsky and Boris Strugatsky, *Noon: 22nd Century* (New York: Macmillan, 1978).

12 不干渉主義とアメリカの外交政策への批判の関連性を指摘してくれた、キュレーターで評論家のレフ・ブラティシェンコに感謝する。

13 Alexei Yurchak, *Everything Was Forever, until It Was No More: The Last Soviet Generation*, In-Formation (Princeton, NJ: Princeton University Press, 2006), 127–8.〔アレクセイ・ユルチャク『最後のソ連世代——ブレジネフからペレストロイカまで』半谷史郎訳、みすず書房、2017年〕

14 Arkady Strugatsky and Boris Strugatsky, *Roadside Picnic/Tale of the Troika*, Antonina W. Bouis, trans. (New York: MacMillan, 1977).〔A&B・ストルガツキー『ストーカー』深見弾訳、早川書房、1983年〕

15 Strugatsky and Strugatsky, *Roadside Picnic*.〔『ストーカー』深見弾訳、201、204頁〕

16 *Stalker*, Andrei Tarkovsky, dir. (Goskino, 1979).〔アンドレイ・タルコフスキー監督『ストーカー』〕

17 Konstantin Tsiolkovsky, *Panpsychism, or Everything Feels*, reprinted in Boris Groys, ed., *Russian Cosmism* (Cambridge, MA: e-flux/MIT Press, 2018), 134–55.〔ツィオルコフスキー「汎心論、あるいはすべてのものは感覚をもつ」(乗松亨平訳、グロイス編『ロシア宇宙主義』所収)〕

18 H. G. Wells, *The War of the Worlds* (London: William Heinemann, 1898), 1.〔H・G・ウェルズ『宇宙戦争』訳書多数〕

19 Strugatsky and Strugatsky, *Noon*, 99.

20 Strugatsky and Strugatsky, *Roadside Picnic*.〔『ストーカー』深見弾訳、191頁〕

21 Strugatsky and Strugatsky, *Roadside Picnic*.〔『ストーカー』深見弾訳、267頁〕

22 Carl Sagan, *Cosmos*, 1st ed., (New York: Random House, 1980).〔カール・セーガン『COSMOS』上・下、木村繁訳、朝日新聞社、1980年〕

23 Nicholas de Monchaux, "Kosmos," *in Dimensions of Citizenship*, Nick Axel, ed. (Los Angeles: Inventory Press, 2018), 210–35を参照。

24 Sagan, *Cosmos*.〔セーガン『COSMOS』上、木村繁訳、朝日新聞社〕

25 *The Undersea World of Jacques Cousteau*, episode 1, "Conshelf Adventure," Jacques Cousteau, dir., aired September 15, 1966.

26 *The Undersea World of Jacques Cousteau, episode* 7, "The Legend of Lake Titicaca," Jacques Cousteau, dir., aired April 24, 1969.

27 このドキュメンタリーにセーガンとフォン・ブラウンが出演していることを教えてくれた歴史学者のエドワード・ギモンドに感謝する。

28 これと、その直前の引用はこちらから。*In Search of Ancient Astronauts*, Harald Reinl, dir., (Apprehensive Films, 1973).

29 From Carl Sagan, "Foreword," in Ronald Story, *The Space-Gods Revealed: A Close Look at the Theories of Erich von Däniken*, 1st ed. (New York: Harper & Row, 1976).

5 ジェラード・オニールのさがすテクノロジーの強み

1 著者の前作にマスドライバー実験のイラストを掲載することを許可してくれたドン・デイヴィスに感謝申しあげる。Fred Scharmen, *Space Settlements* (New York: Columbia Books on Architecture and the City, 2019), 384–5を参照のこと。

2 Gerard K. O'Neill, interviewed by Stewart Brand, "Is the Surface of a Planet Really the Right Place for an Expanding Technological Civilization?," in *Space Colonies*, Stewart Brand, ed. (Sausalito: Whole Earth Catalog, 1977).

3 Gerard K. O'Neill, *The High Frontier: Human Colonies in Space* (New York: Morrow, 1977); Gerard K. O'Neill, 2081: A Hopeful View of the Human Future (New York: Simon & Schuster, 1981).

4 O'Neill, 2081, 19.

5 Kenneth William Gatland and David Jefferis, *The Usborne Book of the Future: A Trip in Time to the Year 2000 and Beyond* (London: Rigby/Usborne, 1979).

6 Paula Taylor, *The Kids' Whole Future Catalog* (New York: Random House, 1982).

7 この項の引用と描写はすべて"Future Homes and Communities," in Taylor, *Kids' Whole Future*

Catalog, 25–57による。

8 Donella H. Meadows and the Club of Rome, *Limits to Growth* (New York: Potomac Associates, 1972).〔ドネラ・H・メドウズほか『成長の限界――ローマ・クラブ「人類の危機」レポート』大来佐武郎監訳、ダイヤモンド社、1972年〕

9 Gerard K. O'Neill, "Future Space Programs 1975," アメリカ下院、科学技術委員会の宇宙科学・応用小委員会における公聴会での発言。

10 Alvin Toffler, *Future Shock* (London: Bodley Head, 1975); Paul R. Ehrlich and Anne Ehrlich, The Population Bomb (Cutchogue, NY: Buccaneer, 1968).〔A・トフラー『未来の衝撃』徳山二郎訳、実業之日本社、1971年〕

11 *Logan's Run*, Michael Anderson, dir. (Metro-Goldwyn-Mayer, 1976).〔『2300年未来への旅』マイケル・アンダーソン監督〕

12 新聞の見出しはいずれも*Blade Runner*, Ridley Scott, dir. (Warner Brothers, 1982).〔『ブレードランナー』リドリー・スコット監督〕より。

13 Syd Mead, interview in *Los Angeles Magazine*, February 2007.

14 William Gibson, *Neuromancer* (New York: Ace Books, 1984).〔ウィリアム・ギブスン『ニューロマンサー』黒丸尚訳、早川書房、1986年〕

15 Gerard K. O'Neill, *The Technology Edge: Opportunities for America in World Competition* (New York: Simon & Schuster, 1983), 9.

16 O'Neill, 2081, 19.

17 "The Round Table on WNET," SSI: Space Studies Institute, 1975, available on YouTube.

18 O'Neill, "Expanding Technological Civilization."

19 Ursula K. Le Guin, "Foreword," in *The Birthday of the World and Other Stories*, 1st ed. (New York: HarperCollins, 2002)〔アーシュラ・K・ル・グィン『世界の誕生日』小尾芙佐訳、早川書房、2015年、「序文」〕を参照。

20 Ursula K. Le Guin, "A Rant about 'Technology,' " 2004, available at ursulakleguinarchive.com.

21 *The Worlds of Ursula K. Le Guin*, Arwen Curry, dir., American Masters (PBS, 2018).

22 Walkowicz, "What Happens in Space."

6 アメリカ航空宇宙局

1 研究者でデザイナーのジャスティン・パーシャーが、ジェシー・ストリックランドとその業績について教えてくれた。感謝申しあげる。NASAのグレン研究センターとNASA本部のアーカイブでも記事を参照することができ、この章を執筆することができた。同じく感謝申しあげる。

2 Margot Lee Shetterly, *Hidden Figures: The American Dream and the Untold Story of the Black Women Mathematicians Who Helped Win the Space Race*, 1st ed. (New York: Morrow, 2016), 217.〔マーゴット・リー・シェタリー『ドリーム――NASAを支えた名もなき計算手たち』山北めぐみ訳、ハーパーコリンズ・ジャパン、2017年〕

3 Jordan Bimm, "Rethinking the Overview Effect," *QUEST: The History of Spaceflight Quarterly* 21:1 (2014).

4 Nicholas de Monchaux, *Spacesuit: Fashioning Apollo* (Cambridge, MA: MIT Press, 2011),

249–60.

5 レオーノフと、内部、外部が表象するものについては、わたしがこちらのオンライントークで掘りさげている。YouTubeで視聴できる。"Inside and Outside Contexts: Stories from Space Science and Science Fiction in the 1970s," Canadian Centre for Architecture, Montreal, June 23, 2020.

6 Shetterly, *Hidden Figures*, 170.〔シェタリー『ドリーム』山北めぐみ訳、文庫版261頁〕に引用されたNACA内部の覚書より。

7 Quoted in Richard Paul and Steven Moss, *We Could Not Fail: The First African Americans in the Space Program*, 1st ed. (Austin: University of Texas Press, 2015), 90.

8 Edward Dwight, *Soaring on the Wings of a Dream: The Untold Story of America's First Black Astronaut*, (Chigago: Third World Press), 2009.

9 A. M. Brune, "Ed Dwight Shows 'the Angst, All the Emotions' of Black Heroes in Sculpture," *Guardian*, May 29, 2015.

10 "First Negro Astronaut Chosen," *St. Petersburg Times*, July 1, 1967.

11 Nichelle Nichols, *Beyond Uhura: Star Trek and Other Memories* (New York: Boulevard, 1995), 164.

12 "Space Race-Ism! Have Russians Banned Black Astronauts from Soyuz Missions?," *Russia Today*, July 24, 2018, rt.com.

13 Loren Gush, "NASA Astronaut Jeanette Epps Gets Another Assignment to the Space Station after Canceled Trip," *The Verge*, August 25, 2020, theverge.com.

14 イラストはすべてオニールやその他の夏季ワークショップ主宰者の監督のもとに描かれ、現在は著作権フリーの作品として、オンラインで閲覧できる。

15 *Far Out: Suits, Habs, and Labs for Outer Space*, San Francisco Museum of Modern Art, July 2019.

16 Alexander C. MacDonald, "In the Eyes of the World: The Signaling Value of Space Exploration," in *The Long Space Age: The Economic Origins of Space Exploration from Colonial America to the Cold War* (New Haven: Yale University Press, 2017), 160–206を参照。

17 Rick Guidice, interview with the author at Guidice's studio, August 12, 2015.

18 O'Neill, "Future Space Programs 1975."

19 Gil Scott-Heron, "Whitey on the Moon," track 9, *Small Talk at 125th and Lenox* (Flying Dutchman, 1970).〔ギル・スコット・ヘロン『スモールトーク・アット・125&レノックス』より「ホワイティ・オン・ザ・ムーン」〕

20 "Chasing the Moon," *American Experience* (PBS, 2019).

21 費用は2020年の米ドルの価値に換算。これと、つづくペイン長官の言葉は、以下のウェブ記事からの引用。Meghan Bartels, "Hundreds Demonstrated against Poverty at Apollo 11 Moon Launch," *Space.com*, July 16, 2019, space.com.

22 Comptroller General of the United States, *Operation Breakthrough: Lessons Learned about Demonstrating New Technology*, November 2, 1976.

23 W. Patrick McCray, "Timothy Leary SMILES at Carl Sagan," *Patrick McCray* (blog), June 27, 2013, patrickmccray.com.

24 比較対象として、2020年3月に成立した「コロナウイルス支援・救済・経済保証法」(CARES)

の予算規模が2兆2000億ドルであったことをあげておく。

25 Eduard Sekler, "Structure, Construction, Tectonics," in *Structure in Art and Science*, Gyorgy Kepes, ed. (New York: G. Braziller, 1965).

26 Kenneth Frampton and John Cava, *Studies in Tectonic Culture: The Poetics of Construction in Nineteenth and Twentieth Century Architecture* (Cambridge, MA: MIT Press, 1995).〔ケネス・フランプトン『テクトニック・カルチャー——19-20世紀建築の構法の詩学』松畑強・山本想太郎訳、TOTO出版、2002年〕を参照。

27 Stewart Brand, "Why Haven't We Seen the Whole Earth Yet?," in *The Sixties: The Decade Remembered Now*, by the People Who Lived It Then, Lynda Rosen Obst, ed., 1st ed. (San Francisco: Rolling Stone Press, 1977), 168を参照。

28 Messeri, *Placing Outer Space*; Janet Vertesi, *Seeing like a Rover: How Robots, Teams, and Images Craft Knowledge of Mars* (Chicago: University of Chicago Press, 2015)を参照

29 ジェイムズ・ジームニクに感謝申しあげる。ジームニクは2020年12月に著者との電話で、ジェシー・ストリックランドから景観設計を教わっていたころの思い出を話してくれた。

30 2015年8月13日、NASAエイムズ研究センターにて、リック・ガイディスが著者に語った言葉。

7 オールドスペースとニュースペース

1 George Sowers et al., talks given at SSI 50:6, "Extraterrestrial Resources," Museum of Flight, Seattle, WA, September 9, 2019, available on YouTube.

2 George Sowers, "Testimony of Dr. George F. Sowers Jr., Professor, Space Resources, Colorado School of Mines," United States House of Representatives Subcommittee on Space Committee on Science, Space and Technology, September 7, 2017.

3 "9 Valedictorians Will Go to Ivy League Schools," *Miami Herald*, June 20, 1982.

4 "Our Vision: Millions of People Living and Working in Space," Blue Origin official website, blueorigin.com.

5 Elon Musk, "Making Humans a Multiplanetary Species," 67th International Astronautical Congress, Guadalajara, Mexico, September 27, 2016, available on YouTube.

6 Zameena Mejia, "How Elon Musk's Cold Calls to Rocket Scientists Helped Kickstart SpaceX," *CNBC*, August 28, 2018, cnbc.com.

7 2社とその創業者についてのくわしい話は、Christian Davenport, *The Space Barons: Elon Musk, Jeff Bezos, and the Quest to Colonize the Cosmos*, 1st ed. (New York: PublicAffairs, 2018)〔クリスチャン・ダベンポート『宇宙の覇者ベゾスvsマスク』黒輪篤嗣訳、新潮社、2018年〕を参照のこと。

8 Benjamin H. Bratton, *The Stack: On Software and Sovereignty*, Software Studies (Cambridge, MA: MIT Press, 2015).

9 Elon Musk, "Making Humans a Multiplanetary Species."

10 著者の "Bring on the Apocalypse: Cybertruck Is Ready," *Bloomberg CityLab*, November 22, 2019, bloomberg.comを参照。

11 Elon Musk, Twitter post, December 28, 2019, twitter.com/elonmusk/status/1211076829395738626.

12 Jeff Bezos, "Going to Space to Benefit Earth," Washington, DC, May 9, 2019, available on YouTube.

13 Jeff Bezos, "Going to Space to Benefit Earth."

14 "The Round Table on WNET," Space Studies Institute, 1975, available on YouTube.

15 Jeff Bezos, "Going to Space to Benefit Earth."

16 オニールの世界に配されたベゾスの未来図は、著者のウェブ記事"Jeff Bezos Dreams of a 1970s Future," *Bloomberg CityLab*, May 13, 2019, bloomberg.comで見ることができる。

17 Jeff Bezos, "Letter to Amazon Shareholders, 2017," April 12, 2017, available at sec.gov.

18 United Nations General Assembly, "Treaty on Principles Governing the Activities of States in the Exploration and Use of Outer Space, Including the Moon and Other Celestial Bodies," December 19, 1966.〔「月その他の天体を含む宇宙空間の探査及び利用における国家活動を律する原則に関する条約」国際連合総会決議、1966年12月採択〕

19 "U.S. Commercial Space Launch Competitiveness Act," 114th US Congress, November 25, 2015.〔「宇宙活動促進法」2015年11月、第114米国連邦議会にて採択〕

20 Sowers et al., "Extraterrestrial Resources."

21 Executive Office of the President, "Encouraging International Support for the Recovery and Use of Space Resources," April 6, 2020, available at federalregister.gov.〔米大統領府「宇宙資源の回収と利用に関する国際的支援を促進する大統領令」2020年4月6日〕

22 UN General Assembly, "Agreement Governing the Activities of States on the Moon and Other Celestial Bodies," December 5, 1979.〔国連決議「月その他の天体における国家活動を律する協定」1979年12月5日採択〕

23 George Sowers et al., "Extraterrestrial Resources."

24 Ibid.

25 Le Guin, "A Rant about 'Technology.' "

26 United Nations General Assembly, "Treaty on Principles Governing the Activities of States in the Exploration and Use of Outer Space, Including the Moon and Other Celestial Bodies," Article V, January 27, 1967.〔「月その他の天体を含む宇宙空間の探査及び利用における国家活動を律する原則に関する条約」第5条〕

27 Alexander MacDonald, Brent Sherwood, and Dava Newman, "Research Salon 6: Sustainable Lunar Surface Infrastructure," Moon Dialogs, October 2020, moondialogs.org.

おわりに——別の物語を見つけること

1 Bartels, "Hundreds Demonstrated against Poverty."

2 Davenport, *The Space Barons*, 234.〔ダベンポート『宇宙の覇者ベゾスvsマスク』〕

3 Mathias Döpfner, "Jeff Bezos Reveals What It's like to Build an Empire and Become the Richest Man in the World—and Why He's Willing to Spend $1 Billion a Year to Fund the Most Important Mission of His Life," *Business Insider*, April 28, 2018, businessinsider.com.

4 Ytasha Womack, *Afrofuturism: The World of Black Sci-Fi and Fantasy Culture*, 1st ed. (Chicago: Chicago Review Press, 2013), 27.〔イターシャ・L・ウォマック『アフロフューチャリズム——ブ

ラック・カルチャーと未来の想像力』押野素子訳、フィルムアート社、2022年、42頁〕

5 *I Am Not Your Negro*, Raoul Peck, dir. (Magnolia Pictures/Amazon Studios, 2017).〔『私はあなたのニグロではない』ラウル・ペック監督、字幕チオキ真理〕

6 Sun Ra, in *Space Is the Place*, John Coney, dir. (Plexifi lm, 1974).〔『スペース・イズ・ザ・プレイス』よりサン・ラーのせりふ。ジョン・コニー監督〕

7 Von Braun and White, Project Mars, 19.

8 1986年『プレイボーイ』誌インタビューより。

9 Space Power: Doctrine for Space Forces (Space Capstone Publication), US Space Force, June 2020, available at spaceforce.mil.

10 W. Patrick McCray, "The Right(Wing) Stuff," Patrick McCray (blog), September 28, 2013, patrickmccray.com

11 宇宙科学の分野で用いられる植民地主義的、あるいは帝国主義的な用語については、多くの批判がなされている。最近の記事にはつぎのようなものがある。Ceridwen Dovey, "Elon Musk and the Failure of Our Imagination in Space," The New Yorker, June 14, 2018, newyorker.com, Lou Cornum, "The Space NDN's Star Map," *The New Inquiry*, January 26, 2015, thenewinquiry.com, and Divya M. Persaud, "Meaning is still measured from below," *POC in Science!* (blog), January 4, 2019, poc-in-science. tumblr.com

12 Alice Gorman, Dr. Space Junk vs. the Universe: Archaeology and the Future (Cambridge, MA: MIT Press, 2019), 221.

13 Martin Elvis and Tony Milligan, "How Much of the Solar System Should We Leave as Wilderness?," *Acta Astronautica* 162 (September 2019), 574–80.

14 この論点にかんしてはこちらも参照のこと。The JustSpace Alliance, a nonprofit advocacy group co-founded by Walkowicz and Erika Nesvold, "The mission of The JustSpace Alliance is to advocate for a more inclusive and ethical future in space, and to harness visions of tomorrow for a more just and equitable world today," justspacealliance.org

15 Bruce Sterling, "Introduction: Circumsolar Frolics," in *Schismatrix Plus* (New York:Ace Books, 1996)を参照。

16 Rachel Armstrong, *Star Ark* (New York: Springer, 2016), 62.

17 "Biocosmopolitan Deathmarch Review," *The Intergalactic Railroad* (podcast), 2020, biocosm.xyz.

18 A. M Gittlitz, "Introduction," in *I Want to Believe: Posadism, UFOs and Apocalypse Communism*, (London: Pluto Books, 2020), 1–16.

19 Gittlitz, "Why Don't Extraterrestrials Make Public Contact?," in *I Want to Believe*, 166–76.

20 Billy Meier, "Universal Barrier," Outer Space Pictures, *Billy Meier UFO Research* (blog), April 15, 2015, billymeieruforesearch.com.

21 Salish Sea Anti-Space Symposium, ssass.us.

22 Michael P. Oman-Reagan, "The Key to Survival in Space," *Sapiens*, March 16, 2017, sapiens.org.

23 Denise Buckner et al., "Ethical Exploration and the Role of Planetary Protection in Disrupting Colonial Practices," 2020.

訳者あとがき

宇宙。古来、人間は頭上に広がるこの茫漠たる世界に惹きつけられ、天体の運行を観測して、そこに法則性や意味を見出そうとしてきた。やがてはただ観測するだけでは飽き足らず、人間も宇宙に出られるのではないか、出たらどうなるのかと夢想し、その具体的な方策や、宇宙に進出すべき理由を考えはじめる。本書は、そんな人間の一五〇年に及ぶ宇宙開発の思想史を、七つの切り口からたどった本である。

著者のフレッド・シャーメンは建築家だ。二〇〇一年にメリーランド大学の建築学部を卒業、二〇〇六年にはイェール大学で建築学の修士号を獲得した。建築の実務を経て、現在はメリーランド州のモーガン州立大学で建築学と都市デザインを教えている。

宇宙には子どものころから強く興味を引かれていたという。しかし大人になって建築学を修めるにつれ、子どものころあこがれのまなざしで見ていた宇宙ステーションのリアルな想像図に、建築の諸問題が関わっていることに気づく。宇宙で暮らすとなれば、地球では当たり前に存在している「空気」や「重力」といった要素を一から設定しなおして空間づくりをおこなわなくてはならないからだ。その興味が高じて、二〇一九年に上梓したのが最初の著書 *Space Settlements* である。一九七五年にジェラード・オニールが講師を務めたワークショップ〈宇宙定住の研究〉を題材に、宇宙における空間づくりについて考察したものだ。本書『宇宙開発の思想史』も、第6章で同じ話題を扱っている。

そして、最初の著書からさらに考察の範囲を広げたのがこの『宇宙開発の思想史』だ。冒頭でも触れたように、著者は、七つの切り口を足がかりにして宇宙開発の歴史をたどっている。①ロシア宇宙主義《コスミズム》のニコライ・フョードロフとコンスタンティン・ツィオルコフスキー、そして同時代にアメリカで書かれた、宇宙主義とは対照的なアイディアにもとづく宇宙ステーションの物語『レンガの月』。②第二次世界大戦をはさむ時期に活躍したイギリスの生物・物理学者J・D・バナールの宇宙ステーション構想と、彼とは時代も地域も重なっていないのに、あたかも「平行進化」したかのように共通点が見られるロシアの思想家アレクサンドル・ボグダーノフ。③大戦中はナチスドイツのロケット科学者としてミサイルの開発にたずさわり、戦後は一転、アメリカでロケット開発に邁進、アポロ計画の屋台骨を支えたヴェルナー・フォン・ブラウン。④宇宙に進出することしか考えなかったフォン・ブラウンとは対照的に、内向きの複雑な謎を掘りさげたSF作家、アーサー・C・クラークとストルガツキー兄弟。⑤ローマクラブのレポート『成長の限界』が出版され、石油危機が起こって、地球の未来に対する悲観論が一気に高まった七〇年代と、その当時に作られた数々のディストピア映画。そんな風潮のなかでも楽観的な未来図を描きつづけ、今につながるファン層を獲得した物理学者のジェラード・オニール。⑥NASAことアメリカ航空宇宙局が直面し続けた矛盾。⑦NASAへの予算が縮小したこともあいまって勃興しつつある「ニュースペース」の世界。

このなかで「ロシア宇宙主義」は、近年にわかに注目が高まっている分野だ。本書の原書が発売された二〇二一年一一月の半年ほど前に「SFマガジン」で連載が始まった木澤佐登志氏の「さようなら、世界――〈外部〉への遁走論」では、ボグダーノフとフョードロフが大きく取りあげられていた(連載終了後、二〇二三年一〇月に『闇の精神史』としてハヤカワ新書から出版されたが、ほかにも本書と重なる人物や項目が数多く登場している）。また本書の参考文献のひとつであるボリス・グロイス編『ロシア宇宙主義』も、河出書房新社から二〇二四年四月に出版される予定だ。単なる偶然か、あるいは潮流か。潮流だとすれば根底には何があるのか。二〇一七年ごろからはじまった「ロシア宇宙主義」再評価の流れについて、『チェヴェングール』（プラトーノフ著、作品社、二〇二二年）の訳者である工藤順氏がくわしく明快にまとめておられるので、ぜひご参照いただきたい。[*]

　また第3章「ヴェルナー・フォン・ブラウンの宇宙征服」は、なかなか衝撃が深い一章だ。著者のシャーメンは、本書のリサーチを進めるにつれ、もう二度とフォン・ブラウンという人物を、宇宙開発を成し遂げた偉人として無邪気に見ることはできなくなってしまったとインタビューで語っている。[**]「自分が作りたいものを実現させるために、どんな世界の存在なら許せるのか?」という問いは、これから人類が新たな世界を構築していくうえで、忘れてはならない問いだろう。

　その問いは第7章「オールドスペースとニュースペース」にも引きつがれる。ベゾスとマスクの物語はあらためて読むとやはり面白いが、それ以上に、宇宙条約とその拡大解釈の話は驚きが深い。月や小惑星での資源採掘がおこなわれる未来のために、今から条文解釈をめぐってロビイングがおこなわれ、大統領令が発令されている。宇宙は科学的探査のための平和利用の場であり続けることができるのか。あらためて、「自分が作りたいものを実現させるために、どんな世界の存在なら許せるのか?」という問いが重くひびく。

　著者は、建築学の分野から「テクトニクス」と「プラネタリー・イマジネーション」というふたつの用語を借用して縦横に使用している。「テクトニクス」は、「プレートテクトニクス」という地球科学の用語として耳にすることが多いが、著者の解説によれば、「部分とほかの部分との関係、そして部分と全体との関係を表す言葉」である。ただし本書のなかではじつにさまざまなニュアンスで使用されているので、場面によっては「構築法」などの訳語をあててルビを振った。もうひとつの「プラネタリー・イマジネーション」は、文化人類学者のリサ・メッセリが提唱した用語で、科学者が研究対象である宇宙の天体を具体的な「場所」としてイメージすることを指している。こちらの用語も、そのイメージが新しい世界の構築に用いられるような場合には「世界構想」などの訳語をあてている。

本書には数多くの引用がなされていて、日本語訳がある場合には、適宜それを参照して本文や原注に書誌情報を記載した。ただし文脈に合わせて改変した場合もあることをおことわりしておく。

なお、訳出にあたっては作品社編集部の田中元貴氏にたいへんお世話になった。ありがとうございました。

＊　工藤順「ロシア宇宙主義 2017」(https://junkdough.wordpress.com/2017/12/20/cosmism2017/ 二〇一七年一二月二〇日投稿)。

＊＊　"New book 'Space Forces' examines the cultural drivers of space exploration,"(ウェブサイト Space.com に二〇二一年一二月一〇日掲載)。

【著者略歴】

フレッド・シャーメン（Fred Scharmen）

モーガン州立大学（米メリーランド州）建築・計画学部准教授。専門は建築と都市デザイン。メリーランド州ボルティモアが拠点のアート・デザインのコンサルタント会社「ザ・ワーキング・グループ・オン・アダプティブ・システムズ」の共同設立者。『the Journal of Architectural Education』、『Atlantic CityLab』、『Slate』などに寄稿するほか、建築批評を『the Architect's Newspaper』や地元のオルタナティブ週刊紙『Baltimore City Paper』に発表している。未邦訳の著書に『Space Settlements』（2019）がある。

【訳者略歴】

ないとうふみこ

上智大学英語学科卒業。翻訳家。訳書に、ジャスパー・フォード『最後の竜殺し』、『クォークビーストの歌』（以上、竹書房文庫）、アラン・グラッツ『貸出禁止の本をすくえ！』（ほるぷ出版）、アンドルー・ラング『夢と幽霊の書』、マティアス・ボーストレム『〈ホームズ〉から〈シャーロック〉へ——偶像を作り出した人々の物語』（共訳、以上、作品社）などがある。子どものころからの野球ファンでもあり、フィル・ペペ『コア・フォー——ニューヨーク・ヤンキース黄金時代、伝説の四人』（作品社）の訳書もある。

宇宙開発の思想史
――ロシア宇宙主義からイーロン・マスクまで

2024年 6月 5日　初版第1刷印刷
2024年 6月15日　初版第1刷発行

著　者　フレッド・シャーメン
訳　者　ないとうふみこ

発行者　福田隆雄
発行所　株式会社 作品社
〒102-0072 東京都千代田区飯田橋 2-7-4
電　話　03-3262-9753
ＦＡＸ　03-3262-9757
振　替　00160-3-27183
ウエブサイト　https://www.sakuhinsha.com

装　丁　コバヤシタケシ
本文組版　米山雄基
印刷・製本　シナノ印刷株式会社

Printed in Japan
ISBN 978-4-86793-036-6　C0030

トランス ヒューマニズム

人間強化の欲望から不死の夢まで

マーク・オコネル
松浦俊輔 訳

シリコンバレーを席巻する「超人化」の思想。人体冷凍保存、サイボーグ化、脳とAIの融合……。最先端テクノロジーで人間の限界を突破しようと目論む「超人間主義（トランスヒューマニズム）」。ムーブメントの実態に迫る衝撃リポート！

私たちが、地球に住めなくなる前に

宇宙物理学者からみた人類の未来

マーティン・リース
塩原通緒 訳

2050年には地球人口が90億人に達するとされている。食糧問題・気候変動・世界戦争などの危機を前にして、人類は何ができるのか？　宇宙物理学の世界的権威が、バイオ、サイバー、AIなどの飛躍的進歩に目を配り、さらには人類が地球外へ移住する可能性にまで話題を展開する。科学技術への希望を語りつつ、今後の科学者や地球市民のあるべき姿勢も説く。地球に生きるすべての人々へ世界的科学者が送るメッセージ！